大專電子實習(三)－
線性積體電路實習

許榮睦　編著

全華圖書股份有限公司

編輯大意

1．本書共計二十五個實驗，供五專四年級或二專二年級或三專二年級電子電路實習用。大專院校電子實習，本書亦是非常適當的教材。

2．對於從事電子工業的非專業技術人員或有興趣於電子工程者，本書亦將提供您基本線性積體電路理論，期使您易於瞭解。

3．爲配合目前五專新課程標準，根據編者多年的教學經驗，深深體會到要讓每一位同學能達到實習的目的，必須理論與實驗互相配合，並加强同學的實際操作；鑑於以往的電子實習課本，原理與實驗的內容，無法完全啓發同學學習的興趣，因此出版本書。

4．本書係利用課餘之暇編撰而成，承省立台北工專電子工程科主任王瑞材教授多方提供寶貴的意見及內人陳素惠女士仔細的校對，獲益良多，謹此致謝。惟編者才疏學淺，雖力求盡善完美，但因時間匆促，錯誤及遺漏之處在所難免，尚祈學者先進，隨時賜予指正爲感。

5．本書實驗過程中，所需的特殊電阻值，乃是原理中所計算出來的，讀者可用可變電阻或相近的電阻值替代。

許 榮 睦　謹 識
於省立台北工專電子科

目　　錄

0 基本運算放大器之理論

運算放大器（ operational amplifier ，以下簡稱為OP Amp ）基本上為一個增益極高的多級差動放大器，使用時常利用負回授以提供穩定的電壓增益，由於它發揮了積體電路優越的性能：

(1) 體積小。

(2) 可靠度高。

(3) 價格低廉。

(4) 溫度特性好。

(5) 有抵償（ offset ）電壓及電流。

並且能夠滿足信號控制，特殊變換作用，類比計器、類比計算等各種需求，因此運算放大器的運用遍及整個電子工業。

運用運算放大器於電路中，其最大的特色就是簡單而又精確，而一個理想的運算放大器具有下面幾項特性：

(1) 輸入阻抗為無限大，亦即$Z_{IN}=\infty$。

(2) 輸出阻抗為零，亦即$Z_{out}=0$

(3) 開環路增益（ open loop gain ）為無限大，即$A=\infty$

(4) 頻帶寬度為無限大，也就是$BW=\infty$

(5) 當$V_{IN}=0$時，$V_{out}=0$。

⑹ 反應時間(response time)非常快，輸入端的訊號發生變化時，輸出端亦立即發生變化。

⑺ 輸入抵償電壓為零。

⑻ 輸入電流為零。

⑼ 差動放大器的共態排斥比(CMRR)為無窮大。

⑽ 具有良好的溫度特性。

對於以上的特性，任何人都可以瞭解到世上絕不可能製造出如此完美的電子裝置，依以上特性而設計出來的運算放大器雖然不盡理想，但是對於大部份的應用，其電路的工作性能仍能接近理想狀況，在討論運算放大器各部份的電壓及電流值，前面的特性仍然有用。

基於以上的幾個特性，我們可以得到理想狀況下運算放大器的幾個重要結果：

⑴ 任何電流流進某一輸入端，必然經由某一路徑出去。由於輸入阻抗無限大，電流無法流進運算放大器中。

⑵ 由於電壓增益為無限大，輸入端只要有一微小的電位差，即可獲得任何輸出電壓。

⑶ 頻率及負載效應可以忽略，而且因為抵償電壓為0 V，因此在沒有輸入訊號之情況下，輸出電壓亦為0 V。

以上結果，可分析如下：

圖0-1為運算放大器之符號及等效電路，圖(a)中之"＋"，"－"兩輸入端其意義為：若訊號從"＋"端輸入，則在輸出端可以得到同相位之波形；若訊號改從"－"端輸入，則在輸出端可以得到相位差為180° 之波形。圖(b)中之等效電路中，Z_{IN} 為輸入阻抗，Z_0 為輸出阻抗，V_{IN} 為 "＋"，"－"兩端點間之輸入電壓，由前面之特性知

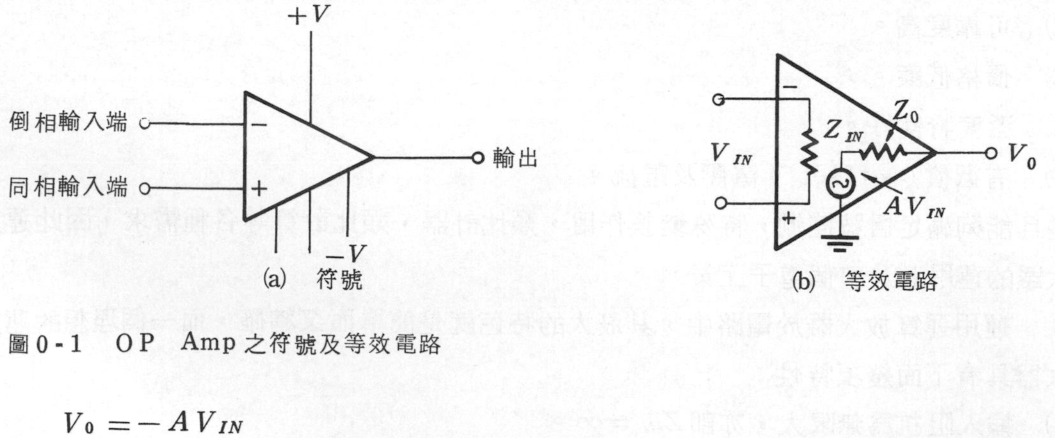

圖0-1 OP Amp之符號及等效電路

$$V_0 = -AV_{IN}$$

式中V_0 為有限值(其最大電壓不能超過運算放大器所加之電源電壓)，而A為無限大，故可知

$$V_{IN} \cong 0$$

所以，就輸入兩端點而言，可視為短路。

又因　　$Z_{IN}=\infty$

則　　$I_{IN}=\dfrac{V_{IN}}{Z_{IN}}\cong 0$

此時若"＋"端接地，則"－"端亦可視為接地，我們稱運算放大器之此種特性為"虛接地"（ virtual ground ）。這個觀念有助於我們對運算放大器更進一步的認識，同時$V_{IN}\cong 0$及$I_{IN}\cong 0$ 對於我們在分析運算放大器的電路上，有很大的幫助。

在圖(a)之符號還包括正負供給電壓及頻率補償或抵償電壓校正，一般在電路上均不繪出。

目前線性積體電路發展很多，而運算放大器的用途愈來愈多，已成為線性 IC 的主流，本書的實驗項目，其運算放大器可採用 μA 709，μA 741，μA 747，SN 72741，SN 72747，CA 3130，CA 3140，及其他同類型之IC ，讀者可採用以上之零件，並分析各零件之間的特性差異。（必須注意的是：有些 IC 必需加上頻率補償電路才能工作）。

每一運算放大器皆有其特性參數，現舉例介紹如下：

(1) 輸入抵償電壓（ input-offset voltage ）：當輸出端電壓為 0 V 時，在差量輸入端輸入電壓的大小。

(2) 輸入抵償電流（ input-offset current ）：當輸出端電壓為 0 V 時，兩輸入端輸入電流之差。

(3) 輸入偏壓電流（ input bias current ）：即兩輸入端輸入電流之平均值。

(4) 輸入電阻抗（ input resistance ） ：兩輸入端之電阻抗。

(5) 輸入電容抗（ input capacitance ）：兩輸入端之電容抗。

(6) 抵償電壓調整範圍（ offset voltage adjustment range ）：使輸出為 0 V 時之最大輸入電壓範圍。

(7) 大信號電壓增益（ large-signal voltage gain ）：為最大輸出電壓之基本增益（在此情況下，$R_L\geqq 2$ K，$V_0=\pm 10$ V）。

(8) 輸出電阻抗（ output resistance ）：在輸出端與地之間所量的電阻抗。

(9) 輸出短路電流（ output short-circuit current ）：即輸出對地短路時所流過的電流。

(10) 供給電流（ supply current ） ：正常工作狀況下，電壓源所供給之電流。

(11) 消耗功率（ power consumption ）：正常工作狀況下，I C 所消耗之功率。

(12) 瞬間反應上昇時間（ transient response risetime ）：輸入電壓改變時之輸出電壓的反應狀況。

(13) 轉動率（ slew rate ）：當輸入電壓變化時，輸出電壓上昇的比率。

⒁ 共幕排斥比CMRR(common mode rejection ratio):即差動信號的放大率與同態信號的放大率之比值。

⒂ 漂移(drift):由溫度變化所引起的抵償電流與抵償電壓的改變。

1

倒相放大電路

一、實驗目的

(1) 瞭解OP　Amp的基本電路。

(2) 測定OP　Amp的好壞。

二、實驗原理

OP　Amp 的應用很廣，而其最基本的電路爲倒相放大電路，如圖 1-1 所示；此電路可供我們測試OP　Amp 的好壞，並且爲放大電路中之基本放大器。在圖中，" ＋ " 輸入端接地，由前面所敘可知" － "輸入端爲虛接地點，

故　$$I_1 = \frac{V_{IN} - 0}{R_1} = \frac{V_{IN}}{R_1}$$

而　$$I_2 = \frac{V_0 - 0}{R_2} = \frac{V_0}{R_2}$$

由於OP　Amp 之輸入電流幾乎爲零，

故　$$I_1 \cong - I_2$$

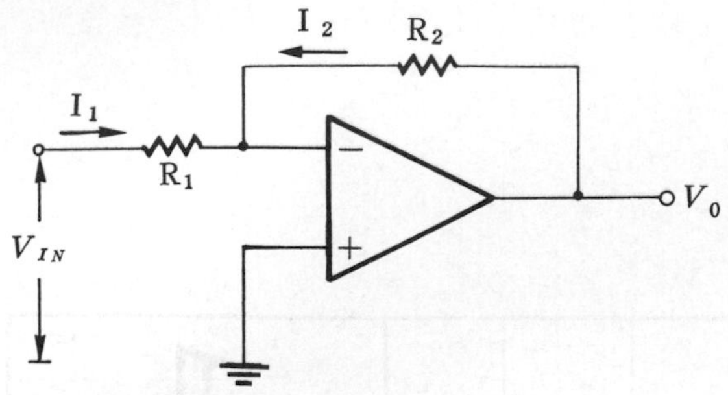

圖1-1 基本的OP Amp 電路

則 $$\frac{V_{IN}}{R_1}=-\frac{V_0}{R_2}$$

可得 $$V_0=-\frac{R_2}{R_1}V_{IN}$$

由上面公式，可知輸出電壓與輸入電壓之關係爲R_2與R_1之比值，且輸出與輸入之相位相差180°，即

$$A=\frac{V_0}{V_{IN}}=-\frac{R_2}{R_1}$$

選定$R_2=10$ K，$R_1=1$ K，則此放大電路之增益爲−10(負號代表輸出相位倒相)；若$R_2=100$ K，$R_1=1$ K，則增益爲−100，假使R_2改用1 MΩ，則增益將爲−1000。由以上可知R_2值的增加會增加其放大增益，但是較大的R_2值對電路本身亦會產生不良的影響，因此應儘量避免使用。

在此必須注意的是：OP Amp本身的開環路增益並未介入放大電路的放大倍數，而討論放大倍數時，只根據OP Amp之特性來分析，與V_{CC}電壓無關(但輸出電壓最大不能超過V_{CC}電壓)。由此可見OP Amp的偏壓觀念較電晶體的偏壓工作點更簡單，更易於使用，這對於設計者有很大的帮助。而OP Amp的放大電路中，都有一共同特色：即有一外加回授阻抗連接於輸出端與"−"輸入端之間，構成負回授電路。

在圖1-1中，若$R_1=R_2$，則此電路稱之爲倒相器，此電路在類比計算機中的應用甚爲重要。

三、實驗步驟

(1) 如圖1-2連接線路，電源供給電壓視所用IC零件之最大供給電壓而選定。

(2) 輸入訊號置於0.1 V直流電壓，以示波器DC檔或三用表測量輸出電壓，並記錄其結果於表1-1中。

(3) 調整輸入電壓如表1-1所示，重覆(2)之步驟，並記錄其結果於表1-1中。

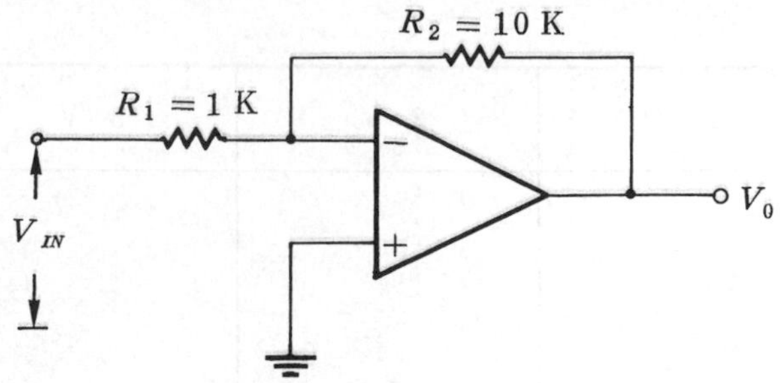

圖 1-2

(4) 計算表 1-1 中之放大倍數，並與理論值相比較。

(5) 若將 R_2 電阻改用 20 K，並重覆(2)～(4)之步驟，記錄其結果於表 1-2 中。

(6) R_2 電阻再換回 10 K，輸入訊號改接 0.1 V 峯值之交流電壓，其頻率爲 1 KHz。

(7) 以示波器測量輸出電壓，並繪其波形於表 1-3 中。

(8) 調整輸入訊號如表 1-3 所示，重覆(7)之步驟，並繪其波形於表 1-3 中。

(9) 計算表 1-3 中之放大倍數，並與理論值相比較。

(10) 若將 R_1 電阻改用 0.5 K，重覆(6)～(9)之步驟，並記錄其結果於表 1-4 中。

（實驗時，若示波器爲單掃瞄，則必須用比較法來測定輸入，輸出間之相位差）

四、實驗結果

表 1-1

$V_{IN(DC)}$	0.1 V	0.5 V	1 V	1.5 V	2 V	−0.1 V	−0.5 V	−1 V	−1.5 V	−2 V
V_0										
A										
理論值										

表 1-2

$V_{IN(DC)}$	0.1 V	0.5 V	1 V	1.5 V	2 V	−0.1 V	−0.5 V	−1 V	−1.5 V	−2 V
V_0										
A										
理論值										

表1-3

$V_{IN(AC)}$	0.1 V	1 V	2 V	3 V
V_i 波形				
V_0 波形				
A				
理論值				

表1-4

$V_{IN(AC)}$	0.1 V	1 V	2 V	3 V
V_i 波形				
V_0 波形				
A				
理論值				

五、問題討論

(1) 在實驗中，若輸入直流電壓逐漸增加，其輸出有何變化？

(2) 在表1-3中，若輸入訊號爲5 V峯值電壓，試繪出其輸出波形，且計算其電壓增益。

(3) 何謂倒相器？並繪出輸入、輸出間之轉移函數（ transfer function ）。

(4) 在實驗中，若輸入爲方波，則其輸出與輸入波形之關係爲何？

(5) 在實驗中，若將輸入之頻率改變，則在高頻時，輸出波形有何變化？試就正弦波與方波個別討論。

2

同相放大電路

一、實驗目的

(1) 瞭解同相放大電路之原理。

(2) 瞭解阻抗轉換器之基本原理。

二、實驗原理

同相放大電路其線路連接，如圖 2-1 所示。圖中，輸入訊號加於"＋"輸入端，由於"＋""－"兩端點之差量電壓幾乎爲零，故在"－"輸入端亦可得到同樣的輸入訊號。則

$$I_2 = \frac{V_{IN}}{R_2}$$

而 $$I_1 = \frac{V_0 - V_{IN}}{R_1}$$

由於OP Amp 之輸入電流爲零，故

$$I_1 = I_2$$

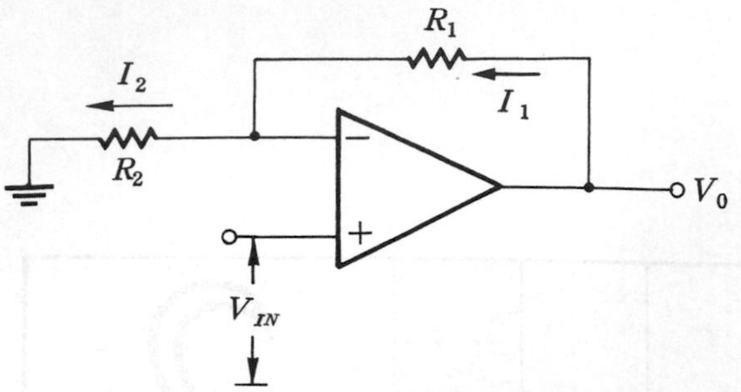

圖 2-1　同相放大電路

亦即　$$\frac{V_{IN}}{R_2}=\frac{V_0-V_{IN}}{R_1}$$

整理後，可得

$$V_0=V_{IN}\frac{R_1+R_2}{R_2}=V_{IN}\left(1+\frac{R_1}{R_2}\right)$$

則其放大倍數為

$$A=\frac{V_0}{V_{IN}}=1+\frac{R_1}{R_2}$$

上式指出輸出與輸入間並無相位差，且增益由輸入及回授電阻控制，若$R_1=100\text{ K}$，$R_2=10\text{ K}$，則$A=11$。假使R_2電阻值趨近於無限大（亦即 R_2電阻不接），如圖 2-2 所示，則其放大倍數為

$$A=1$$

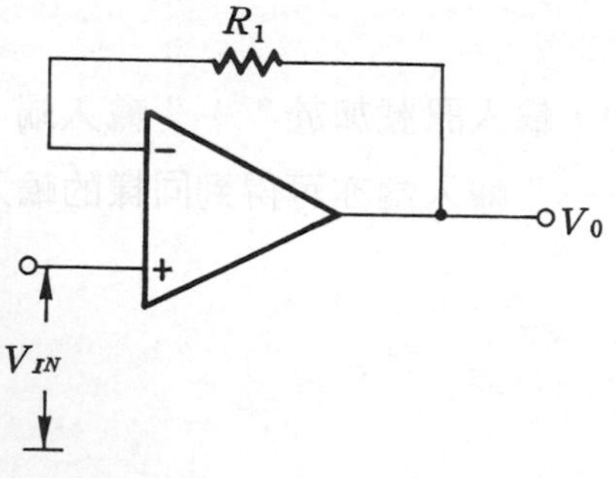

圖 2-2

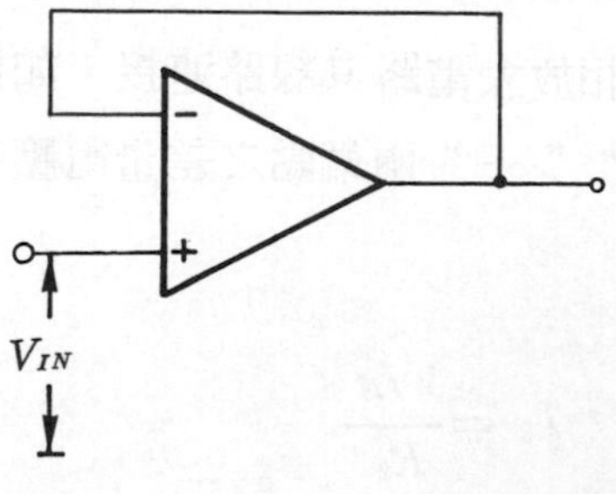

圖 2-3

此時$V_0=V_{IN}$，即"－"端之電壓等於V_0，沒有電流流經 R_1 電阻，我們可將R_1 電阻短路，如圖 2-3 所示，此電路我們稱之為全一耦合器（ unity follow ）或阻抗轉換器（ impedance converter ）。此時，輸入阻抗相當於此放大器之輸入內阻，約大於

1 MΩ；而輸出阻抗因回授之故，其值幾乎爲零。在使用全一耦合器時，須注意到其輸入電壓不可高於電源供給電壓。

若輸入訊號經過一衰減網路再接至" + "輸入端，如圖 2-4 所示，此時輸入訊號加至" + "輸入端之電壓$V_{(+)}$爲

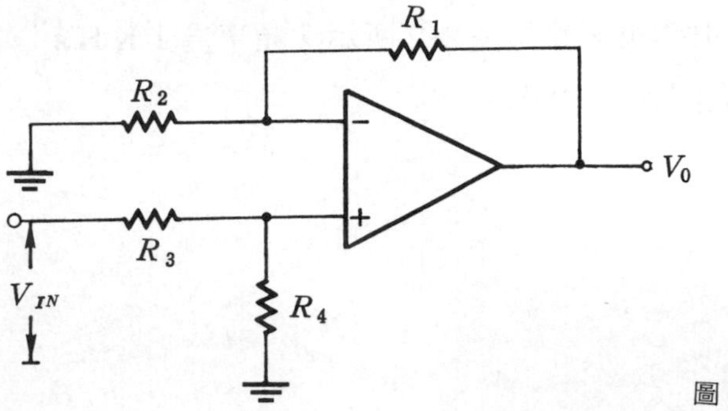

圖 2-4

$$V_{(+)} = V_{IN} \cdot \frac{R_4}{R_3 + R_4}$$

所以整個電路的增益變爲

$$A = \frac{R_4}{R_3 + R_4}\left(1 + \frac{R_1}{R_2}\right)$$

三、實驗步驟

1. 同向放大電路測試：

(1) 如圖 2-5 連接線路。

(2) 輸入訊號置於 0.1 V 直流電壓，以示波器 DC 檔或三用表測量輸出電壓，並記錄於表 2-1 中。

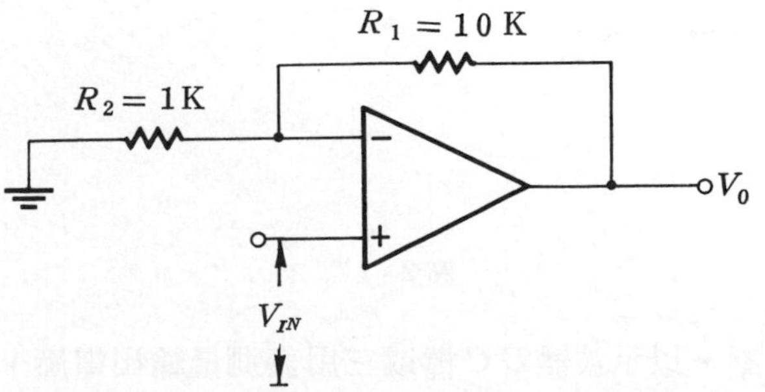

圖 2-5

(3) 調整輸入電壓如表 2-1 所示，重覆(2)之步驟，並記錄其結果於表 2-1 中。

(4) 計算表 2-1 之放大倍數，並與理論值相比較。

(5) 若R_1 改用 5 K，R_2 不變，重覆(2)～(4)之步驟，並記錄其結果於表 2-1 中。

(6) 若R_1 改用 100 K，重覆(2)～(4)之步驟，並記錄其結果於表 2-1 中。

(7) 若R_1 改用 1 M，R_2改用 100 K，重覆(2)～(4)之步驟，並記錄其結果於表 2-1 中。

(8) 若輸入訊號改用交流電壓，其電壓峯值如表 2-2 所示，頻率爲 1 KHz，重覆(2)～(7)之步驟，並記錄其結果於表 2-2 中。

2. 阻抗轉換器測試：

(1) 如圖 2-6 連接綫路。

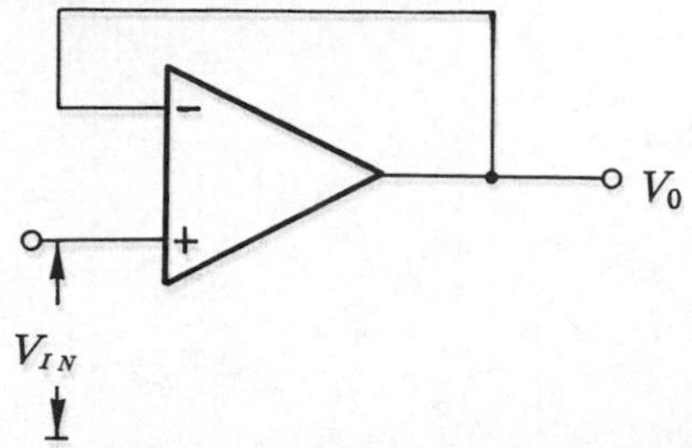

圖 2-6

(2) 輸入訊號置於 0.1 V 直流電壓，以示波器 DC 檔或三用表測量輸出電壓，並記錄於表 2-3 中。

(3) 調整輸入電壓如表 2-3 所示，重覆(2)之步驟，並記錄其結果於表 2-3 中。

(4) 若輸入訊號改用交流電壓，其電壓峯值如表 2-4 所示，頻率爲 1 KHz，重覆(2)～(3)之步驟，並記錄其結果於表 2-4 中。

3. 輸入有衰減網路之同相放大電路測試：

(1) 如圖 2-7 連接線路。

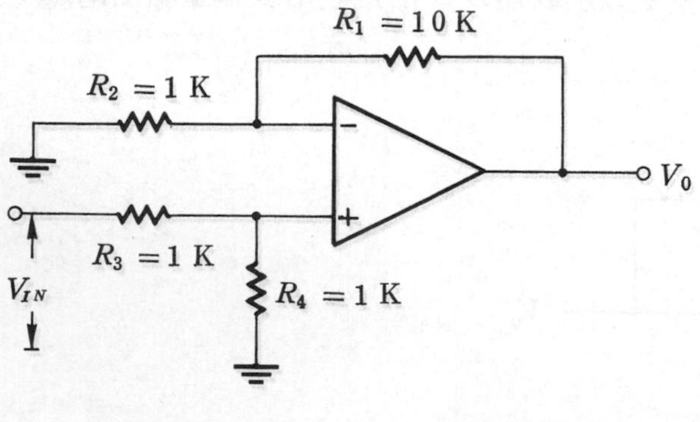

圖 2-7

(2) 輸入訊號置於 0.1 V 直流電壓，以示波器 DC 檔或三用表測量輸出電壓，並記錄於表 2-5 中。

(3) 調整輸入電壓如表 2-5 所示，重覆(2)之步驟，並記錄其結果於表 2-5 中。

⑷　計算表2-5之放大倍數，並與理論值相比較。

⑸　若R_3電阻改用2 K，其他電阻不變，重覆⑵～⑷之步驟，並記錄其結果於表2-5中。

⑹　若R_3電阻再改用0.5 K，其他電阻仍然不變，重覆⑵～⑷之步驟，並記錄其結果於表2-5中。

⑺　若輸入訊號改用交流電壓，其電壓峯值如表2-6所示，頻率爲1 KHz，重覆⑵～⑹之步驟，並記錄其結果於表2-6中。

四、實驗結果

表2-1

$V_{IN\,(DC)}$		0.1 V	0.2 V	0.3 V	0.5 V	1 V	−0.1 V	−0.2 V	−0.3 V	−0.5 V	−1 V
$R_1=10K$ $R_2=1K$	V_0										
	A										
	理論值										
$R_1=5K$ $R_2=1K$	V_0										
	A										
	理論值										
$R_1=100K$ $R_2=1K$	V_0										
	A										
	理論值										
$R_1=1M$ $R_2=100K$	V_0										
	A										
	理論值										

表 2-2

$V_{IN(AC)}$		0.1 V	0.2 V	0.5 V	1 V
$R_1 = 10\,K$ $R_2 = 1\,K$	V_0				
	A				
	理論值				
$R_1 = 5\,K$ $R_2 = 1\,K$	V_0				
	A				
	理論值				
$R_1 = 100K$ $R_2 = 1K$	V_0				
	A				
	理論值				
$R_1 = 1\,M$ $R_2 = 100K$	V_0				
	A				
	理論值				

表 2-3

$V_{IN(DC)}$	0.5 V	1 V	5 V	10 V	−0.5 V	−1 V	−5 V	−10 V
V_0								
A								

表2-4

$V_{IN(AC)}$	0.5 V	1 V	5 V	10 V
V_0				
A				

表2-5

$V_{IN(DC)}$		0.2 V	0.5 V	1 V	2 V	−0.2 V	−0.5 V	−1 V	−2V
$R_3 = 1$ K	V_0								
	A								
	理論值								
$R_3 = 2\,K$	V_0								
	A								
	理論值								
$R_3 = 0.5$ K	V_0								
	A								
	理論值								

表2-6

$V_{IN(AC)}$		0.2 V	0.5 V	1 V	2 V
$R_3=1\,K$	V_0				
	A				
	理論值				
$R_3=2\,K$	V_0				
	A				
	理論值				
$R_3=0.5\,K$	V_0				
	A				
	理論值				

五、問題討論

(1) 試舉出兩個全一耦合器（又稱電壓隨耦器）之重要優點？

(2) 在實驗中，若將圖2-7之 R_4 電阻拿掉，則對電路是否有影響？試說明其原因。

(3) 輸入頻率之大小是否會影響到輸出與輸入間之相位差？

(4) 若將輸入訊號改用方波，則輸出波形為何？當頻率增加時，波形又將如何變化？

3

OP Amp特性參數之測試

一、實驗目的

(1) 測試OP Amp之幾種特性參數。

(2) 探討各種參數測試電路之原理。

(3) 探討不同 IC 特性參數之差異。

二、實驗原理

OP Amp的一些基本特性，在前面已簡單介紹過，這些特性在一般應用時，均已由廠家所提供的資料裏詳細說明，本實驗僅提供幾個較重要的參數測試。

1. 輸入輸出阻抗之測試：

OP Amp之輸入與輸出阻抗是一很重要的特性，在前面分析放大器時已討論過。一般測試時不能只用歐姆表來測量，此乃因輸入、輸出阻抗與放大電路之主動元件(active components)及被動(passive)元件有關，放大電路必須在正常工作下，經由輔助電路來完成阻抗之測試。

圖3-1爲放大器輸入阻抗之測試電路，R_{in}爲放大器之輸入阻抗，R_s爲訊號源之輸出阻抗，在訊號源與輸入端之間串接一可調之可變電阻，圖3-1中，由分壓理論可得

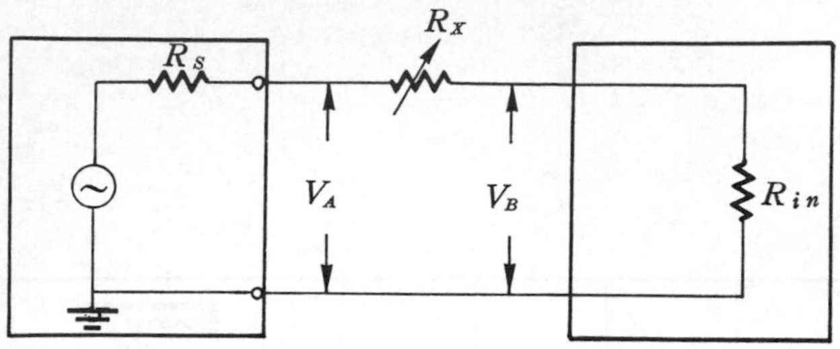

圖 3-1

$$V_B = V_A \cdot \frac{R_{in}}{R_X + R_{in}}$$

則 $V_B (R_X + R_{in}) = V_A R_{in}$

$R_{in} (V_A - V_B) = R_X V_B$

$$\therefore \quad R_{in} = \frac{V_B}{V_A - V_B} R_X$$

$$R_{in} = \frac{R_X}{\frac{V_A}{V_B} - 1} \qquad (1)$$

由上式可知，只要任意調整R_X 值，測出V_A 與V_B 值，將其代入上式，即可求出輸入阻抗。若調整R_X ，使$V_B = ½ V_A$ ，則R_X 等於R_{in} ，再移去R_X，用三用表測之，所得之值即爲此放大器之輸入阻抗。若R_{in} 很大時，將 R_X增加至R_{in} 值，將使電路工作變差，此時可任意調整 R_X ，將測試值代入(1)式即可。

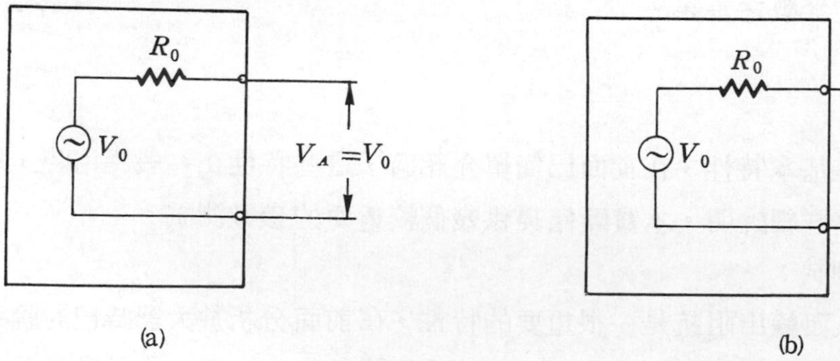

圖 3-2

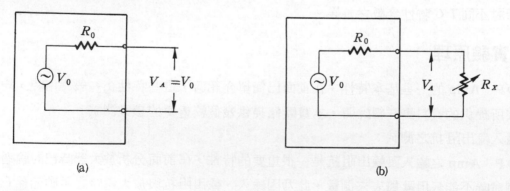

圖3-2 爲放大器輸出阻抗之測試電路，首先測試放大器無輸出負載下之輸出電壓V_A ，如圖3-2 (a)所示，在無負載之情況下，若測試儀器之輸入阻抗很大，可以看成開路，則無電流流過R_0 電阻，因此$V_A = V_0$ 。然後將負載電阻R_X 接上，如圖 3-2 (b)所

示，可測得輸出電壓V_B，則

$$V_B = V_0 \cdot \frac{R_X}{R_0 + R_X} = V_A \cdot \frac{R_X}{R_0 + R_X}$$

$$V_B(R_0 + R_X) = V_A V_X$$

$$V_B R_0 = (V_A - V_B) R_X$$

$$\therefore \quad R_0 = \frac{V_A - V_B}{V_B} R_X$$

$$= \left(\frac{V_A}{V_B} - 1\right) R_X \tag{2}$$

由上式可知，只要任意調整 R_X 值，測出 V_B 值與 V_A 值，即可代入(2)式求出輸出阻抗。若調整 R_X，使 $V_B = ½ V_A$，則 R_X 等於 R_0，再移去 R_X，用三用表測之，所得之值即爲此放大器之輸出阻抗。

2. 電壓轉動率（slew rate）之測試：

電晶體放大電路之輸出若由某一狀態轉變爲另一種狀態，其理想時間如圖 3-3 (a)所示，但是無論是那一種電路皆有其轉換時間（如圖 3-3 (b)），此轉換時間一般是指最高值

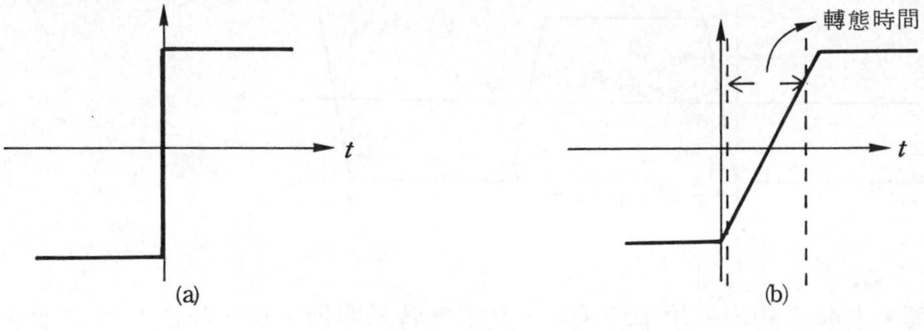

圖 3-3

的 10 ％與 90 ％兩點間之時間，亦稱爲電路之上升時間，其與恢復時間（recovery-time，最低值與最高值的 10 ％兩點間之時間）合稱電路之延遲時間。

運算放大器本身是由數個電晶體與電阻組合而成，有的還包括補償電容，以防止高頻振盪，這些因素，限制了輸出電壓改變的比率，而轉動率定義爲：輸入電壓加入時，輸出電壓變化的速率，亦即

$$轉動率(SR) = \frac{\Delta V}{\Delta t}\left(或 = \frac{dV}{dt}\right)$$

此爲輸出電壓的斜率。轉動率愈大，輸出波形失眞愈小，而其大小由放大器之增益，補償電容，以及輸出電壓是正向或負向位準等決定之。

現舉例來討論電壓轉動率對輸出波形的影響，以我們常見的 μA 741 或 LM 741 爲例，其轉動率爲 0.5 V／μS，若接成一簡單的倒相放大電路，如圖 3-4 所示；當輸

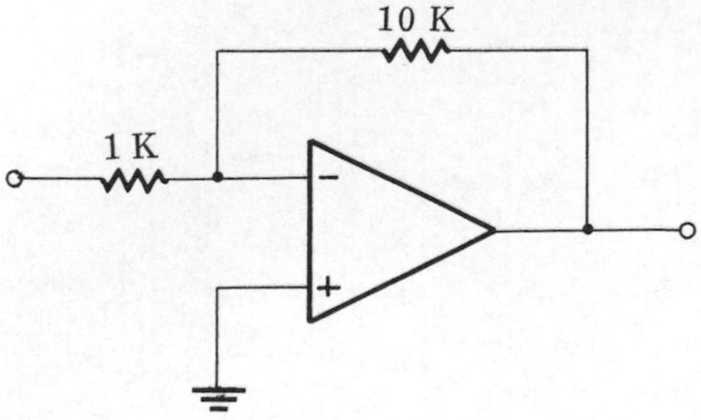

圖 3-4

入訊號爲 1 V 峯值之方波，在輸入頻率爲 1 KHz 時，可以得到圖 3-5 所示之輸入、輸出電壓波形相對位置，其中 $\triangle t$ 爲 40 μS（20 V ÷ 0.5 V／μS），對輸出電壓波形

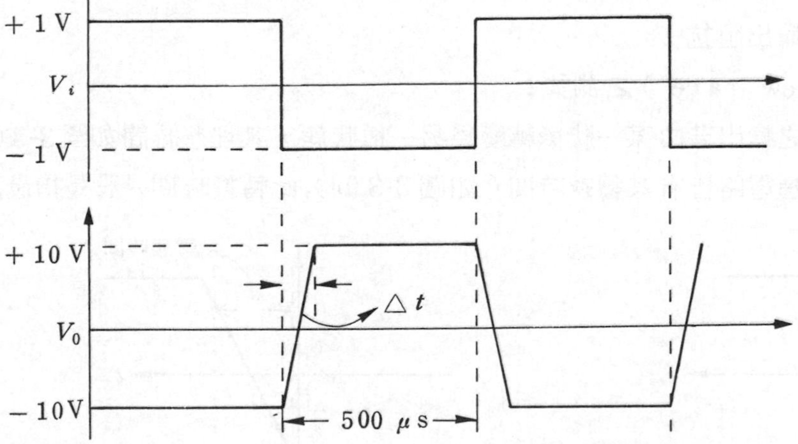

圖 3-5

已經有點影響。若輸入頻率改用 10 KHz，其電壓轉動率仍一樣，故 $\triangle t = 40\,\mu S$，但此時方波之半週期爲 50 μS，因此 $\triangle t$ 對輸出波形造成嚴重的失眞，如圖 3-6 所示。

假使輸入爲正弦波，若能得到最大不失眞之輸出波形，而 V_{OP} 爲其峯值電壓，此時之頻率爲 f，每一徑度之時間爲 $\dfrac{T}{2\pi} = \dfrac{1}{2\pi f}$，則電路之轉動率爲

$$SR = \frac{V_{OP}}{\dfrac{1}{2\pi f}} = 2\pi f V_{OP}$$

根據上式，若已知放大器之轉動率及最大不失眞輸出電壓，即可計算此放大器之最高工

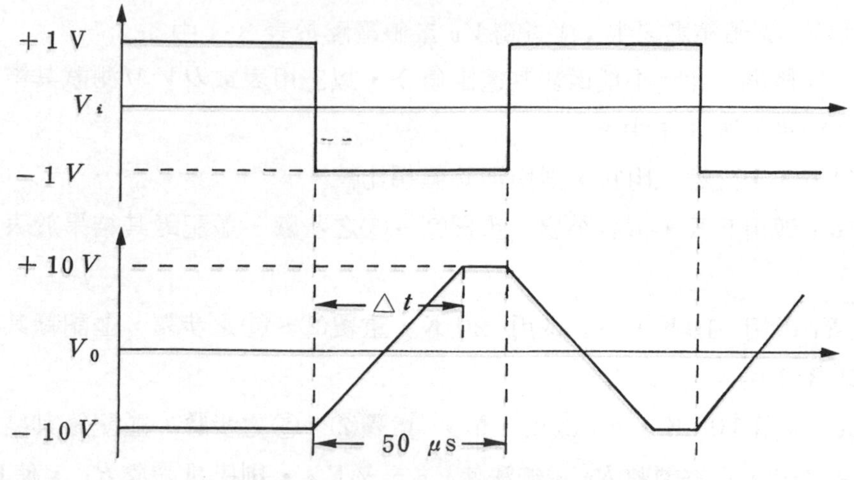

圖3-6

作頻率；同時，頻率與輸出振幅兩者成反比，降低輸出電壓（或減少輸入電壓），在既定的轉動率值，可提高工作頻率的範圍。

3. 閉路增益與頻寬乘積之測試：

運算放大器之開路增益很大，必須要有穩定作用的回授網路才能使其適當工作，一定的回授網路將產生固定的電壓增益，此閉路增益與放大器之頻帶寬度的乘積為一定值，以GBP（gain-bandwidth product）表之，亦即

$$GBP = A_v \cdot BW$$

在固定的GBP值之下，閉路增益愈高，頻寬則愈窄。在實際應用上，一般均選用GBP值的 $\frac{1}{10}$，作為電路的設計標準，以避免電路之失真。

三、實驗步驟

1. 輸入輸出阻抗之測試：

(1) 倒相放大電路：

① 如圖3-7連接線路。

② 以示波器觀測 V_A 之波形，並記錄其峯值電壓於表3-1中。

③ 以示波器觀測 V_B 之波形，同時調整可變電阻 R_X，儘量使 V_B 之峯值電

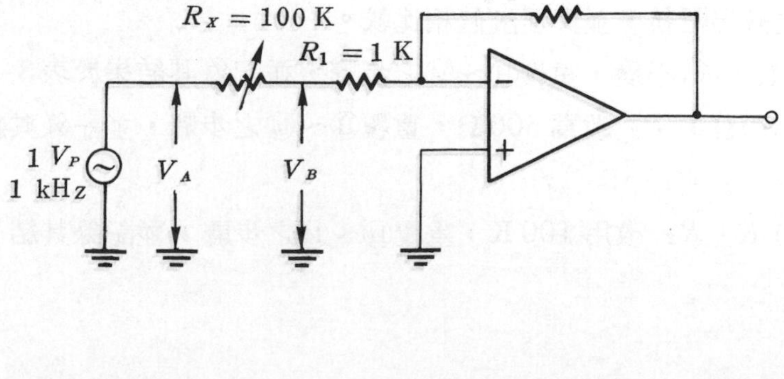

圖3-7

壓爲V_A峯值電壓之半，並記錄V_B峯值電壓於表3-1中。

④ 將 R_X移開(此時不能改變其電阻值)，以三用表或DVM測試其電阻值，並記錄於表3-1中。

⑤ 計算表3-1之輸入阻抗，並與理論值相比較。

⑥ 若 R_1 改用5 K，R_2 不變，重覆②～⑤之步驟，並記錄其結果於表3-1中。

⑦ 若 R_1 改用 10 K，R_2 改用 20 K，重覆②～⑤之步驟，並記錄其結果於表3-1中。

⑧ 若R_1改用100 K，R_2改用1 M， 重覆②～⑤之步驟，並記錄其結果於表3-1中。(若調整R_X，無法使$V_B=½V_A$，則儘量調整R_X，使V_B電壓爲某一整數值，以利於計算)。

⑨ 若R_1改用500 K，R_2維持1 M不變 ，重覆②～⑤之步驟，並記錄其結果於表3-1中。

⑩ 如圖3-8連接綫路。

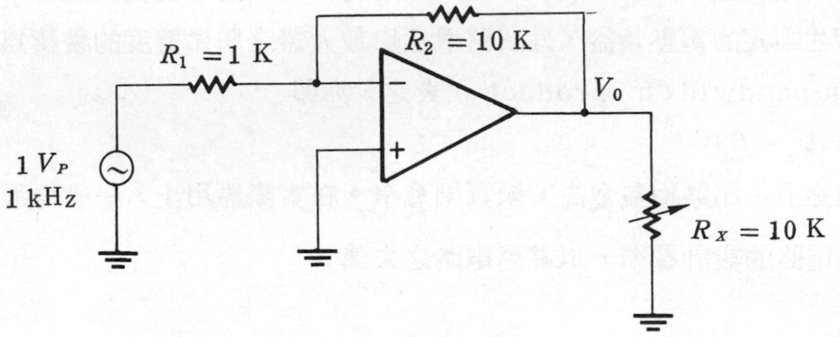

圖3-8

⑪ 首先不接 R_X 電阻，以示波器觀測 V_0 之波形，測出其峯值電壓爲 V_A，並記錄於表3-2中。

⑫ 然後將R_X 接上，以示波器觀測V_0 之波形，測出其峯值電壓爲V_B，適當地調整 R_X，使 $V_B=½$ V_A或某一整數值，並記錄 V_B 電壓於表3-2中。

⑬ 將 R_X移開，以三用表或DVM測試其電阻值，並記錄於表3-2中。

⑭ 計算表3-2之輸出阻抗，並與理論值相比較。

⑮ 若R_2改用5 K，R_1不變，重覆⑪～⑭之步驟，並記錄其結果於表3-2中。

⑯ 若 R_1 改用 100Ω，R_2 改爲 500Ω，重覆⑪～⑭之步驟，並記錄其結果於表3-2中。

⑰ 若R_1改用10 K，R_2 改用100 K，重覆⑪～⑭之步驟，並記錄其結果於表3-2中。

⑱ 若 $R_1 = R_2 = 100\ \Omega$，重覆⑪～⑭之步驟，並記錄其結果於表 3-2 中。

(2) 正相放大電路：

① 如圖 3-9 連接綫路。

② 以示波器觀測 V_A 之波形，並記錄其結果於表 3-3 中。

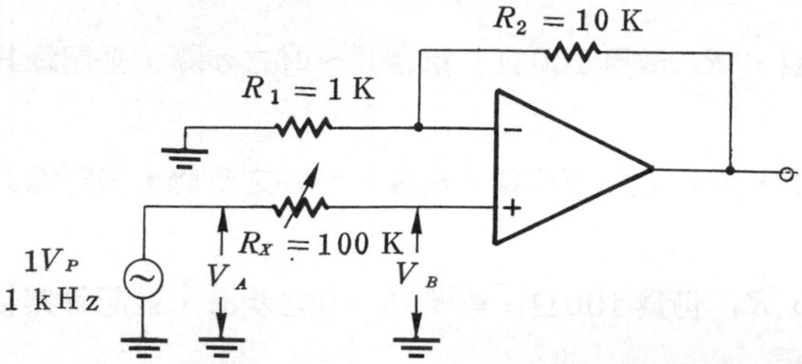

圖 3-9

③ 以示波器觀測 V_B 之波形，同時調整可變電阻 R_X，使 V_B 爲一適當值，並記錄其結果於表 3-3 中。

④ 將 R_X 移開，以三用表或 DVM 測試其電阻值，並記錄於表 3-3 中。

⑤ 計算表 3-3 之輸入阻抗，並與理論值相比較。

⑥ 若 R_1 改用 5 K，R_2 不變，重覆②～⑤之步驟，並記錄其結果於表 3-3 中。

⑦ 若 R_1 改用 10 K，R_2 改用 100 K，重覆②～⑤之步驟，並記錄其結果於表 3-3 中。

⑧ 若 R_1 改用 100 K，R_2 改用 1 M，重覆②～⑤之步驟，並記錄其結果於表 3-3 中。

⑨ 若 $R_1 = R_2 = 1\ \text{M}$，重覆②～⑤之步驟，並記錄其結果於表 3-3 中。

⑩ 如圖 3-10 連接綫路。

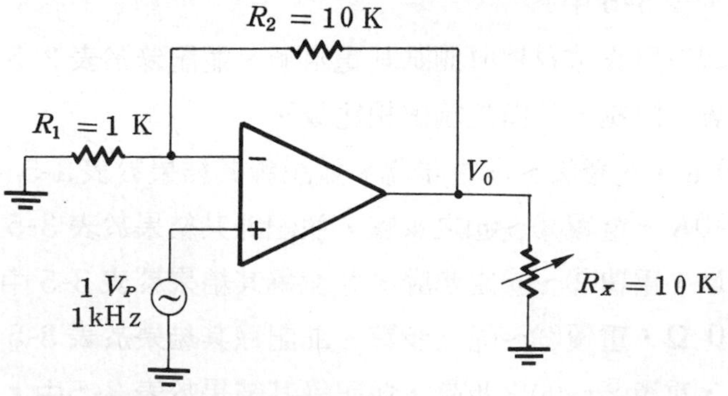

圖 3-10

⑪ 首先不接 R_X 電阻，以示波器觀測 V_0 之波形，測出其峯值電壓爲 V_A，並記錄於表 3-4 中。

⑫ 然後將 R_X 接上，以示波器觀測 V_0 之波形，測出其峯值電壓爲 V_B，適

當地調整R_X，使V_B為一適當值，並記錄其結果於表 3-4 中。

⑬ 將 R_X 移開，以三用表或DVM測試其電阻值，並記錄於表 3-4中。

⑭ 計算表 3-4之輸出電阻，並與理論值相比較。

⑮ 若R_2 改用 5 K，R_1 不變，重覆⑪～⑭之步驟，並記錄其結果於表 3-4 中。

⑯ 若 R_1 改用 50 Ω，R_2 改用 100 Ω，重覆⑪～⑭之步驟，並記錄其結果於表 3-4 中。

⑰ 若 R_1 改用 100 Ω，R_2 仍為 100 Ω，重覆⑪～⑭之步驟，並記錄其結果於表 3-4 中。

⑱ 若R_2 改用 1 K，R_1 仍為 100 Ω，重覆⑪～⑭之步驟，並記錄其結果於表3-4中。

(3) 阻抗轉換器：

① 如圖 3-11 連接綫路。

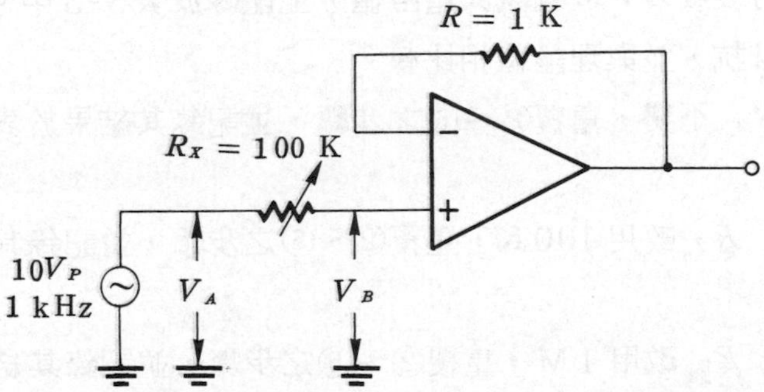

圖 3-11

② 以示波器觀測 V_A之波形，並記錄其結果於表 3-5中。

③ 以示波器觀測 V_B 之波形，同時調整可變電阻 R_X，使 V_B 為一適當值，並記錄其結果於表 3-5 中。

④ 將 R_X移開，以三用表或DVM測試其電阻值，並記錄於表 3-5 中。

⑤ 計算表 3-5 之輸入阻抗，並與理論值相比較。

⑥ R電阻改用 10 K，重覆②～⑤之步驟，並記錄其結果於表3-5 中。

⑦ R電阻改用 100K，重覆②～⑤之步驟，並記錄其結果於表 3-5 中。

⑧ R電阻改用 1 M，重覆②～⑤之步驟，並記錄其結果於表 3-5 中。

⑨ R電阻改用 10 Ω，重覆②～⑤之步驟，並記錄其結果於表 3-5 中。

⑩ 將R電阻短路，重覆②～⑤之步驟，並記錄其結果於表 3-5中。

⑪ 如圖 3-12 連接綫路。

⑫ 首先不接 R_X 電阻，以示波器觀測 V_0 之波形，測出其峯值電壓為 V_A，並記錄於表3-6 中。

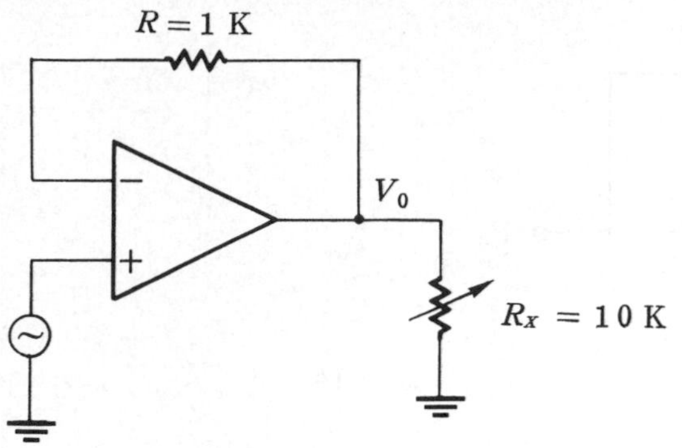

圖3-12

⑬ 隨後將 R_X 接上，以示波器觀測 V_0 之波形，測出其峯值電壓爲 V_B ，適當調整 R_X，使 V_B 爲一適當值，並記錄其結果於表3-6中。

⑭ 將 R_X 移開，以三用表或 DVM 測試其電阻值，並記錄於表3-6中。

⑮ 計算表3-6之輸出阻抗，並與理論值相比較。

⑯ 若 R 電阻改用 500 Ω，重覆⑫～⑮之步驟，並記錄其結果於表3-6中。

⑰ R 電阻改用 100 Ω，重覆⑫～⑮之步驟，並記錄其結果於表3-6中。

⑱ R 電阻改用 10 Ω，重覆⑫～⑮之步驟，並記錄其結果於表3-6中。

⑲ 將 R 電阻短路，重覆⑫～⑮之步驟，並記錄其結果於表3-6中。

⑳ R 電阻改用 10 K，重覆⑫～⑮之步驟，並記錄其結果於表3-6中。

2. 電壓轉動率之測試：

(1) 如圖3-13連接線路。

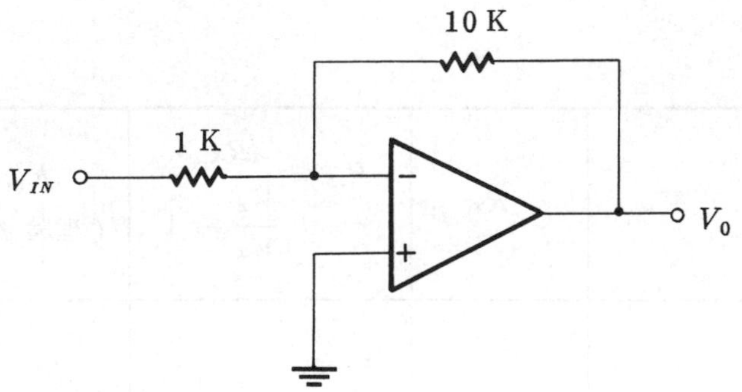

圖3-13

(2) 輸入訊號接峯值電壓爲1 V之方波，頻率爲100 Hz，以示波器觀測輸出之波形，計算其電壓轉動率，並記錄於表3-7中。

(3) 依表3-7所示改變輸入頻率，依次觀測其輸出波形，並計算各頻率之電壓轉動率，且記錄於表3-7中。

(4) 將OP Amp更換爲其他型號之 IC 如表3-8所示，重覆(2)、(3)之步驟，記錄其結果於表3-8中。

3. 閉路增益與頻寬乘積之測試：

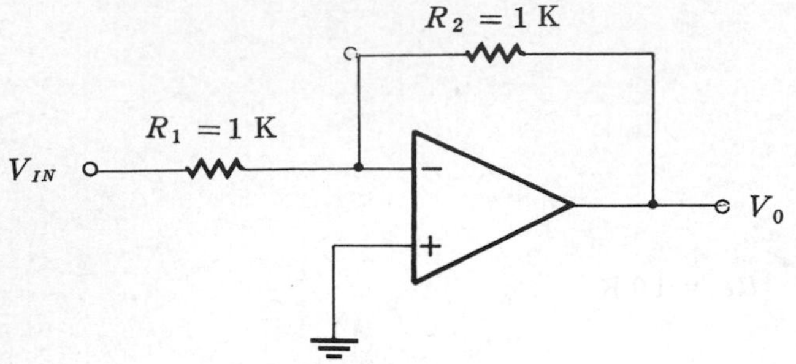

圖3-14

(1) 如圖3-14連接綫路。

(2) 輸入訊號接峯值電壓爲1V之正弦波，改變輸入頻率由低頻至高頻（此時輸入電壓維持不變），計算高頻3 dB點之頻率，並記錄於表3-9中。

(3) 由 R_1 及 R_2 計算電路之 A_V 值。

(4) 根據(2)、(3)之步驟，計算電路之GBP值。

(5) 若 R_2 改用5K，重覆(2)～(4)之步驟，並記錄其結果於表3-9中。

(6) 若 R_2改用 10K，重覆(2)～(4)之步驟，並記錄其結果於表3-9中。

(7) 若 R_2 改用100K，重覆(2)～(4)之步驟，並記錄其結果於表3-9中。（此時輸入峯值電壓須降低，以避免輸出電壓到達飽和而失眞）。

(8) 若R_2 改用1M，重覆(2)～(4)之步驟，並記錄其結果於表3-9中。（此時輸入電壓須更低）

四、實驗結果

表3-1

R_1	R_2	V_A	V_B	R_X	$R_{IN} = \dfrac{R_X}{\dfrac{V_A}{V_B} - 1}$	R_{IN}（理論值）
1K	10K					
5K	10K					
10K	20K					
100K	1M					
500K	1M					

表 3-2

R_1	R_2	V_A	V_B	R_X	$R_0=(\frac{V_A}{V_B}-1)R_X$	R_0 (理論值)
1 K	10 K					
1 K	5 K					
100 Ω	500 Ω					
10 K	100 K					
100 Ω	100 Ω					

表 3-3

R_1	R_2	V_A	V_B	R_X	$R_{IN}=\frac{R_X}{\frac{V_A}{V_B}-1}$	R_{IN} (理論值)
1K	10 K					
5 K	10 K					
10 K	100 K					
100 K	1 M					
1 M	1 M					

表 3-4

R_1	R_2	V_A	V_B	R_X	$R_0=(\frac{V_A}{V_B}-1)R_X$	R_0 (理論值)
1 K	10 K					
1 K	5 K					
50 Ω	100 Ω					
100 Ω	100 Ω					
100 Ω	1 K					

表 3-5

R	V_A	V_B	R_X	$R_{IN}=\frac{R_X}{\frac{V_A}{V_B}-1}$	R_{IN} (理論值)
1 K					
10 K					
100 K					
1 M					
10 Ω					
0 Ω					

表 3-6

R	V_A	V_B	R_X	$R_0=(\frac{V_A}{V_B}-1)R_X$	R_0 （理論值）
1 K					
500 Ω					
100 Ω					
10 Ω					
0 Ω					
10 K					

表 3-7

f	100Hz	500Hz	1KHz	5KHz	10KHz	50KHz	100KHz	500KHz
$SR(V/\mu s)$								

表 3-8

f	100 Hz	500Hz	1KHz	5KHz	10KHz	50KHz	100KHz	500KHz
LM 741								
CA 3140								
CA 3130								
μA 709								
μA 747								

表3-9

R_1	1 K	1 K	1 K	1 K	1 K
R_2	1 K	5 K	10 K	100 K	1 M
$B.W.$					
A_V					
GBP					

五、問題討論

(1) 試就倒相放大電路中，兩電阻的改變對輸入、輸出阻抗的影響？並分析其理由。

(2) 試就正相放大電路中，兩電阻的改變對輸入、輸出阻抗的影響？並分析其理由。

(3) 試就阻抗轉換電路中，回授電阻的改變對輸入、輸出阻抗的影響？並分析其理由。

(4) 試討論電壓轉動率對電路頻率響應的影響？

(5) 在實驗中，若將已測出電壓轉動率的放大器改接正弦波輸入，試分析其最大不失眞之頻率爲何？

(6) 何謂GBP？對任一放大器而言，其值與放大增益有何關係？

(7) 對任一放大電路，若在輸入端送入方波之訊號，却於輸出端得到一三角波波形，試問其產生失眞之原因爲何？

4

輸入偏壓電流與輸入抵償電流及電壓之零位補償電路

一、實驗目的

(1) 瞭解OP　Amp偏壓電流，抵償電流及電壓的產生。
(2) 探討OP　Amp偏壓電流的補償電路。
(3) 探討OP　Amp抵償電流及電壓的補償電路。

二、實驗原理

一個OP　Amp其本身就是由幾個電晶體所組成的電路，這些電晶體必須加上正確的偏壓才能工作。理想狀況下，OP　Amp在輸入訊號爲零時，輸出電壓亦爲零，但是無論如何精良的OP　Amp，其輸入端的電晶體或場效應電晶體無法完全匹配，因此導致在輸入端接地時，輸出端有一微小的電壓存在（此時輸入端有一很小的直流電流，來驅動OP　Amp的電晶體）。

平均輸入偏壓電流其定義爲：當輸出電壓 V_0 爲零伏時，“＋”“－”兩輸入端偏壓電流的絕對值相加再除以2而得，如圖4-1所示，即

$$I_B = \frac{|\, I_{(+)} \,| + |\, I_{(-)} \,|}{2}$$

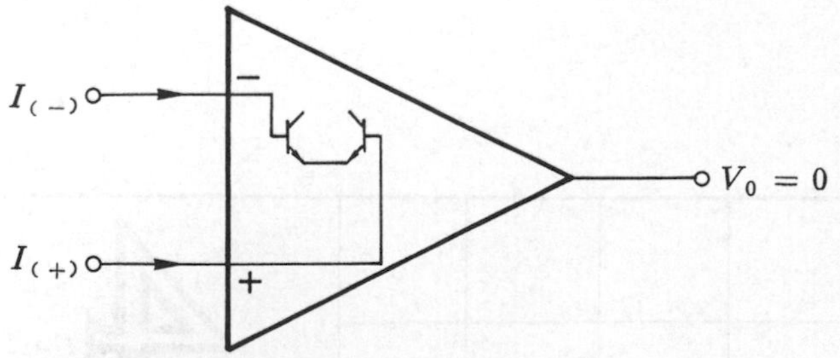

圖 4-1

而輸入抵償電流定義爲

$$I_{OS} = |\ I_{(+)}\ | - |\ I_{(-)}\ | \qquad (V_0 爲 0)$$

由於圖 4-1 中之 $I_{(+)}$ 及 $I_{(-)}$ 兩偏壓電流均很小（I_B 約爲 1 μA～1 n A 左右，若 OP Amp 用場效應電晶體作爲輸入，則 I_B 值將更小，而 I_{OS} 比 I_B 值的 25 %還要小），在輸入訊號接地時，必須用靈敏度極高的電表才能測出輸出端有一微小的電壓存在，我們可以加上補助電路，以瞭解輸入偏壓電流對輸出電壓的影響。

(1) 圖 4-2 爲一倒向放大電路，$R_2 = 10\ \text{K}$，$R_1 = 1\text{M}\Omega$，當輸入訊號接地時，由於"－"輸入端爲虛接地，因此 R_2 電阻沒有電流流過；而 $I_{(+)}$ 電流因爲直接接地，對輸出電壓不發生作用，至於 $I_{(-)}$ 電流流經 R_1 電阻，則產生一電壓降 $R_1 I_{(-)}$（$I_{(-)}$ 值雖然很小，但 R_1 值却很高，其乘積可產生一較大之電壓），如此，由 $I_{(-)}$ 電流所引起的輸出電壓誤差即爲 $V_0 = R_1 I_{(-)}$。

(2) 圖 4-3 爲一基本的電壓隨耦器，$R_1 = 1\text{M}\Omega$。當輸入訊號接地時（即"＋"端接地），由於 $I_{(-)}$ 電流流經 R_1，產生一電壓降，使得輸出得到一電壓誤差即 $V_0 = R_1\ I_{(-)}$。

(3) 在圖 4-2 及圖 4-3 中，若 $I_{(-)}$ 電流所引起的 V_0 值不太大，我們可以採用圖 4-4 所示的補助電路（此電路在正常情況下，不接 R_M 電阻），$R_1 = 1\text{M}\Omega$，$R_2 = 1\text{K}\Omega$，$R_M = 10\text{K}\Omega$，圖中多加一個 R_M 電阻可以增加 $I_{(-)}$ 電流對 V_0 電壓的影響。流過 R_M 電阻之電流爲 $I_{(-)}$，此時"＋"輸入端接地，"－"輸入端亦

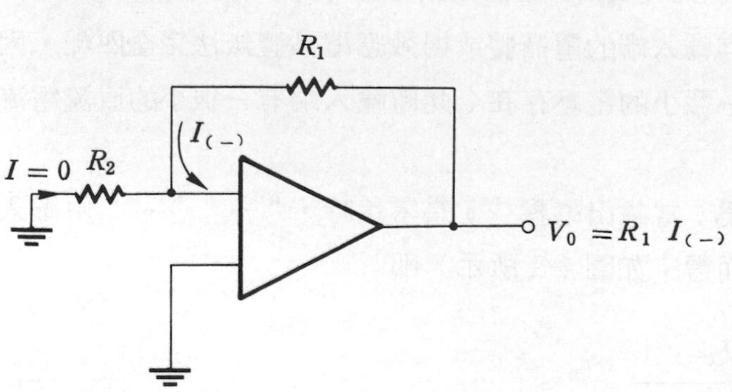

圖 4-2

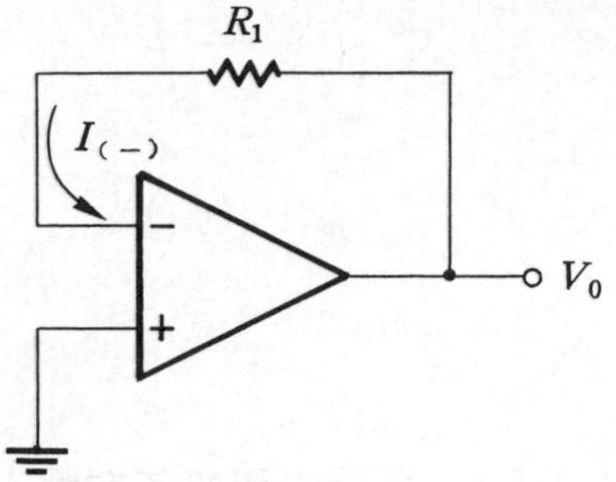

圖 4-3

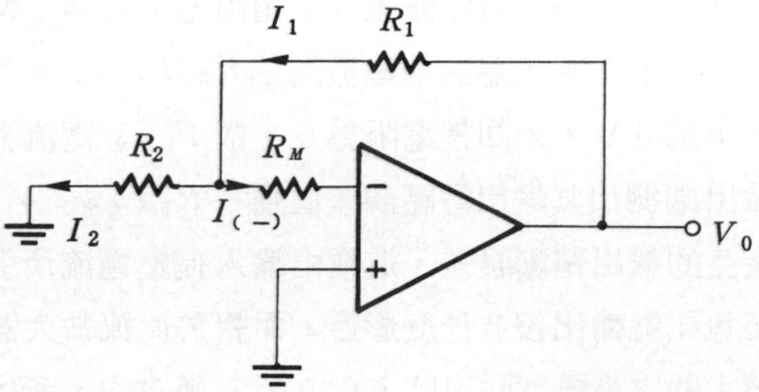

圖 4-4

為虛接地點，則由並聯電阻分流的原理，可以得知 I_2 電流為

$$I_2 = \frac{R_M}{R_2} I_{(-)}$$

而 $I_1 = I_2 + I_{(-)}$

$$= \frac{R_M}{R_2} I_{(-)} + I_{(-)}$$

$$= I_{(-)}\left(1 + \frac{R_M}{R_2}\right) \cong I_{(-)} \frac{R_M}{R_2} \qquad \left(\text{若} \frac{R_M}{R_2} \gg 1\right)$$

故可以在輸出端得到更大的電壓誤差，即

$$V_0 = I_1 \ R_1 + I_{(-)} R_M$$

$$\cong \frac{R_M}{R_2} I_{(-)} \cdot R_1 + I_{(-)} R_M \cong \frac{R_M}{R_2} I_{(-)} \cdot R_1 \qquad \left(\text{若} \frac{R_1}{R_2} \gg 1\right)$$

將 R_M 及 R_2 值代入，可得

$$V_0 \cong 10 \cdot R_1 \cdot I_{(-)}$$

上式表示，所得到的輸出電壓誤差較圖 4-2的輸出電壓誤差增加了10倍。

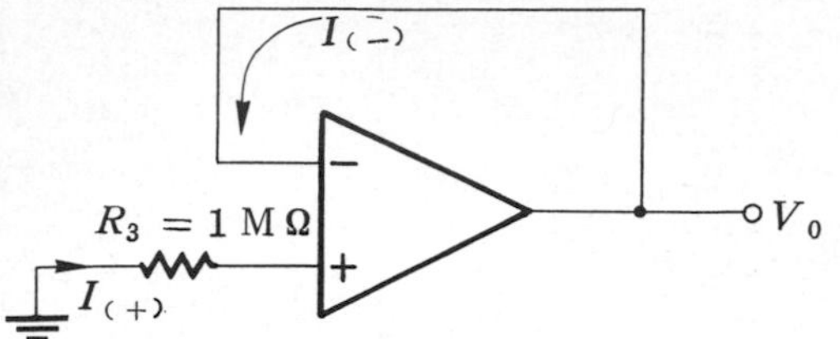

圖 4-5

(4) 以上是 $I_{(-)}$ 電流對輸出電壓的影響，現在來討論 $I_{(+)}$ 電流的影響。在圖 4-5 中，當"＋"輸入端之輸入訊號接地時，$I_{(+)}$ 電流流過 R_3 電阻（$R_3 = 1\,M\Omega$），產生一電壓降 $R_3\ I_{(+)}$，因此"＋"輸入端對地電壓為 $-R_3\ I_{(+)}$。"＋""－"兩端之電壓差在理想狀況下為 0 V，因回授電阻為 0，故 $I_{(-)}$ 電流對輸出電壓不發生作用，最後可以在輸出端測出其輸出電壓誤差值為 $-R_3 I_{(+)}$。

以上所討論的皆為輸入偏壓電流所產生的輸出電壓誤差，這種由輸入偏壓電流所引起的直流輸出電壓，對於交流放大器之交流訊號輸出沒有什麼影響，而對於直流放大器之大訊號輸出影響亦不大，但是在直流放大器之小訊號輸出時，就必須考慮在內，所以應該想辦法來消除這種電壓誤差值。

下面我們介紹幾種補償電路，可以用來降低輸入偏壓電流所產生的輸出電壓誤差至最低值。

(1) 電壓隨耦器之電壓補償：如圖 4-6 所示，當輸入訊號接地時，$I_{(+)}$ 電流在 R_2 上產生一電壓降，使得"＋"輸入端對地電壓為 $-R_2\ I_{(+)}$，而 $I_{(-)}$ 在 R_1 上產生的電壓降為 $R_1\ I_{(-)}$，因此輸出對地電壓 V_0 為

$$V_0 = R_1\ I_{(-)} - R_2\ I_{(+)}$$
$$= R(I_{(-)} - I_{(+)}) \qquad (若 R_1 = R_2 = R)$$

假使 $I_{(-)} = I_{(+)}$，則 V_0 為 0，亦即補償 $I_{(+)}$ 對 V_0 所發生的不良作用，但是事實上 $I_{(-)}$ 很少等於 $I_{(+)}$，亦即 $I_{OS} = I_{(-)} - I_{(+)}$ 不會等於 0，此時若想使 V_0 為 0，則可將 R_1 改用可變電阻，將其調到 $R_1\ I_{(-)} = R_2\ I_{(+)}$ 時，就能使 V_0 為 0。通常 I_{OS} 值為 I_B 的 25 %，故必然有 I_{OS} 的存在；因此，我們

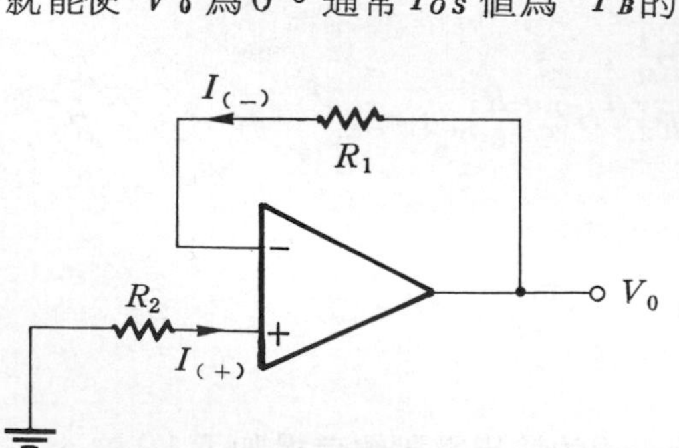

圖 4-6

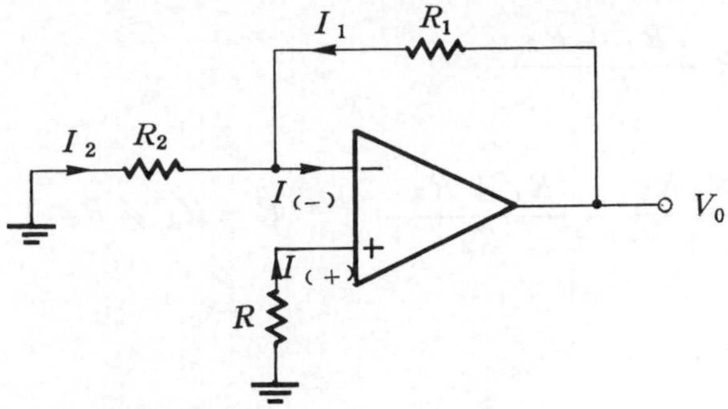

圖 4-7

可在電壓隨耦器上，加上回授電阻 R_1，就能降低I_{os}的作用。

(2) 反相或同相放大電路的電壓補償：如圖4-7所示，圖中R電阻又稱爲電流補償電阻，其阻值大小爲R_1與R_2的並聯值，亦即

$$R = R_1 /\!/ R_2 = \frac{R_1 \cdot R_2}{R_1 + R_2}$$

當輸入訊號接地時（不管反相或同相放大電路，其輸入端接地的等效電路皆如圖4-7所示），$I_{(+)}$電流在R上產生一電壓降$R \cdot I_{(+)}$，使得"＋"端對地電壓爲$-RI_{(+)}$，故"－"端對地電壓亦爲$-RI_{(+)}$，因此I_2 電流爲

$$I_2 = \frac{0-(-RI_{(+)})}{R_2} = \frac{R}{R_2} I_{(+)}$$

而I_1電流爲

$$I_1 = I_{(-)} - I_2 = I_{(-)} - \frac{R}{R_2} I_{(+)}$$

則輸出對地電壓V_0爲

$$V_0 = I_1 R_1 - RI_{(+)}$$

$$= R_1 \left(I_{(-)} - \frac{R}{R_2} I_{(+)} \right) - RI_{(+)}$$

$$= R_1 I_{(-)} - \frac{R_1 R}{R_2} I_{(+)} - RI_{(+)}$$

$$= R_1 I_{(-)} - I_{(+)} R \left(\frac{R_1}{R_2} + 1 \right)$$

$$=R_1\ I_{(-)}-I_{(+)}\ R\cdot\frac{R_1+R_2}{R_2}$$

$$=R_1\ I_{(-)}-I_{(+)}\ \frac{R_1R_2}{R_1+R_2}\cdot\frac{R_1+R_2}{R_2}\quad(\because R=R_1 /\!/ R_2)$$

$$=R_1\ I_{(-)}-R_1\ I_{(+)}$$

$$=R_1\ (\ I_{(-)}-I_{(+)}\ )$$

$$=R_1\ I_{os}$$

上式所代表的意義爲：當接上電阻R時，輸出電壓誤差V_0就會由圖4-2之$R_1I_{(-)}$減低至R_1I_{os}($I_{os}=I_{(-)}-I_{(+)}$，且其值比25％的I_B值還要小)。在最佳的情況下，$I_{(-)}=I_{(+)}$，則$I_{os}=0$，而$V_0=0$。

運用圖4-7的補償電路，假使在“＋”“－”端點有很多電阻時，必須根據下面的原則：從“＋”輸入端至地間的等效直流電阻要與由“－”輸入端至地的等效直流電阻相等。由於$I_{(-)}$不等於$I_{(+)}$，因此一般皆調整R至適當值，使$I_1R_1-R\ I_{(+)}$等於0，亦即$V_0=0$。

(3) 輸入端直流準位調整之補償電路：如圖4-8所示，當輸入訊號接地時(圖(a)爲“＋”輸入端接地，圖(b)爲 R_2電阻接地)，可在另一輸入端調整可變電阻，使輸出電壓爲0 V，則圖(a)中之V'直流電壓及圖(b)中之“＋”輸入端直流電壓稱之爲輸入抵償電壓。

(4) OP Amp內部本身有輸入抵償電壓補償端點，我們可利用此補償端點校正OP Amp 之輸出電壓爲0 V。圖4-9(a)爲IC附有“offset null”(抵償歸零)端點的抵償電壓調整，圖4-9(b)爲IC附有Trim(修整)端點的抵償電壓調整。

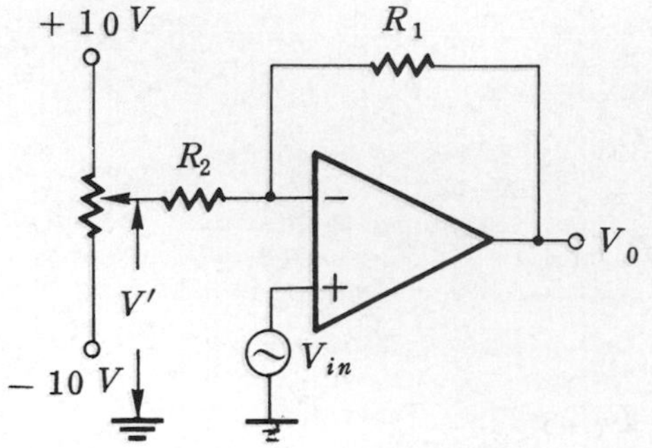

(a)同相放大之零位補償電路

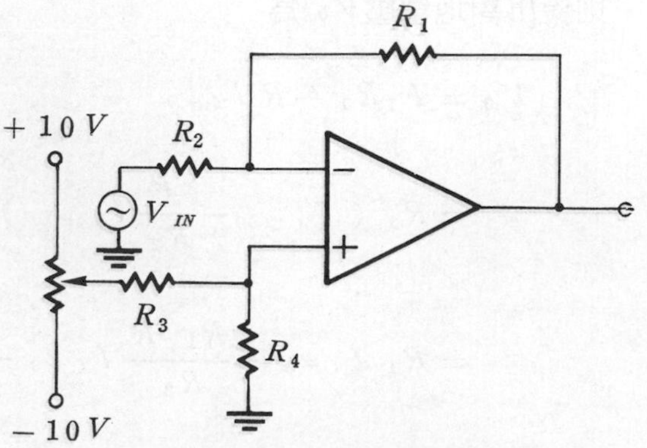

(b) 反相放大之零位補償電路

圖 4-8

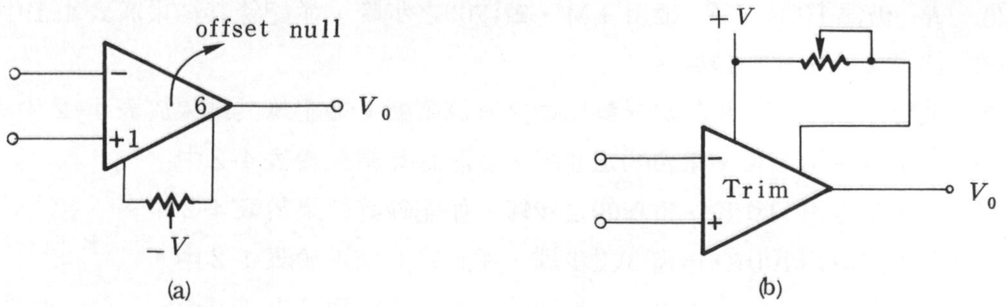

圖 4-9

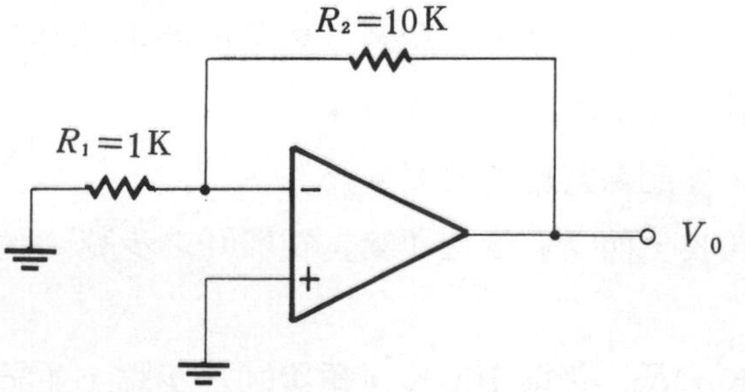

圖 4-10

以上四種補償電路中，(1)、(2)是針對輸入抵償電流的補償電路，(3)、(4)是針對輸入抵償電壓的補償電路，四種補償電路皆能消除輸入偏壓電流所產生的輸出電壓誤差至最低值。

三、實驗步驟

1　輸入偏壓電流之測試：

(1)　如圖 4-10 連接綫路。

(2)　使用靈敏度較高之示波器或DVM（三用表無法測試）測試輸出端之直流電壓，並記錄其結果於表4-1中。（使用示波器測試時，由於電壓低，會有雜訊干擾，應注意綫路連接）

(3)　R_2 改用 100K，重覆(2)之步驟，並記錄其結果於表4-1中。

(4)　R_2 改用 1M，重覆(2)之步驟，並記錄其結果於表 4-1 中。

(5)　R_1 改用 10 K，R_2 改用 100 K，重覆(2)之步驟，並記錄其結果於表4-1中。

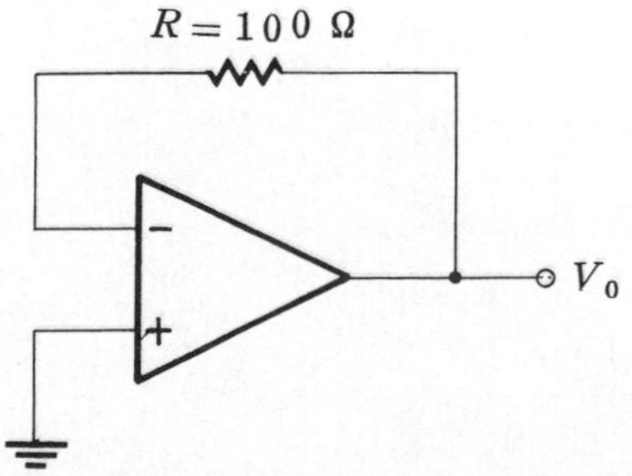

圖 4-11

(6) R_1 仍爲10 K，R_2 改用 1M，重覆(2)之步驟，並記錄其結果於表4-1中。

(7) 如圖4-11連接線路。

(8) 使用示波器或DVM測試輸出端之直流電壓，並記錄其結果於表4-2中。

(9) R電阻改用1 K，重覆(8)之步驟，並記錄其結果於表4-2中。

(10) R電阻改用 10 K，重覆(8)之步驟，並記錄其結果於表4-2中。

(11) R電阻改用100K，重覆(8)之步驟，並記錄其結果於表4-2中。

(12) R電阻改用 1M，重覆(8)之步驟，並記錄其結果於表4-2中。

(13) 如圖4-12連接線路。

(14) 使用示波器或DVM測試輸出端之直流電壓，並記錄其結果於表4-3中。

(15) R_1 改用100K，重覆(14)之步驟，並記錄其結果於表4-3中。

(16) R_1 改用1M，重覆(14)之步驟，並記錄其結果於表4-3中。

(17) R_1 改用100K，R_M 改用100K，而 R_2 維持不變，重覆(14)之步驟，並記錄其結果於表4-3中。

(18) R_1 改用1M，R_2 改用 10 K，R_M 仍爲100K，重覆(14)之步驟，並記錄其結果於表4-3中。

(19) 如圖4-13連接線路。

(20) 以示波器或DVM測試輸出之直流電壓，並記錄其結果於表4-4中。

(21) R電阻改用 10 K，重覆(20)之步驟，並記錄其結果於表4-4中。

(22) R電阻改用100K，重覆(20)之步驟，並記錄其結果於表4-4中。

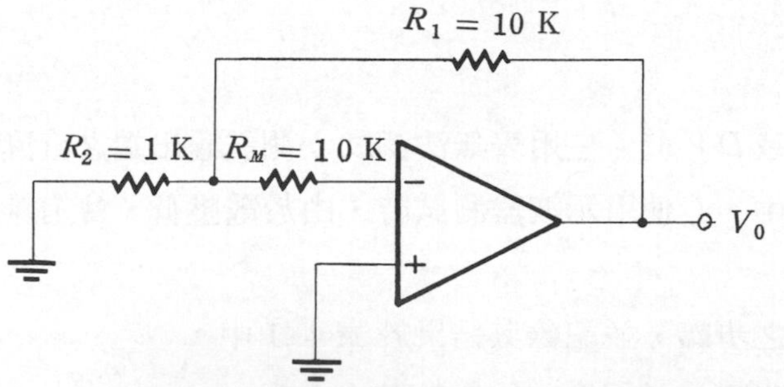

圖4-12

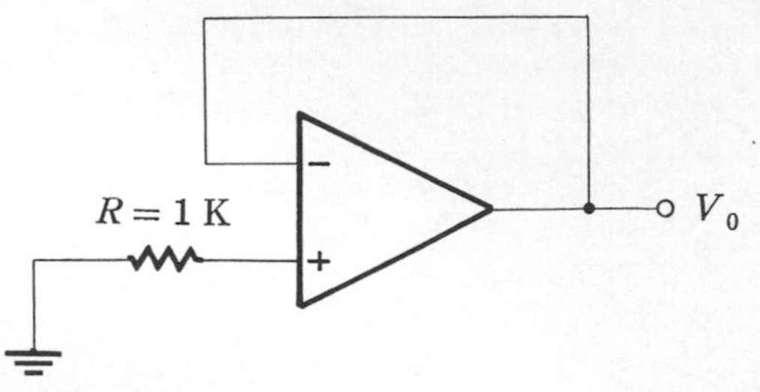

圖4-13

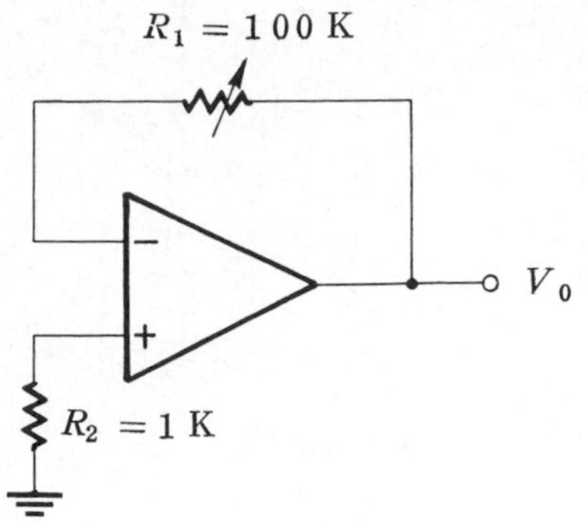

圖 4-14

(23)　R電阻改用 500 K，重覆(20)之步驟，並記錄其結果於表 4-4 中。

(24)　R電阻改用 1 M，重覆(20)之步驟，並記錄其結果於表 4-4 中。

2. 輸入抵償電流之補償電路測試：

(1)　如圖 4-14 連接線路。

(2)　以示波器或 DVM 測試輸出直流電壓 V_0，調整 R_1 電阻，使 V_0 電壓爲零。

(3)　將 R_1 移開，以三用表或 DVM 測試其電阻值，並記錄其結果於表 4-5 中。

(4)　R_2 改用 10K，重覆(2)、(3)之步驟，並記錄其結果於表 4-5 中。

(5)　R_2 改用 100K，R_1 改用 1M 可變電阻，重覆(2)、(3)之步驟，並記錄其結果於表 4-5 中。

(6)　R_2 改用 500K，重覆(2)、(3)之步驟，並記錄其結果於表 4-5 中。

(7)　R_2 改用 1M，重覆(2)、(3)之步驟，並記錄其結果於表 4-5 中。

(8)　如圖 4-15 連接線路。

(9)　以示波器或 DVM 測試輸出直流電壓 V_0，調整 R_X 可變電阻，使 V_0 電壓爲零。

(10)　將 R_X 移開，以三用表或 DVM 測試其電阻值，並記錄其結果於表 4-6 中。

(11)　R_2 改用 5 K，重覆(9)、(10)之步驟，並記錄其結果於表 4-6 中。

(12)　R_2 改用 10 K，重覆(9)、(10)之步驟，並記錄其結果於表 4-6 中。

(13)　R_1 改用 100K，R_2 仍爲 10K，R_X 改用 100K 可變電阻，重覆(9)、(10)之

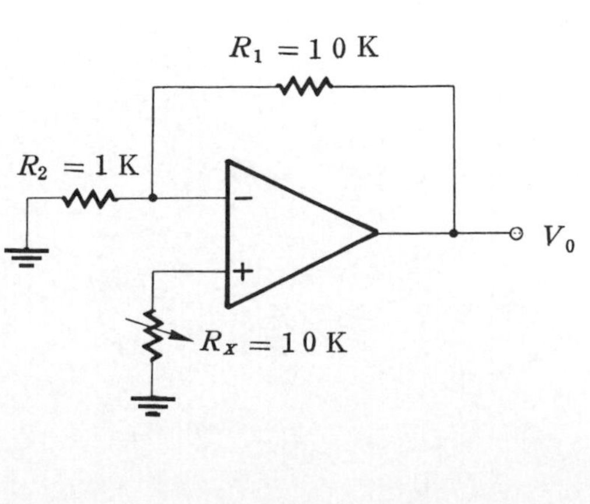

圖 4-15

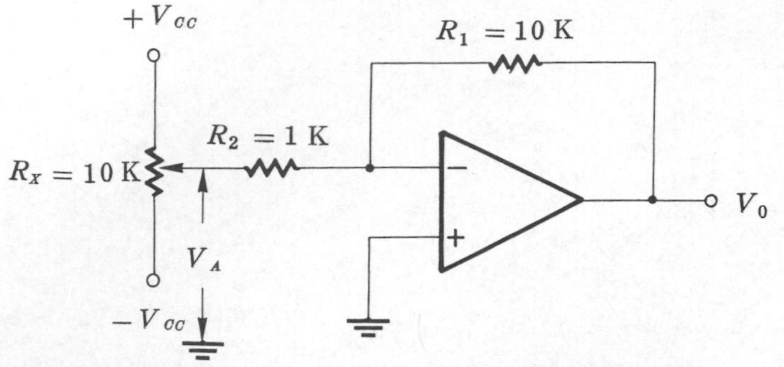

圖 4-16

步驟，並記錄其結果於表 4-6 中。

(14) R_2 改用 100K，R_1 及 R_X 維持不變，重覆(9)、(10)之步驟，並記錄其結果於表 4-6 中。

3. 輸入抵償電壓之補償電路測試：

(1) 如圖 4-16 連接綫路。

(2) 以示波器或 DVM 測試輸出直流電壓 V_0，調整 R_X 電阻，使 V_0 電壓爲零。

(3) 再以示波器或 DVM 測試 V_A 之直流電壓值，並記錄其結果於表 4-7 中。

(4) R_2 改用 10 K，重覆(2)、(3)之步驟，並記錄其結果於表 4-7 中。

(5) R_1 改用 100 K，R_2 維持不變，重覆(2)、(3)之步驟，並記錄其結果於表 4-7 中。

(6) R_2 改用 100K，R_1 維持不變，重覆(2)、(3)之步驟，並記錄其結果於表 4-7 中。

(7) R_1 改用 1 M，R_2 維持不變，重覆(2)、(3)之步驟，並記錄其結果於表 4-7 中。

(8) 如圖 4-17 連接綫路。

(9) 以示波器或 DVM 測試輸出直流電壓 V_0，調整 R_X 電阻，使 V_0 電壓爲零。

(10) 再以示波器或 DVM 測試 V_A 之直流電壓值，並記錄其結果於表 4-8 中。

(11) R_2 改用 10 K，重覆(9)、(10)之步驟，並記錄其結果於表 4-8 中。

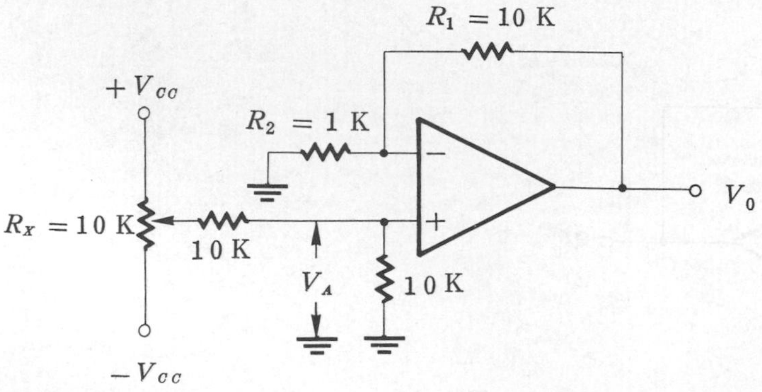

圖 4-17

⑿ R_1 改用 100K，R_2 維持不變，重覆⑼、⑽之步驟，並記錄其結果於表 4-8 中。

⒀ R_2 改用 100K，R_1 維持不變，重覆⑼、⑽之步驟，並記錄其結果於表 4-8 中。

⒁ R_1 改用 1M，R_2 維持不變，重覆⑼、⑽之步驟，並記錄其結果於表 4-8 中。

⒂ 如圖 4-18 連接綫路。（以 μA 741 爲例，其他 IC，則視內部電路結構而決定補償電路之接法）

⒃ 以示波器或 DVM 測試輸出直流電壓 V_0，調整 R_X 電阻，使 V_0 電壓爲零。

⒄ 將 R_X 移開，以三用表或 DVM 測試 R_{AC} 及 R_{BC} 電阻值，並記錄其結果於表 4-9 中。

⒅ R_2 改用 10K，重覆⒃、⒄之步驟，並記錄其結果於表 4-9 中。

⒆ R_1 改用 100K，R_2 維持不變，重覆⒃、⒄之步驟，並記錄其結果於表 4-9 中。

⒇ R_2 改用 100K，R_1 維持不變，重覆⒃、⒄之步驟，並記錄其結果於表 4-9 中。

(21) R_1 改用 1M，R_2 維持不變，重覆⒃、⒄之步驟，並記錄其結果於表 4-9 中。

(22) 改用其他型號之 IC，重覆⒂～(21)之步驟，並記錄其結果於表 4-10 中。

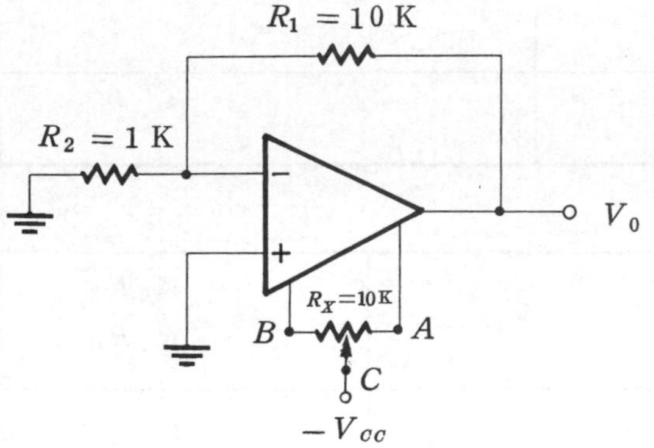

圖 4-18

四、實驗結果

表4-1

R_1	R_2	V_0	$I_{(-)}=\frac{V_0}{R_1}$
1 K	10 K		
1 K	100 K		
1 K	1 M		
10 K	100 K		
10 K	1 M		

表4-2

R	V_0	$I_{(-)}=\frac{V_0}{R}$
100 Ω		
1 K		
10 K		
100 K		
1 M		

表4-3

R_1	R_2	R_M	V_0	$I_{(-)}\cong\frac{V_0 R_2}{R_1 R_M}$
10 K	1 K	10 K		
100 K	1 K	10 K		
1 M	1 K	10 K		
100 K	1 K	100 K		
1 M	10 K	100 K		

表 4-4

R	V_0	$I_{(+)} \cong \frac{\lvert V_0 \rvert}{R}$
1 K		
10 K		
100 K		
500 K		
1 M		

表 4-5

R_2	R_1
1 K	
10 K	
100 K	
500 K	
1 M	

表 4-6

R_1	R_2	R_X
10 K	1 K	
10 K	5 K	
10 K	10 K	
100 K	10 K	
100 K	100 K	

表 4-7

R_1	R_2	V_A
10 K	1 K	
10 K	10 K	
100 K	10 K	
100 K	100 K	
1 M	100 K	

表 4-8

R_1	R_2	V_A
10 K	1 K	
10 K	10 K	
100 K	10 K	
100 K	100 K	
1 M	100 K	

表 4-9

R_1	R_2	R_{AC}	R_{BC}
10 K	1 K		
10 K	10 K		
100 K	10 K		
100 K	100 K		
1 M	100 K		

表 4-10

R_1	R_2	R_{AC}	R_{BC}
10 K	1 K		
10 K	10 K		
100 K	10 K		
100 K	100 K		
1 M	100 K		

五、問題討論

(1) 放大器回授網路之電阻對輸入偏流有何影響？試說明其理由。
(2) 討論輸入偏流對輸出電壓所產生之影響？
(3) 圖 4-10 中，電阻 R_2 之改變對輸出直流電壓有何影響？
(4) 圖 4-11 中，電阻之改變對輸出直流電壓有何影響？
(5) 圖 4-12 中，電阻 R_M 之改變對輸出直流電壓有何影響？
(6) 圖 4-13 中，電阻之改變對輸出直流電壓有何影響？
(7) 討論幾種輸出電壓零位之補償電路。
(8) 在圖 4-18 中，R_1 電阻之改變，是否會影響到 R_X 電阻之重新調整。

5

加法電路

一、實驗目的

(1) 瞭解加法電路之原理。

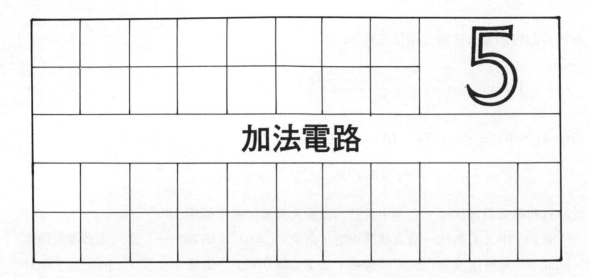

(2) 瞭解加法電路在類比計算機之應用。

二、實驗原理

加法電路與倒相放大電路或同相放大電路之工作原理極爲類似，只是加法電路有兩個以上的輸入端。圖 5-1 所示爲倒相加法電路，“＋”輸入端接地，因此“－”輸入端可看成虛接地點，其電壓近乎爲 0 V；OP Amp 沒有電流流入，因此可得

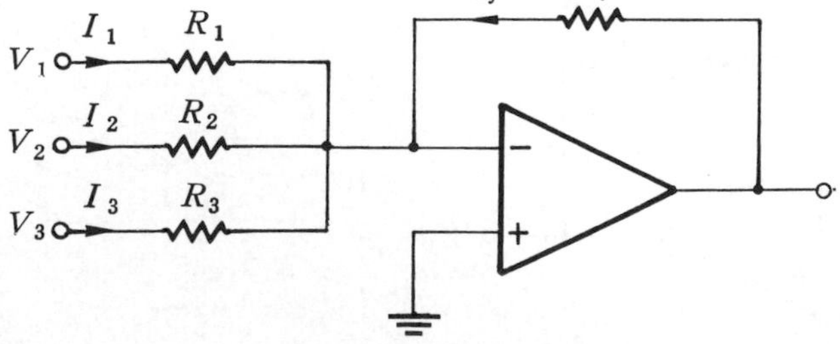

圖 5-1

$$I_f = -(I_1 + I_2 + I_3)$$

$$\frac{V_0}{R_f} = -(\frac{V_1}{R_1} + \frac{V_2}{R_2} + \frac{V_3}{R_3})$$

最後可以得到加法電路之輸出電壓V_0為

$$V_0 = -(\frac{R_f}{R_1}V_1 + \frac{R_f}{R_2}V_2 + \frac{R_f}{R_3}V_3) \quad (1)$$

假使$R_1 = R_2 = R_3 = R_f$，則

$$V_0 = -(V_1 + V_2 + V_3)$$

此時我們稱之為加法器。(其中負號代表輸入與輸出電壓倒相 180°)

圖5-1中，若有任一輸入訊號接地，假使$V_3 = 0$，由於"－"輸入端為虛接地點，因此 R_3電阻上沒有任何電流流過，故V_3為0V並不影響V_1及V_2的正常工作狀態。(1)式對任何輸入訊號均為正確，當$V_2 = V_3 = 0V$，則圖5-1即為一倒相放大電路如圖5-2所示，必須注意的是圖5-2中之R_2及R_3電阻，並不影響V_1輸入訊號倒相放大作用。

在圖5-1中，若$R_1 = 10\,K$，$R_2 = 20\,K$，$R_3 = 100\,K$及$R_f = 100\,K$，則此三個輸入電壓之增益各為10、5、1。假使所加輸入電壓各為0.4V，0.2V，4V，則所得之輸出電壓為

$$V_0 = -(10 \times 0.4V + 5 \times 0.2V + 1 \times 4V) = -9\,V$$

圖5-3所示為同相加法電路(或正相加法電路)，輸入訊號從"＋"輸入端加入，R_f及R構成電路的放大增益。由於V_1、V_2、V_3經過電阻接到"＋"輸入端，因此真正呈現在"＋"輸入端之電壓可依重疊原理分別求出，"＋"輸入端之電壓$V_{(+)}$可表示為

$$V_{(+)} = A_1' V_1 + A_2' V_2 + A_3' V_3 \quad (2)$$

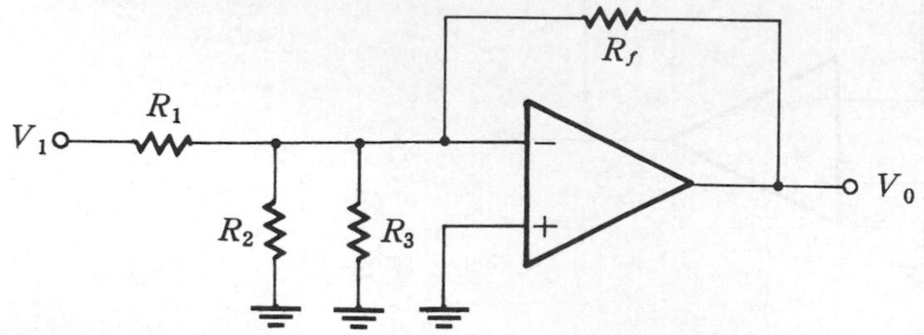

圖 5-2

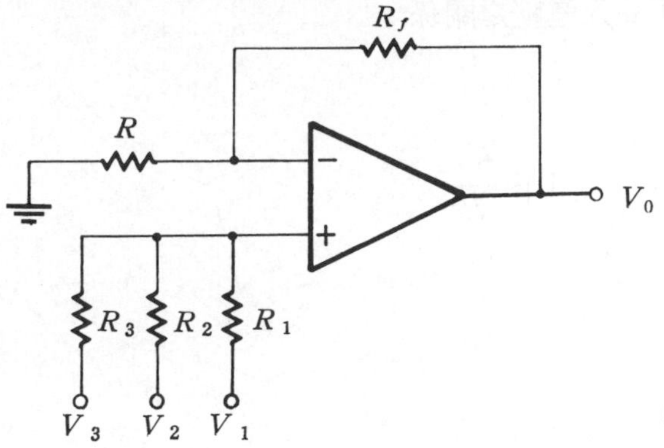

圖 5-3

若$V_2 = V_3 = 0$，由圖 5-3 可知

$$V_{(+)} = V_1 \frac{R_2 /\!/ R_3}{R_1 + R_2 /\!/ R_3}$$

由(2)式知，當$V_2 = V_3 = 0$時，$V_{(+)} = A_1' V_1$，故

$$A_1' = \frac{R_2 /\!/ R_3}{R_1 + R_2 /\!/ R_3}$$

同理可以求得

$$A_2' = \frac{R_1 /\!/ R_3}{R_2 + R_1 /\!/ R_3}$$

$$A_3' = \frac{R_1 /\!/ R_2}{R_3 + R_1 /\!/ R_2}$$

若V_1、V_2、V_3皆不等於0，
可得

$$V_{(+)} = \frac{R_2 /\!/ R_3}{R_1 + R_2 /\!/ R_3} V_1 + \frac{R_1 /\!/ R_3}{R_2 + R_1 /\!/ R_3} V_2 + \frac{R_1 /\!/ R_2}{R_3 + R_1 /\!/ R_2} V_3$$

輸出電壓 V_0 與輸入電壓V_1 、V_2 、V_3 之關係為

$$V_0 = \left(\frac{R_2 /\!/ R_3}{R_1 + R_2 /\!/ R_3} V_1 + \frac{R_1 /\!/ R_3}{R_2 + R_1 /\!/ R_2} V_2 + \frac{R_1 /\!/ R_2}{R_3 + R_1 /\!/ R_2} V_3 \right)$$

$$\left(1 + \frac{R_f}{R} \right)$$

上式即為同相加法電路中，輸出電壓與輸入電壓之關係。

若$R_1 = R_2 = R_3$，則

$$V_0 = \left(\frac{1}{3}V_1 + \frac{1}{3}V_2 + \frac{1}{3}V_3\right)\left(1 + \frac{R_f}{R}\right)$$

選擇$R_f = 2R$，可使

$$V_0 = V_1 + V_2 + V_3$$

我們稱之為同相加法器。

在同相加法電路中，我們要使其構成一加法器，可根據以下之原則：除了回授電阻 R_f 外，其他所有電阻值應相等，而R_f等於

$$R_f = (n - 1)R$$

其中n代表輸入訊號的個數。圖5-4為四個輸入端之同相加法電路，其輸出與輸入間之關係為

$$V_0 = V_1 + V_2 + V_3 + V_4$$

三、實驗步驟

1. 倒相加法電路之測試：

(1) 如圖5-5(a)連接綫路。

(2) 輸入電壓 V_1 及 V_2 可依圖5-5(b)所示，調整可變電阻以得到所需之電壓。

(3) 調整輸入電壓$V_1 = +1V$直流電壓，$V_2 = +1V$ 直流電壓，以示波器DC檔或三用表，測量輸出電壓，並記錄其結果於表5-1中。

(4) 由公式計算出理論值，且記錄於表5-1中，並與測試值相比較。

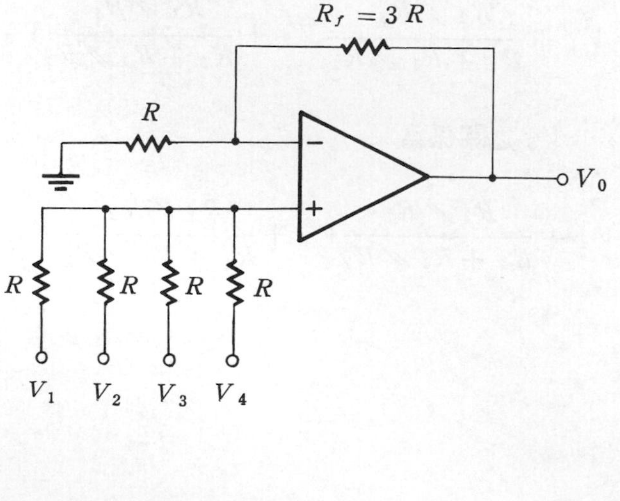

圖5-4

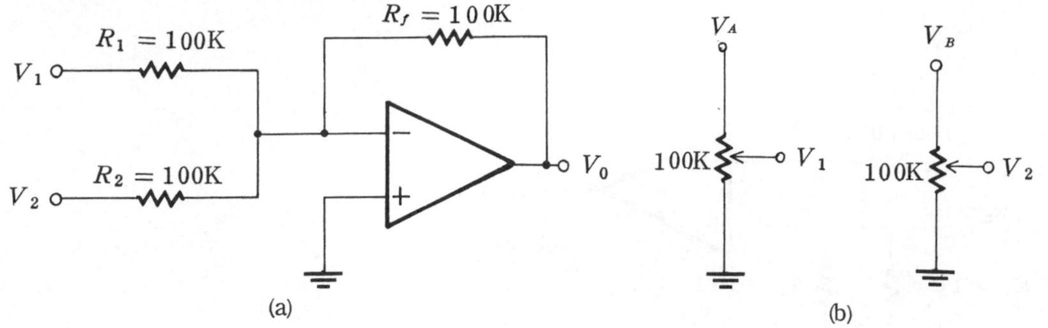

圖 5-5

(5) 選擇 $R_1 = 20$ K，$R_2 = 100$ K，$R_f = 100$ K，$V_1 = +0.5$ V，$V_2 = +2$ V，重覆(3)、(4)之步驟，並記錄其結果於表 5-1 中。

(6) 改變 R_1，R_2、R_f 電阻及輸入電壓如表 5-1 所示，重覆(3)、(4)之步驟，並記錄其結果於表 5-1 中。

(7) 若將 V_A 改爲正弦波，V_B 改爲方波（V_A 與 V_B 爲同頻率，同相位），重覆(1)、(2)之步驟。

(8) 調整輸入電壓 V_1 爲 2 V 峯值，V_2 爲 2 V 峯值，以示波器 DC 檔觀測輸出波形，並繪出其結果於表 5-2 中。

(9) 由公式繪出理論上之波形，並與測試波形相比較。

(10) 改變 R_1、R_2、R_f 電阻及輸入電壓如表 5-2 所示，重覆(8)、(9)之步驟，並繪出其波形於表 5-2 中。

(11) 若將 V_B 改爲直流電壓，而 V_A 仍爲正弦波，重覆(1)、(2)之步驟。

(12) 調整輸入電壓 V_1 爲 2V 峯值，V_2 爲 +2V 直流電壓，以示波器 DC 檔觀測輸出波形，並繪出其結果於表 5-3 中。

(13) 由公式繪出理論上之波形，並與測試波形相比較。

(14) 改變 R_1、R_2、R_f 電阻及輸入電壓如表 5-3 所示，重覆(12)、(13)之步驟，並繪出其波形於表 5-3 中。

(15) 若將 V_A 改爲方波，V_B 仍爲直流電壓，重覆(1)、(2)之步驟。

(16) 調整輸入電壓 V_1 爲 2 V 峯值，V_2 爲 + 2 V 直流電壓，以示波器 DC 檔觀測輸出波形，並繪出其結果於表 5-4 中。

(17) 由公式繪出理論上之波形，並與測試波形相比較。

(18) 改變 R_1、R_2、R_f 電阻及輸入電壓如表 5-4 所示，重覆(16)、(17)之步驟，並繪出其波形於表 5- 4 中。

2. 正相加法電路之測試：

(1) 如圖 5-6 連接綫路。

(2) V_1 及 V_2 之電壓可依圖 5-5 (b)所示之電路取得。

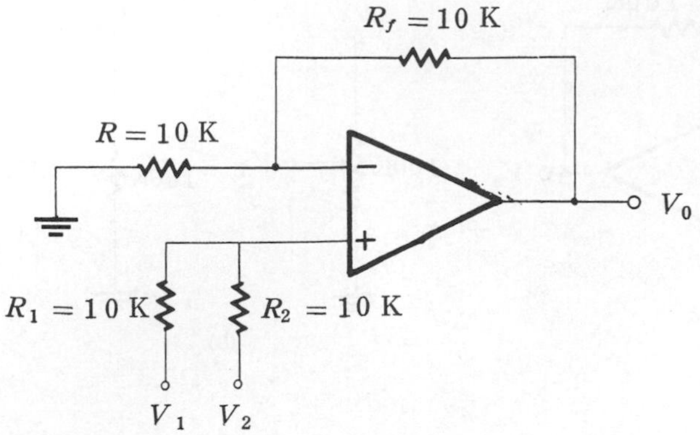

圖 5-6

(3) 調整輸入電壓 V_1為＋1 V直流電壓，V_2 為＋1 V直流電壓，以示波器DC檔或三用表測量輸出電壓，並記錄其結果於表5-5中。

(4) 由公式計算出理論值，且記錄於表5-5中，並與測試值相比較。

(5) 改變R_1、R_2、R_f 電阻及輸入電壓如表5-5所示，重覆(3)、(4)之步驟，並記錄其結果於表5-5中。

(6) 若將 V_A 改爲正弦波，V_B 改爲方波（V_A 與 V_B 爲同頻率，同相位），重覆(1)、(2)之步驟。

(7) 調整輸入電壓 V_1為2 V峯值，V_2為2 V峯值，以示波器DC檔觀測輸出波形，並繪出其結果於表5-6中。

(8) 由公式繪出理論上之波形，並與測試波形相比較。

(9) 改變R_1、R_2、R_f 電阻及輸入電壓如表5-6所示，重覆(7)、(8)之步驟，並繪出其波形於表5-6中。

(10) 若將 V_B 改爲直流電壓，而 V_A 仍爲正弦波，重覆(1)、(2)之步驟。

(11) 調整輸入電壓 V_1為2 V峯值，V_2 爲＋2 V直流電壓，以示波器DC檔觀測輸出波形，並繪出其結果於表5-7中。

(12) 由公式繪出理論上之波形，並與測試波形相比較。

(13) 改變R_1、R_2、R_f 電阻及輸入電壓如表5-7所示，重覆(11)、(12)之步驟，並繪出其波形於表5-7中。

(14) 若將 V_A 改爲方波，V_B 仍爲直流電壓，重覆(1)、(2)之步驟。

(15) 調整輸入電壓 V_1 爲2 V峯值，V_2 爲＋2 V直流電壓，以示波器DC檔觀測輸出波形，並繪出其結果於表5-8中。

(16) 由公式繪出理論上之波形，並與測試波形相比較。

(17) 改變R_1、R_2、R_f 電阻及輸入電壓如表5-8所示，重覆(15)、(16)之步驟，並繪出其波形於表5-8中。

四、實驗結果

表 5-1

R_1	R_2	R_f	$V_{1(DC)}$	$V_{2(DC)}$	$V_{0(DC)}$	V_0（理論值）
100 K	100 K	100 K	＋ 1 V	＋1 V		
20 K	100 K	100 K	＋0.5 V	＋2 V		
20 K	20 K	100 K	＋ 3 V	－2 V		
20 K	20 K	100 K	－ 3 V	＋2 V		
100 K	10 K	100 K	＋ 6 V	－1 V		
10 K	10 K	50 K	＋ 3 V	－1 V		
1 K	1 K	10 K	＋ 2 V	＋1 V		

表 5-2

R_1	R_2	R_f	V_1（峯值）	V_2（峯值）	V_0 波形	V_0 波形（理論值）
100 K	100 K	100 K	2 V	2 V		
10 K	10 K	50 K	1 V	1 V		
10 K	50 K	100 K	2 V	1 V		
50 K	10 K	100 K	1 V	2 V		

表 5-3

R_1	R_2	R_f	V_1（峯值）	$V_{2(DC)}$	V_0 波形	V_0 波形（理論值）
100 K	100 K	100 K	2 V	＋2 V		
100 K	100 K	100 K	2 V	－2 V		
10 K	10 K	50 K	1 V	＋1.5 V		
10 K	10 K	50 K	1 V	－1.5 V		

表5-4

R_1	R_2	R_f	V_1(峯值)	$V_{2(DC)}$	V_0 波形	V_0 波形(理論值)
100 K	100 K	100 K	2 V	+2 V		
100 K	100 K	100 K	2 V	−2 V		
10 K	10 K	50 K	1 V	+1.5 V		
10 K	10 K	100 K	1 V	−1.5 V		

表5-5

R_1	R_2	R_f	$V_{1(DC)}$	$V_{2(DC)}$	$V_{0(DC)}$	V_0(理論值)
10 K	10 K	10 K	+1 V	+1 V		
5 K	10 K	10 K	+1 V	+1 V		
10 K	5 K	10 K	+1 V	+1 V		
10 K	10 K	100 K	+2 V	−1 V		
5 K	10 K	100 K	+2 V	+1 V		
5 K	5 K	100 K	+2 V	−1 V		
5 K	5 K	100 K	+3 V	+2 V		

表5-6

R_1	R_2	R_f	V_1(峯值)	V_2(峯值)	V_0 波形	V_0 波形(理論值)
10 K	10 K	10 K	2 V	2 V		
10 K	10 K	50 K	1 V	1 V		
10 K	10 K	100 K	1 V	1 V		
5 K	5 K	100 K	2 V	2 V		

表5-7

R_1	R_2	R_f	V_1(峯值)	$V_{2(DC)}$	V_0 波形	V_0 波形(理論值)
10K	10K	10K	2V	+2V		
10K	10K	10K	2V	−2V		
10K	10K	100K	1V	+1V		
5K	5K	100K	2V	+2V		

表5-8

R_1	R_2	R_f	V_1(峯值)	$V_{2(DC)}$	V_0 波形	V_0 波形(理論值)
10 K	10 K	10 K	2 V	+2 V		
10 K	10 K	10 K	2 V	−2 V		
10 K	10 K	100K	1 V	+1 V		
5 K	5 K	100K	2 V	+2 V		

五、問題討論

(1) 對加法電路而言，是否可以加入任何訊號？

(2) 在表 5-2 中，其第四個測試波形與理論值是否相同？何故？

(3) 若一正弦波與直流電壓相加，在輸出不失眞之情況下，輸出波形是否仍爲正弦波？假使以示波器 AC 檔測量，則其波形與直流電壓爲零之波形有何不同？

(4) 在加法電路中，輸入直流電壓的改變，會對輸出波形產生那種影響？

(5) 加法電路中，若輸入端之交流電壓有相位差存在，則輸出波形是否仍爲輸入訊號之和？

6

減法電路

一、實驗目的

(1) 瞭解減法電路之原理。

(2) 探討減法電路之應用。

二、實驗原理

兩個訊號V_1與V_2要相減，可以將 V_1的訊號經過倒相器，然後和另外一個訊號V_2 用加法器相加在一起，即可得到結果，如圖 6-1 所示。

在圖 6-1 中需要兩片OP　Amp 才能完成，這對於實用上來說很不經濟，假如我們

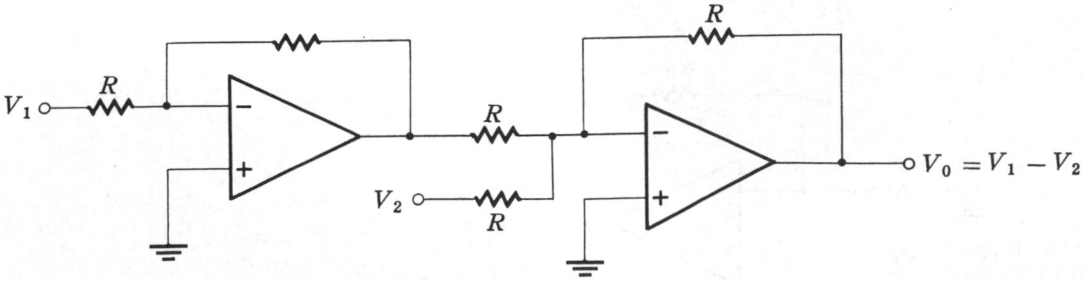

圖 6-1

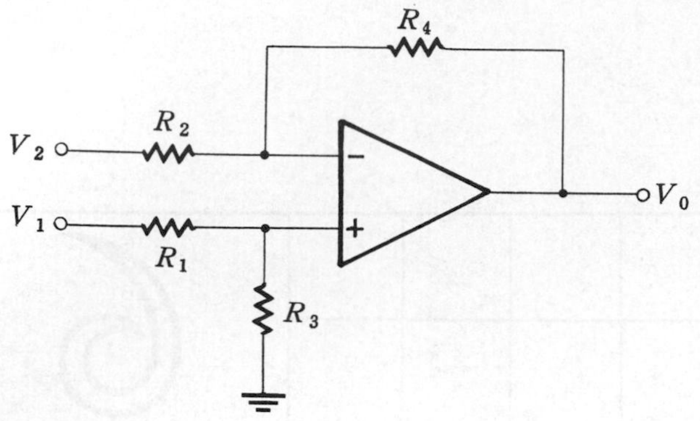

圖 6-2

只用一片OP Amp,是否能作成一個減法器呢?現分析圖 6-2 之電路如下:

在圖 6-2 中,OP Amp 的兩個輸入端同時使用,我們可以得到輸出電壓 V_0 與 V_1、V_2 之關係為

$$V_0 = A_1 V_1 + A_2 V_2$$

(其中 A_1、A_2 為放大電路對 V_1、V_2 兩輸入電壓的放大倍數)

當 V_2 為0(即 V_2 接地),則圖 6-2 可以看成一個同相放大電路,如圖 6-3 所示,此時 V_0 與 V_1 之關係為

$$V_0 = V_1 \frac{R_3}{R_1 + R_3}\left(1 + \frac{R_4}{R_2}\right)$$

故可知 $A_1 = \dfrac{R_3}{R_1 + R_3}\left(1 + \dfrac{R_4}{R_2}\right)$

當 V_1 為0(即 V_1 接地),則圖 6-2 可以看成一個倒相放大電路,如圖 6-4 所示,此時 V_0 與 V_2 之關係為

$$V_0 = -\frac{R_4}{R_2} V_2$$

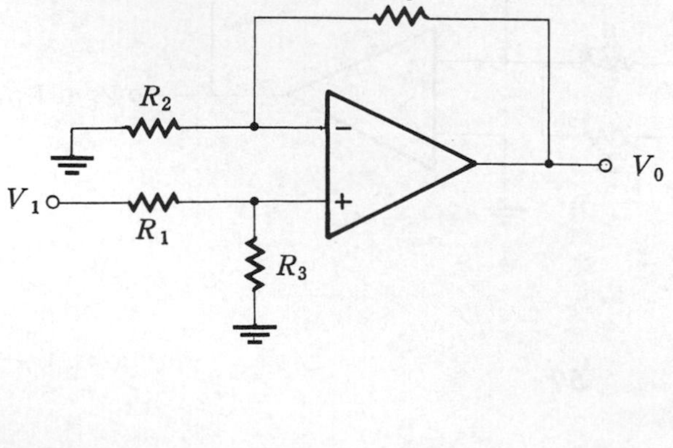

圖 6-3

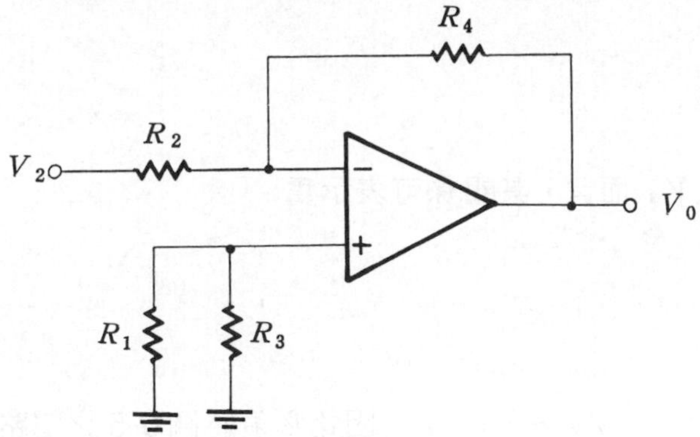

圖 6-4

此時$R_1 /\!/ R_3$ 可看成輸入抵償電流的補償電路。故可知

$$A_2 = -\frac{R_4}{R_2}$$

若V_1、V_2都不為0，依據重疊原理，V_0與V_1及V_2之關係為

$$V_0 = V_1 \frac{R_3}{R_1 + R_3}\left(1 + \frac{R_4}{R_2}\right) - V_2 \frac{R_4}{R_2} \tag{1}$$

故我們稱圖 6-2 之電路為減法電路。假使選擇$R_1 = R_2 = R_3 = R_4 = R$，則(1)式可寫成

$$V_0 = V_1 - V_2$$

此時之電路可稱之為減法器。

假使我們要減掉兩個不同電壓值，可在"－"輸入端再增加一電阻如圖 6-5 所示。此時 V_2 與 V_3 均被倒相且增益為1，而 V_1電壓在$V_2 = V_3 = 0$之情況下，經一同向放大電路，可在輸出端得到一電壓為

$$V_0 = V_1 \frac{R}{R+R}\left(1 + \frac{R}{R /\!/ R}\right)$$

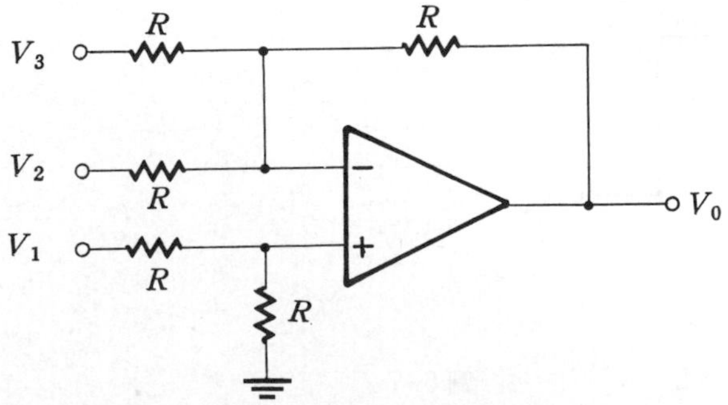

圖 6-5

$$=\frac{3}{2}V_1$$

因此整個輸出電壓V_0對V_1、V_2及V_3而言，其關係可表示為

$$V_0=\frac{3}{2}V_1-V_2-V_3$$

此並非吾人所期望之結果（即$V_0=V_1-V_2-V_3$），因此必須將圖6-5之電路再加以修正成為圖6-6之電路。

在圖6-6中，輸出電壓V_0與V_1、V_2、V_3及V_4之關係為：

$$V_0=V_1\frac{R/\!/R}{R+R/\!/R}\left(1+\frac{R}{R/\!/R}\right)+V_4\frac{R/\!/R}{R+R/\!/R}\left(1+\frac{R}{R/\!/R}\right)$$

$$-V_2\frac{R}{R}-V_3\frac{R}{R}$$

$$=V_1\frac{\frac{1}{2}R}{\frac{3}{2}R}\left(1+\frac{R}{\frac{1}{2}R}\right)+V_4\frac{\frac{1}{2}R}{\frac{3}{2}R}\left(1+\frac{R}{\frac{1}{2}R}\right)-V_2-V_3$$

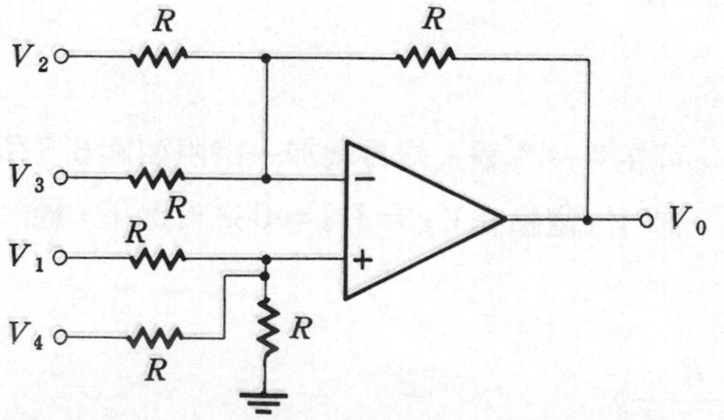

圖6-6

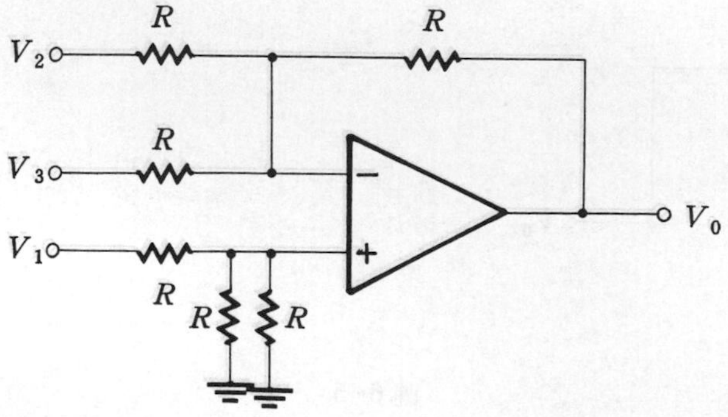

圖6-7

$= V_1 + V_4 - V_2 - V_3$

將V_4接地（即$V_4 = 0$）如圖6-7所示，即可得

$$V_0 = V_1 - V_2 - V_3$$

由上面之例子，可以瞭解到要作一個多電壓的減法器，必須要有成對"＋""－"輸入端之輸入點，再將不需要的輸入點接地，圖6-8所示之電路，其輸出電壓V_0可表示為

$$V_0 = V_1 - V_2 - V_3 - V_4$$

三、實驗步驟

1. 利用兩片OP Amp組成之減法電路的測試：
   (1) 如圖6-9連接綫路。
   (2) 選擇$R_1 = R_2 = R_3 = R_4 = R_5 = 10\text{K}$，置$V_1$為$+1V$直流電壓，$V_2$為$+2V$直流電壓。

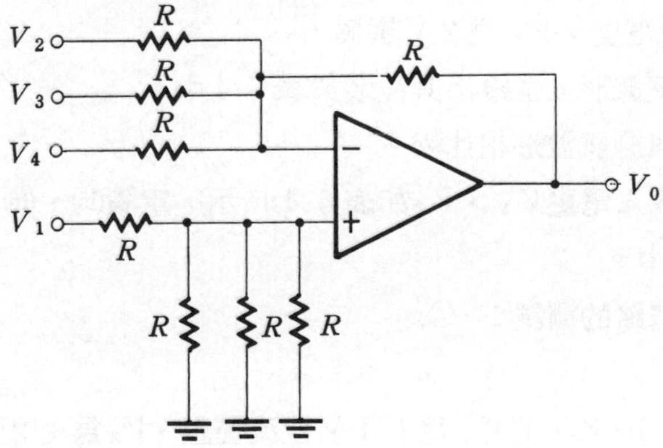

圖6-8

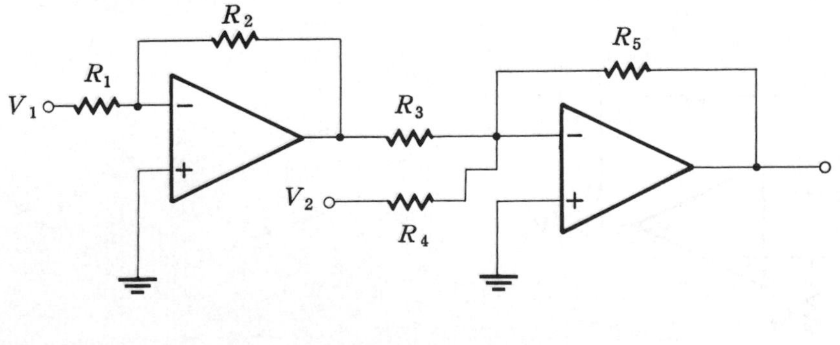

圖6-9

(3) 以示波器DC檔或三用表測量輸出電壓 V_0，並記錄其結果於表6-1中。

(4) 由公式計算出理論值，並與測試值相比較。

(5) 改變R_1、R_2、R_3、R_4及R_5電阻與輸入電壓V_1、V_2如表6-1所示，重覆(3)、(4)之步驟，並記錄其結果於表6-1中。

(6) 將V_1及V_2兩輸入電壓改爲正弦波(其頻率相同)，選擇$R_1=R_2=R_3=R_4=R_5=10K$，置V_1爲1 V峯值，V_2爲2 V峯值。

(7) 以示波器DC檔觀測輸出電壓波形，並繪出其波形於表6-2中。

(8) 由公式繪出理論之波形，並與測試波形相比較。

(9) 改變R_1、R_2、R_3、R_4及R_5電阻與輸入電壓V_1、V_2如表6-2所示，重覆(7)、(8)之步驟，並繪出其波形於表6-2中。

(10) 若V_1改爲方波，而V_2仍爲正弦波(頻率相同,相位爲零)，選擇$R_1=R_2=R_3=R_4=R_5=100K$，置V_1爲1 V峯值，V_2爲2 V峯值。

(11) 以示波器DC檔觀測輸出電壓波形，並繪出其波形於表6-3中。

(12) 由公式繪出理論之波形，並與測試波形相比較。

(13) 改變R_1、R_2、R_3、R_4及R_5電阻與輸入電壓V_1、V_2如表6-3所示，重覆(11)、(12)之步驟，並繪出其波形於表6-3中。

(14) 若V_1改爲直流電壓，而V_2仍爲正弦波，選擇$R_1=R_2=R_3=R_4=R_5=100K$，置V_1爲+2 V直流電壓，V_2爲2 V峯值。

(15) 以示波器DC檔觀測輸出電壓波形，並繪出其波形於表6-4中。

(16) 由公式繪出理論之波形，並與測試波形相比較。

(17) 改變R_1、R_2、R_4電阻與輸入電壓V_1、V_2如表6-4所示，重覆(15)、(16)之步驟，並繪出其波形於表6-4中。

2. 利用一片OP Amp作成之減法電路的測試：

(1) 如圖6-10連接綫路。

(2) 選擇$R_1=R_2=R_3=R_4=10K$，置V_1爲+1 V直流電壓，V_2爲+2 V直流電壓。

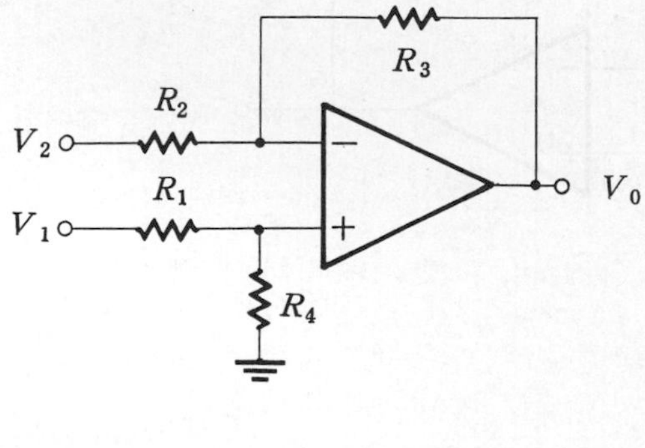

圖6-10

(3)　以示波器 DC 檔或三用表測量輸出電壓 V_0，並記錄其結果於表 6-5 中。

(4)　由公式計算出理論值，並與測試值相比較。

(5)　改變 R_1、R_2、R_3 及 R_4 電阻與輸入電壓 V_1、V_2 如表 6-5 所示，重覆(3)、(4)之步驟，並記錄其結果於表 6-5 中。

(6)　將 V_1 及 V_2 兩輸入電壓改為正弦波（其頻率相同），選擇 $R_1 = R_2 = R_3 = R_4 = 10K$，置 V_1 為 1 V 峯值，V_2 為 2 V 峯值。

(7)　以示波器 DC 檔觀測輸出電壓波形，並繪出其波形於表 6-6 中。

(8)　由公式繪出理論之波形，並與測試波形相比較。

(9)　改變 R_1、R_2、R_3 及 R_4 電阻與輸入電壓 V_1、V_2 如表 6-6 所示，重覆(7)、(8)之步驟，並繪出其波形於表 6-6 中。

(10)　若 V_1 改為方波，而 V_2 仍為正弦波（頻率相同，相位為零），選擇 $R_1 = R_2 = R_3 = R_4 = 100\ K$，置 V_1 為 1 V 峯值，V_2 為 2 V 峯值。

(11)　以示波器 DC 檔觀測輸出電壓波形，並繪出其波形於表 6-7 中。

(12)　由公式繪出理論之波形，並與測試波形相比較。

(13)　改變 R_1、R_2、R_3 及 R_4 電阻與輸入電壓 V_1、V_2 如表 6-7 所示，重覆(11)、(12)之步驟，並繪出其波形於表 6-7 中。

(14)　若 V_1 改為直流電壓，而 V_2 仍為正弦波，選擇 $R_1 = R_2 = R_3 = R_4 = 100\ K$，置 V_1 為 +2 V 直流電壓，V_2 為 2 V 峯值。

(15)　以示波器 DC 檔觀測輸出電壓波形，並繪出其波形於表 6-8 中。

(16)　由公式繪出理論之波形，並與測試波形相比較。

(17)　改變 R_1、R_2、R_3、R_4 電阻與輸入電壓 V_1、V_2 如表 6-8 所示，重覆(15)、(16)之步驟，並繪出其波形於表 6-8 中。

四、實驗結果

表 6-1

R_1	R_2	R_3	R_4	R_5	$V_{1(DC)}$	$V_{2(DC)}$	V_0	V_0（理論值）
10 K	10 K	10 K	10 K	10 K	+1 V	+2 V		
10 K	10 K	10 K	10 K	10 K	−3 V	+2 V		
10 K	10 K	10 K	5 K	10 K	+2 V	+1 V		
5 K	10 K	5 K	5 K	10 K	−1 V	+3 V		
1 K	10 K	10 K	5 K	5 K	+3 V	−2 V		
1 K	10 K	1 K	1 K	5 K	+1 V	+4 V		

表6-2

R_1	R_2	R_3	R_4	R_5	V_1(峯值)	V_2(峯值)	V_0 波形	V_0 波形(理論值)
10 K	10 K	10 K	10 K	10 K	1 V	2 V		
10 K	10 K	10 K	10 K	10 K	3 V	2 V		
5 K	10 K	5 K	10 K	10 K	1 V	3 V		
5 K	5 K	1 K	2 K	5 K	2 V	2 V		

表6-3

R_1	R_2	R_3	R_4	R_5	V_1(峯值)	V_2(峯值)	V_0 波形	V_0 波形(理論值)
100 K	100 K	100 K	100 K	100 K	1 V	2 V		
100 K	100 K	100 K	100 K	100 K	3 V	2 V		
10 K	100 K	100 K	50 K	100 K	1 V	2 V		
10 K	50 K	10 K	20 K	50 K	3 V	3 V		

表6-4

R_1	R_2	R_3	R_4	R_5	$V_{1(DC)}$	V_2(峯值)	V_0 波形	V_0 波形(理論值)
100 K	100 K	100 K	100 K	100 K	+2 V	2 V		
100 K	100 K	100 K	100 K	100 K	+3 V	3 V		
10 K	100 K	100 K	50 K	100 K	+1 V	2 V		
10 K	50 K	10 K	20 K	50 K	+1 V	3 V		

表 6-5

R_1	R_2	R_3	R_4	$V_{1(DC)}$	$V_{2(DC)}$	V_0	V_0（理論值）
10K	10K	10K	10K	+1V	+2V		
10K	10K	10K	10K	−3V	+2V		
10K	10K	10K	5K	+2V	+1V		
5K	10K	10K	1K	+1V	+5V		
1K	2K	10K	1K	+3V	−3V		
5K	1K	10K	1K	+1V	−3V		

表 6-6

R_1	R_2	R_3	R_4	V_1（峯值）	V_2（峯值）	V_0 波形	V_0 波形（理論值）
10K	10K	10K	10K	1V	2V		
10K	10K	10K	10K	3V	2V		
5K	10K	10K	5K	3V	2V		
1K	1K	10K	2K	2V	3V		

表 6-7

R_1	R_2	R_3	R_4	V_1（峯值）	V_2（峯值）	V_0 波形	V_0 波形（理論值）
100K	100K	100K	100K	1V	2V		
100K	100K	100K	100K	3V	2V		
10K	10K	100K	10K	1V	1V		
10K	10K	20K	20K	3V	3V		

表6-8

R_1	R_2	R_3	R_4	$V_{1(DC)}$	V_2（峯值）	V_0 波形	V_0 波形（理論值）
100 K	100 K	100K	100 K	＋2 V	2 V		
100 K	100 K	100K	100K	－2 V	2 V		
10 K	10 K	100K	10K	＋1 V	1 V		
10 K	10 K	20 K	20K	＋3 V	3 V		

五、問題討論

(1) 對於減法電路而言，不同的交流訊號能否相減？

(2) 一直流電壓與正弦波訊號相減，若以示波器 AC 檔觀測其輸出波形，則直流電壓的改變，對輸出波形的觀測有何影響？

(3) 試比較減法電路與加法電路在實際應用上，有何異同？

(4) 設計一減法電路，其輸出與輸入之關係爲 $V_0 = V_1 - 2V_2 + 3V_3 - 4V_4$。

7

差量電壓放大電路

一、實驗目的

(1) 瞭解差量放大電路與減法電路之異同。

(2) 探討差量放大電路在電路上之應用。

(3) 探討差量放大電路設計上之技巧。

二、實驗原理

基本的差量電壓放大電路亦爲減法電路的一種，如圖 7-1 所示，輸出電壓 V_0 與 V_1、V_2 之關係爲

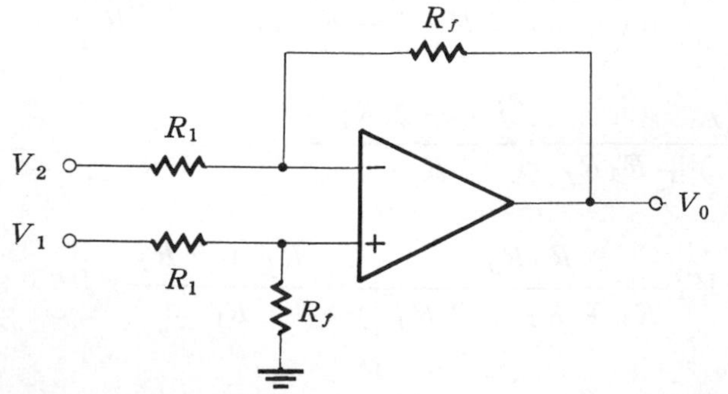

圖 7-1

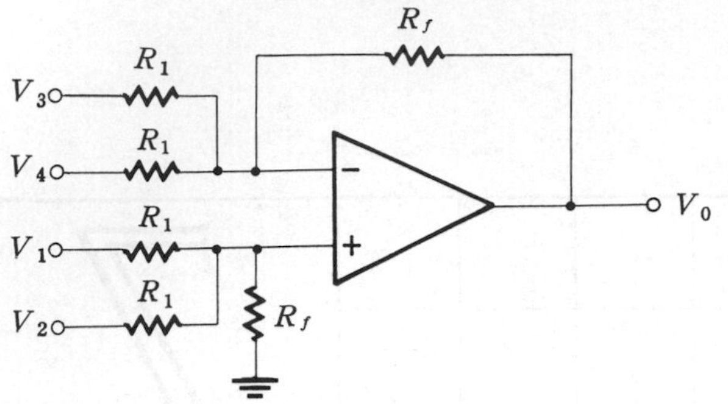

圖 7-2

$$V_0 = V_1 \frac{R_f}{R_1 + R_f}\left(1 + \frac{R_f}{R_1}\right) - V_2 \frac{R_f}{R_1}$$

$$= V_1 \frac{R_f}{R_1} - V_2 \frac{R_f}{R_1}$$

$$= (V_1 - V_2)\frac{R_f}{R_1} \tag{1}$$

上面公式代表輸出電壓 V_0 爲兩輸入電壓之差再加以放大，此種電路類似一差動放大器，只不過它只有一個輸出端。

若放大器有四個輸入端如圖 7-2 所示，則輸出電壓 V_0 與 V_1、V_2、V_3、V_4 之關係可表示爲

$$V_0 = -V_3 \frac{R_f}{R_1} - V_4 \frac{R_f}{R_1} + V_1 \frac{R_1 /\!/ R_f}{R_1 + R_1 /\!/ R_f}\left(1 + \frac{R_f}{R_1 /\!/ R_1}\right)$$

$$+ V_2 \frac{R_1 /\!/ R_f}{R_1 + R_1 /\!/ R_f}\left(1 + \frac{R_f}{R_1 /\!/ R_1}\right)$$

$$= -V_3 \frac{R_f}{R_1} - V_4 \frac{R_f}{R_1} + V_1 \frac{R_1 R_f}{R_1 (R_1 + R_f) + R_1 R_f} \cdot \frac{R_1 + 2R_f}{R_1}$$

$$+ V_2 \frac{R_1 R_f}{R_1 (R_1 + R_f) + R_1 R_f} \cdot \frac{R_1 + 2R_f}{R_1}$$

$$= -V_3 \frac{R_f}{R_1} - V_4 \frac{R_f}{R_1} + V_1 \frac{R_1 R_f}{R_1 (R_1 + 2R_f)} \cdot \frac{R_1 + 2R_f}{R_1}$$

$$+V_2\frac{R_1R_f}{R_1(R_1+2R_f)}\cdot\frac{R_1+2R_f}{R_1}$$

$$=-V_3\frac{R_f}{R_1}-V_4\frac{R_f}{R_1}+V_1\frac{R_f}{R_1}+V_2\frac{R_f}{R_1}$$

$$=(V_1+V_2-V_3-V_4)\frac{R_f}{R_1} \tag{2}$$

由(1)式與(2)式，我們可以瞭解到減法電路在一些特殊條件下，輸入電壓相減後，再以一特定倍率加以放大，如此可以避免圖 7-3 所示利用減法器完成兩訊號相減後，必須再用一片OP　Amp 來將差訊放大。

差量電壓放大電路由於具有如下之特性：當兩輸入訊號電壓大小相等，相位一樣時，其輸出電壓為 0；當兩輸入訊號電壓或相位不一樣時，則取其差值電壓再加以放大，因此可以運用於放大電路中消除電路本身的哼聲及高週寄生振盪。

差量電壓放大電路亦具有極高的共態排斥比（CMRR），而價格又便宜，因此目前已大部份取代差動放大器，經常於電路中使用。

減法電路在設計上有一種簡捷的方法，可以很簡單地將自己所需要的減法公式設計出來，現分析如下：

圖 7-4 為"＋""－"兩輸入端各有兩個輸入訊號之減法電路，假使下列條件

$$\frac{R_5}{R_1}+\frac{R_5}{R_2}=\frac{R_6}{R_3}+\frac{R_6}{R_4} \tag{3}$$

成立，則輸出與各輸入端電壓之關係為

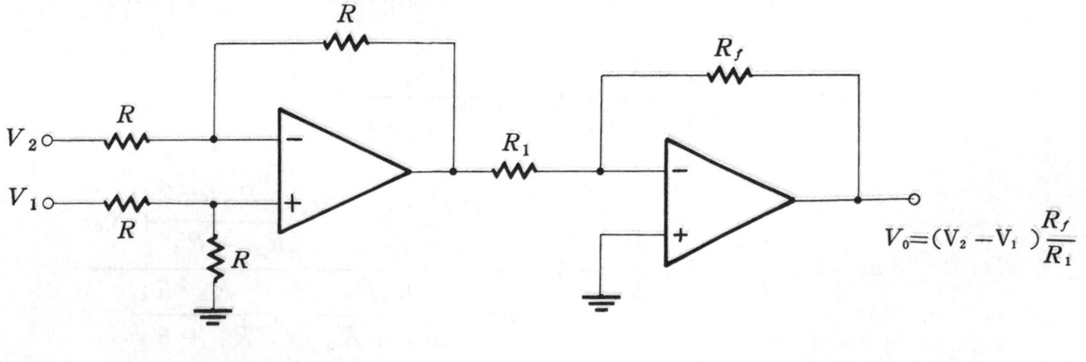

圖 7-3

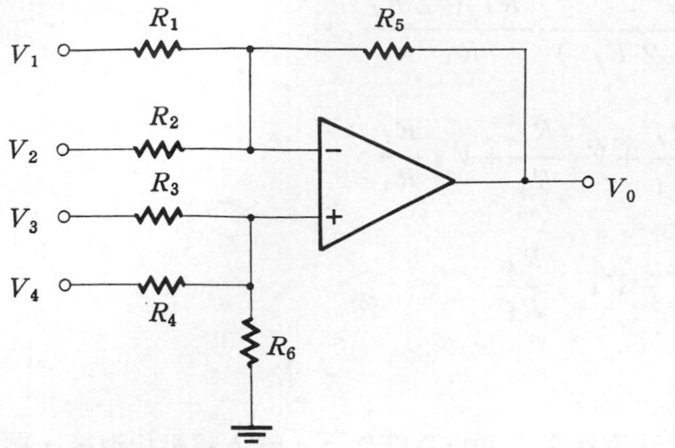

圖 7-4

$$V_0 = -V_1\frac{R_5}{R_1} - V_2\frac{R_5}{R_2} + V_3\frac{R_4 /\!/ R_6}{R_3 + R_4 /\!/ R_6}\left(1 + \frac{R_5}{R_1 /\!/ R_2}\right)$$

$$+V_4\frac{R_3 /\!/ R_6}{R_4 + R_3 /\!/ R_6}\left(1 + \frac{R_5}{R_1 /\!/ R_2}\right) \tag{4}$$

由(3)式可得

$$R_5 \cdot \frac{R_1 + R_2}{R_1 R_2} = R_6\frac{R_3 + R_4}{R_3 R_4}$$

$$\therefore \quad \frac{R_5}{R_1 /\!/ R_2} = \frac{R_6}{R_3 /\!/ R_4} \tag{5}$$

將(5)式代入(4)式，可得

$$V_0 = -V_1\frac{R_5}{R_1} - V_2\frac{R_5}{R_2} + V_3\frac{R_4 /\!/ R_6}{R_3 + R_4 /\!/ R_6}\left(1 + \frac{R_6}{R_3 /\!/ R_4}\right)$$

$$+V_4\frac{R_3 /\!/ R_6}{R_4 + R_3 /\!/ R_6}\left(1 + \frac{R_6}{R_3 /\!/ R_4}\right)$$

$$= -V_1\frac{R_5}{R_1} - V_2\frac{R_5}{R_2} + V_3\frac{\dfrac{R_4 R_6}{R_4 + R_6}}{R_3 + \dfrac{R_4 R_6}{R_4 + R_6}} \cdot \frac{\dfrac{R_3 R_4}{R_3 + R_4} + R_6}{\dfrac{R_3 \ R_4}{R_3 + R_4}}$$

$$+V_4\frac{\dfrac{R_3R_6}{R_3+R_6}}{R_4+\dfrac{R_3R_6}{R_3+R_6}}\cdot\frac{\dfrac{R_3\ R_4}{R_3+R_4}+R_6}{\dfrac{R_3R_4}{R_3+R_4}}$$

$$=-V_1\frac{R_5}{R_1}-V_2\frac{R_5}{R_2}+V_3\frac{R_4\ R_6}{R_3(R_4+R_6)+R_4\ R_6}$$

$$\cdot\frac{R_3R_4+R_6(R_3+R_4)}{R_3\ R_4}+V_4\frac{R_3\ R_6}{R_4(R_3+R_6)+R_3R_6}$$

$$\cdot\frac{R_3R_4+R_6(R_3+R_4)}{R_3\ R_4}$$

$$=-V_1\frac{R_5}{R_1}-V_2\frac{R_5}{R_2}+V_3\frac{R_4\ R_6}{R_3\ R_4}+V_4\frac{R_3R_6}{R_3R_4}$$

$$=-V_1\frac{R_5}{R_1}-V_2\frac{R_5}{R_2}+V_3\frac{R_6}{R_3}+V_4\frac{R_6}{R_4} \tag{6}$$

根據(3)式及(6)式，我們即可很簡單地設計或分析減法電路，現舉例說明如下：

【例】　分析圖7-5之減法電路。

【解】　根據(3)式，OP　Amp“＋”“－”輸入端電阻比值之和分別為

$$\frac{100\text{ K}}{50\text{ K}}=2 \qquad (對“－”輸入端而言)$$

$$\frac{100\text{ K}}{100\text{ K}}+\frac{100\text{ K}}{100\text{ K}}=2 \qquad (對“＋”輸入端而言)$$

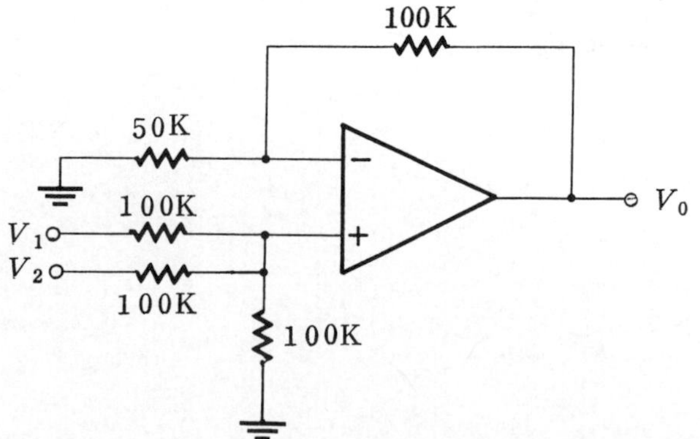

圖7-5

根據(6)式輸出 V_0 與輸入電壓之關係為

$$V_0 = -0 \cdot \frac{100\,\text{K}}{50\,\text{K}} + V_1 \frac{100\,\text{K}}{100\,\text{K}} + V_2 \frac{100\,\text{K}}{100\,\text{K}}$$

$$= V_1 + V_2$$

【例】 分析圖 7-6 之減法電路。

【解】 根據(3)式，“＋”輸入端電阻比值之和為

$$\frac{100\,\text{K}}{10\,\text{K}} + \frac{100\,\text{K}}{100\,\text{K}} = 10 + 1 = 11$$

而“－”輸入端電阻比值之和為

$$\frac{100\,\text{K}}{25\,\text{K}} + \frac{100\,\text{K}}{50\,\text{K}} + \frac{100\,\text{K}}{20\,\text{K}} = 4 + 2 + 5 = 11$$

因此符合(3)式之條件。根據(6)式，可以得到輸出電壓 V_0 與各輸入電壓之關係為

$$V_0 = -V_1 \frac{100\,\text{K}}{25\,\text{K}} - V_2 \frac{100\,\text{K}}{50\,\text{K}} - 0 \cdot \frac{100\,\text{K}}{20\,\text{K}} + V_3 \frac{100\,\text{K}}{10\,\text{K}} + V_4 \frac{100\,\text{K}}{100\,\text{K}}$$

$$= -4V_1 - 2V_2 + 10V_3 + V_4$$

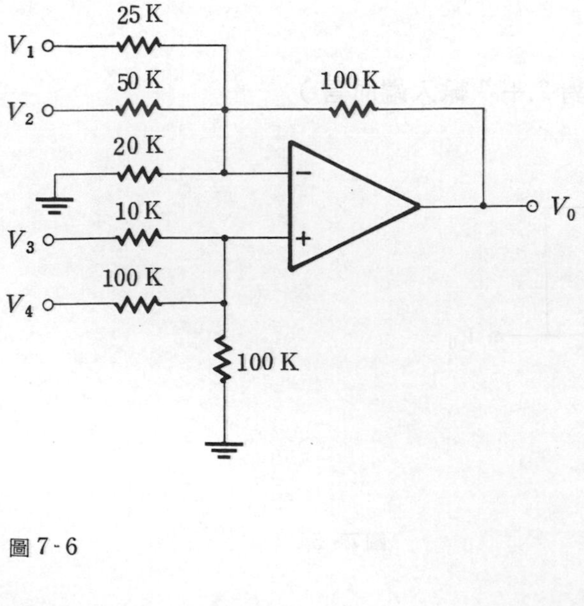

圖 7-6

【例】　試設計一減法電路，其輸出與輸入間之關係為

$$V_0 = 3V_1 + 2V_2 - V_3 - 4V_4 - 2V_5$$

【解】　根據(6)式及給予之條件，可以得到圖7-7所示之草圖，根據此草圖，可以得到"＋""－"輸入端電阻比值之和分別為

$$\frac{100\,K}{100\,K}+\frac{100\,K}{25\,K}+\frac{100\,K}{50\,K}=1+4+2=7 \qquad \text{（對"－"輸入端而言）}$$

$$\frac{100\,K}{\frac{100}{3}K}+\frac{100\,K}{50\,K}=3+2=5 \qquad \text{（對"＋"輸入端而言）}$$

"＋""－"輸入端電阻比值之和不一樣，因此必須在"＋"端多接一輸入電阻 R，以符合(3)式之條件。所以我們可以接成圖7-8所示之電路，R電阻接在"＋"輸入端與地之間，其值必須加以選擇以符合(3)式之條件，即

$$\frac{100\,K}{100\,K}+\frac{100\,K}{25\,K}+\frac{100\,K}{50\,K}=\frac{100\,K}{\frac{100}{3}K}+\frac{100\,K}{50\,K}+\frac{100\,K}{R}$$

$$1+4+2=3+2+\frac{100\,K}{R}$$

$$\therefore \quad R=50\,K$$

此時輸出與輸入間之關係為

$$V_0=-\frac{100\,K}{100\,K}V_3-\frac{100\,K}{25\,K}V_4-\frac{100\,K}{50\,K}V_5+\frac{100\,K}{\frac{100}{3}K}V_1$$

$$+\frac{100\,K}{50\,K}V_2+\frac{100\,K}{R}\cdot 0$$

$$=-V_3-4V_4-2V_5+3V_1+2V_2$$

符合題目所給予之條件。

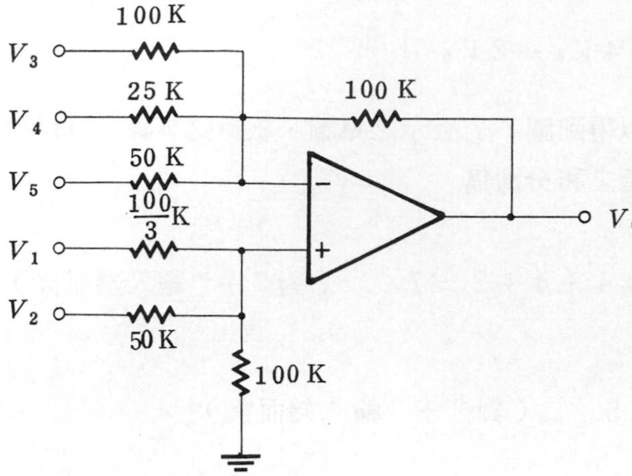

圖 7-7

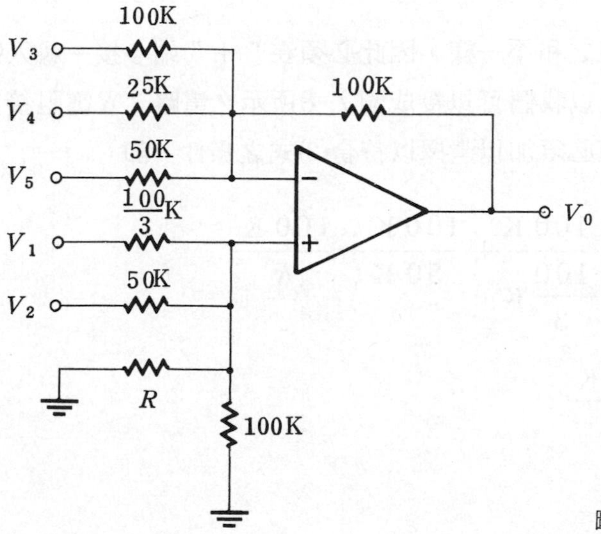

圖 7-8

三、實驗步驟

1. 共態排斥比之測試：
   (1) 如圖 7 - 9 連接線路。
   (2) 置振盪器頻率於 1 KHz，輸出爲 10 mV峯值之正弦波，選擇$R_1 = 1$ K，$R_2 = 10$ K。

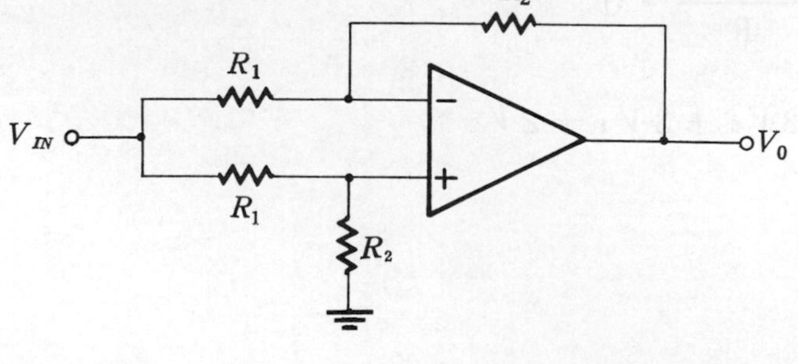

圖 7-9

(3) 以示波器觀測輸出電壓波形，在波形不失真之情況下，記錄其峯值電壓於表7-1中。

(4) 計算共態電壓增益，並記錄於表7-1中。

(5) 改變輸入峯值電壓如表7-1所示，頻率維持不變，重覆(3)、(4)之步驟。

(6) 若 R_1 維持不變，R_2 改用100K，振盪器輸出為 10mV峯值之正弦波，重覆(3)～(5)之步驟，並記錄其結果於表7-1中。

(7) R_1 維持不變，R_2 改用1M，振盪器輸出為 10mV峯值之正弦波，重覆(3)～(5)之步驟，並記錄其結果於表7-1中。

(8) 如圖7-10連接線路。

(9) 置振盪器頻率於1KHz，輸出為10mV峯值之正弦波，選擇 $R_1 = 1$ K，$R_2 = 10$ K。

(10) 以示波器觀測輸出電壓波形，在波形不失真之情況下，記錄其峯值電壓於表7-1中。若輸出波形有失真現象，則必須降低輸入訊號之振幅，使輸出不失真；同時，圖7-9之測試過程中，相對應之共態電壓測試，亦必須將輸入電壓降低。

(11) 計算差訊電壓增益，並記錄於表7-1中。

(12) 改變輸入峯值電壓如表7-1所示，頻率維持不變，重覆(10)、(11)之步驟。

(13) 若 R_1 維持不變，R_2 改用100K，振盪器之輸出為 10 mV 峯值之正弦波，重覆(10)～(12)之步驟，並記錄其結果於表7-1中。

(14) R_1 維持不變，R_2 改用1M，振盪器之輸出為 10mV 峯值之正弦波，重覆(10)～(12)之步驟，並記錄其結果於表7-1中。

2. 差量電壓放大電路之測試：

(1) 如圖7-11連接線路。

(2) 選擇 $R_1 = 1$ K，$R_2 = 10$ K，置 V_1 為+2V直流電壓，V_2 為+1V直流電壓。

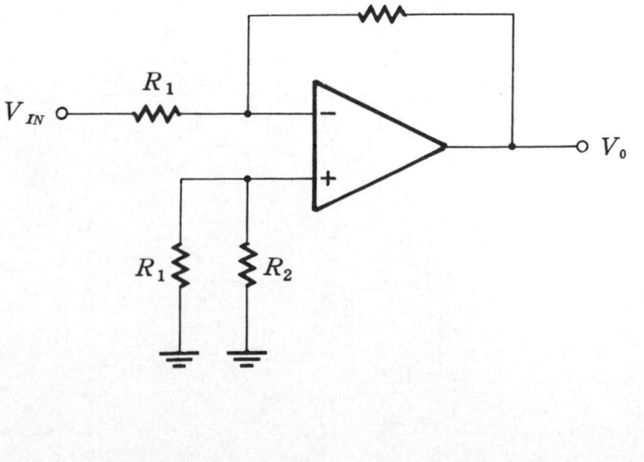

圖7-10

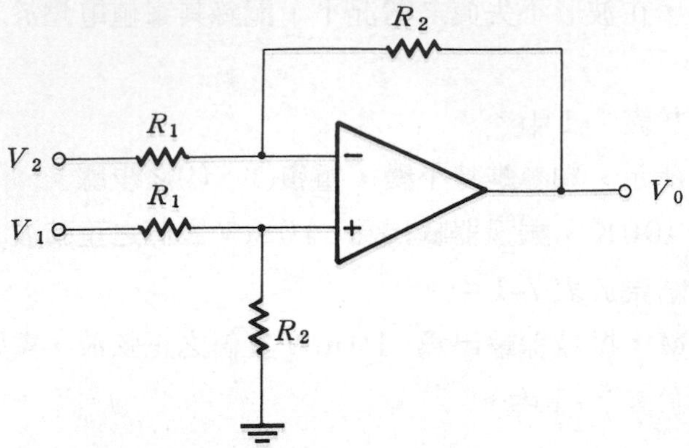

圖 7-11

⑶ 以示波器 DC 檔或三用表測量輸出直流電壓 V_0，並記錄其結果於表 7-2 中。

⑷ 計算理論值，並與測試值相比較。

⑸ 依表 7-2 所示，改變 V_1 及 V_2 之電壓，重覆⑶、⑷之步驟，並記錄其結果於表 7-2 中。

⑹ 改變 R_1 及 R_2 電阻如表 7-2 所示，重覆⑵～⑸之步驟，並記錄其結果於表 7-2 中。

⑺ 若 V_1 及 V_2 改爲正弦波（頻率相同，相位爲零），選擇 $R_1 = 1\,K$，$R_2 = 10\,K$，置 V_1 爲 2 V 峯值，V_2 爲 1 V 峯值。

⑻ 以示波器 DC 檔觀測輸出電壓波形，並繪其波形於表 7-3 中。

⑼ 繪出理論之波形，並與觀測波形相比較。

⑽ 依表 7-3 所示，改變 V_1 及 V_2 峯值電壓，重覆⑻、⑼之步驟，並繪出其波形於表 7-3 中。

⑾ 改變 R_1 及 R_2 電阻如表 7-3 所示，重覆⑺～⑽之步驟，並繪其波形於表 7-3 中。

四、實驗結果

表7-1

R_1	R_2		V_{IN}	V_0	V_0/V_{IN}	CMRR值
1 K	10 K	共　態	10 mV			
		差　訊	10 mV			
		共　態	50 mV			
		差　訊	50 mV			
		共　態	100 mV			
		差　訊	100 mV			
	100 K	共　態	10 mV			
		差　訊	10 mV			
		共　態	50 mV			
		差　訊	50 mV			
		共　態	100 mV			
		差　訊	100 mV			
	1 M	共　態	10 mV			
		差　訊	10 mV			
		共　態	50 mV			
		差　訊	50 mV			
		共　態	100 mV			
		差　訊	100 mV			

表 7-2

R_1	R_2	$V_{1(DC)}$	$V_{2(DC)}$	$V_{0(DC)}$	V_0(理論值)
1 K	10 K	+ 2 V	+ 1 V		
		+ 1 V	− 1 V		
		+ 3 V	+ 2 V		
		− 3 V	+ 1 V		
2 K	10 K	+ 2 V	+ 1 V		
		+ 1 V	− 1 V		
		+ 3 V	+ 2 V		
		− 3 V	+ 1 V		
10 K	100 K	+ 2 V	+ 1 V		
		+ 1 V	− 1 V		
		+ 3 V	+ 2 V		
		− 3 V	+ 1 V		

表 7-3

R_1	R_2	V_1(峯值)	V_2(峯值)	V_0 波形	V_0(理論值波形)
1 K	10 K	2 V	1 V		
		1 V	3 V		
		4 V	2 V		
		3 V	2 V		
2 K	10 K	2 V	1 V		
		1 V	3 V		
		4 V	2 V		
		3 V	2 V		
10 K	100 K	2 V	1 V		
		1 V	3 V		
		4 V	2 V		
		3 V	2 V		

五、問題討論

(1)　差量電壓放大電路之CMRR值的大小，對電路的特性有何影響？

(2)　圖7-10電路之測試，討論R_1及R_2值對CMRR值之影響?試分析其理由。

(3)　自行設計一減法電路，其輸出與輸入間之關係為

$$V_0 = -2V_1 + 3V_2 - 4V_3 + 2V_4$$

8

積分器

一、實驗目的

(1) 瞭解積分器之基本原理。

(2) 探討積分器在類比計算機之應用。

(3) 探討積分器在振盪電路上之應用。

(4) 探討積分器在數位式儀表上之應用。

二、實驗原理

類比計算機中除了加法基本運算電路外，其另一基本電路即爲積分器，如圖8-1所示，又稱之爲密勒積分器（ miller integrator ）。

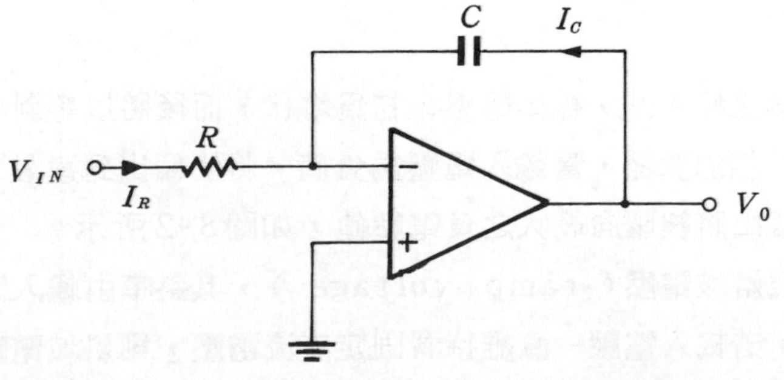

圖 8-1

在圖 8-1中，“＋”輸入端接地，故“－”輸入端爲虛接地點，流過R電阻上之電流 I_R與流過電容器C上之電流 I_C 具有下列之關係：

$$I_R = -I_C$$

此時流進OP　Amp之電流爲零 。

而

$$I_R = \frac{V_{IN}}{R}$$

$$Q = C\,V_0 \qquad (\text{電容器兩端之電壓爲}V_0)$$

$$I_C = \frac{dQ}{dt} = \frac{d}{dt}(\,C\,V_0\,) = C\,\frac{dV_0}{dt}$$

因此

$$\frac{V_{IN}}{R} = -C\,\frac{dV_0}{dt}$$

$$\frac{dV_0}{dt} = -\frac{V_{IN}}{RC}$$

$$dV_0 = -\frac{V_{IN}}{RC}\,dt$$

$$V_0 = -\frac{1}{RC}\int V_{IN}\,dt \tag{1}$$

由(1)式可以知道，輸出訊號爲輸入訊號的積分與增益常數$\frac{1}{RC}$之乘積再倒相180°。若輸入訊號爲直流電壓，則(1)式之積分可消去，成爲

$$V_0 = -\frac{V_{IN}}{RC}\cdot t \tag{2}$$

(2)式表示若一直流電壓接至積分器之輸入端，輸出電壓最初爲零伏，而後將以等斜率爬升至放大器的最大值。由於具有反相的關係，當輸入電壓爲負値，將使輸出到達最大之正電壓値，若爲正電壓輸入，則輸出將被驅向最大之負電壓値，如圖 8-2所示。

圖 8-2所得到之輸出電壓稱爲斜坡電壓(ramp　voltage)，其斜率由輸入電壓之大小及電路之增益常數來決定，若輸入電壓一直維持著固定直流電壓，則斜坡電壓最

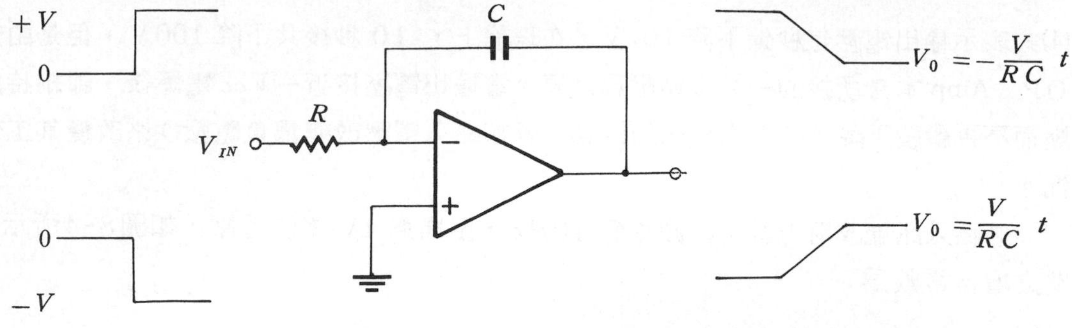

圖 8-2

後將會達到最大的輸出電壓而不再變化，此時積分器之輸入與輸出的關係不再成立，稱之爲過荷（ over load ）。現舉例說明如下：

圖 8-3 之積分器，其增益常數爲

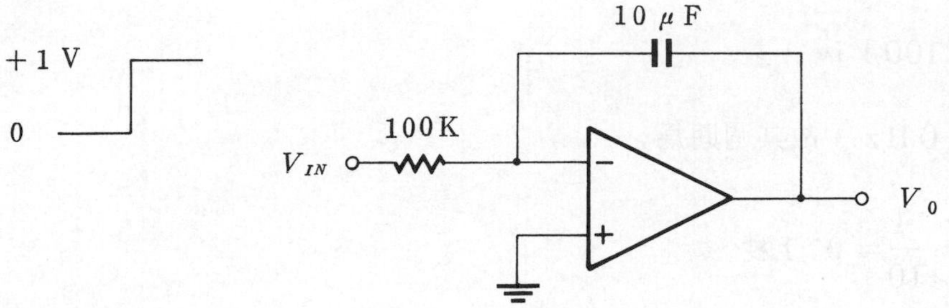

圖 8-3

$$\frac{1}{RC}=\frac{1}{100\times10^3\times10\times10^{-6}}=\frac{1}{1}=1$$

在輸入電壓爲＋1 V時，輸出之斜坡電壓爲

$$V_0=-\frac{V_{IN}}{RC}\cdot t=-1\cdot t \tag{3}$$

(3)式表示輸出電壓每秒鐘下降 1 V，10 秒鐘後共下降 10V，若電容器改爲 1 μ F，則增益常數爲

$$\frac{1}{RC}=\frac{1}{100\times10^3\times1\times10^{-6}}=\frac{1}{10^{-1}}=10$$

其輸出之斜坡電壓爲

$$V_0=-\frac{V_{IN}}{RC}\cdot t=-10\ t \tag{4}$$

(4)式表示輸出電壓每秒鐘下降 10 V，在理論上，10 秒後共下降 100V，但是由於 OP Amp本身所接的 $-Vcc$ 電壓爲定值，當輸出電壓接近 $-Vcc$ 電壓後，即維持此電壓而不再繼續下降，除非有外來的因素（譬如輸入電壓改變爲負電壓）來改變其工作狀況。

若輸入訊號改用方波，其頻率爲 10Hz，振幅爲 4V 峯值電壓，如圖8-4所示，電路之增益常數爲

$$\frac{1}{RC}=\frac{1}{100\times10^{3}\times0.1\times10^{-6}}=\frac{1}{10^{-2}}=100$$

我們可以將方波看成兩個不同電壓輸入的直流電壓，當輸入爲＋4 V直流電壓時，其輸出電壓爲

$$V_0=-100\,V_{IN}\cdot t$$

由於輸入頻率爲 10 Hz，故其週期爲

$$T=\frac{1}{f}=\frac{1}{10}=0.1\text{秒}$$

波形是對稱方波，正、負波形所佔的時間爲全週期的一半，故

$$t=\frac{T}{2}=\frac{0.1\text{秒}}{2}=0.05\text{秒}$$

因此 V_0 在 t 時間後之電壓爲

$$V_0=-100\cdot(+4)\cdot0.05=-20\text{ V}$$

若OP Amp 所加之 Vcc 電壓爲 ± 10 V，在理想狀況下，其輸出最大正負飽和電壓爲 ± 10 V（一般均小於 ± 10 V，約在 ± 9.8 V左右），而此時電路在 $t=0.05$ 秒時，

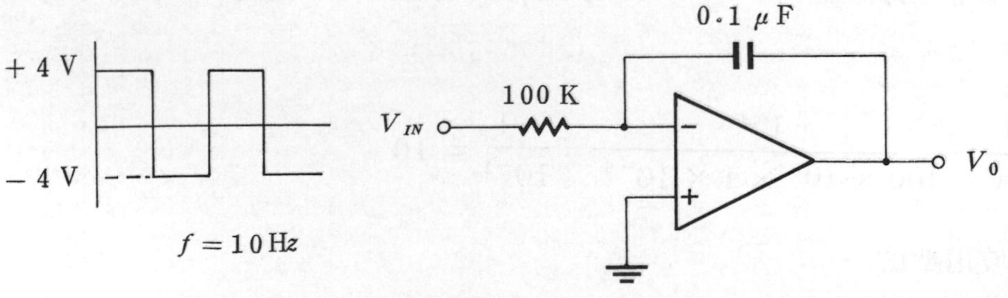

圖 8-4

V_0 為 -20 V，已超過 IC 的飽和電壓，因此 V_0 在 t 為

$$t=\frac{10\text{ V}}{100\ ^{1}/\text{秒}\cdot 4\text{ V}}=0.025\text{ 秒}$$

時，已到達 -10 V，而在 0.025 秒至 0.05 秒之間，V_0 一直維持在 -10 V不變，如圖 8-5所示。在 $t=0.05$ 秒時，方波由 $+4$ V轉變為 -4 V，則 V_0 在 0.05 秒至 0.1 秒內將被充電之電壓為

$$V_0=-100\cdot(-4)\ t\Big|_{t=0.05}^{t=0.1}$$

$$=-100\cdot(-4)(0.1-0.05)$$

$$=20$$

但是當方波由 $+4$ V轉變為 -4 V時，電容器所貯存的電壓 -10 V仍維持著，此電壓不因輸入電壓的瞬間改變而放電或消失，因此當輸入變為 -4 V時，V_0 的起始電壓為 -10 V，如圖 8-5 所示。由於在 0.05 秒至 0.1 秒共充了 20 V，因此在時間為 0.1 秒時，輸出電壓 V_0 為 $+10$ V（由 -10 V到 $+10$ V共充了 20 V），如圖 8-5 所示。

輸入電壓繼續變換，則輸出電壓波形亦跟著變化，以示波器觀測其輸出波形，則可以看到輸出為一三角波，而第一週之波形無法觀測，除非以極精密的儀器（例如：儲存示波器）才能觀測出。

在此必須提醒讀者注意的是：在實驗中，曾經提起OP Amp的偏壓電流及抵償電壓對其輸出產生電壓的誤差，而在積分器中，此種現象更為嚴重。抵償電壓 V_{os} 可以看似直流電壓，經由電容器，可以產生一綫性的昇坡電壓，其極性視 V_{os} 之極性而定；$I_{(-)}$ 電流在無輸入訊號時，由輸出 V_0 經回授電容器至“－”輸入端，亦將產生一昇坡電壓（$I_{(-)}$ 電流為定值）。因此在一段時間後，偏壓電流及抵償電壓將會使電容器充至飽和電壓，此飽和電壓將影響輸入電壓經由積分器所產生的輸出電壓波形；同時，

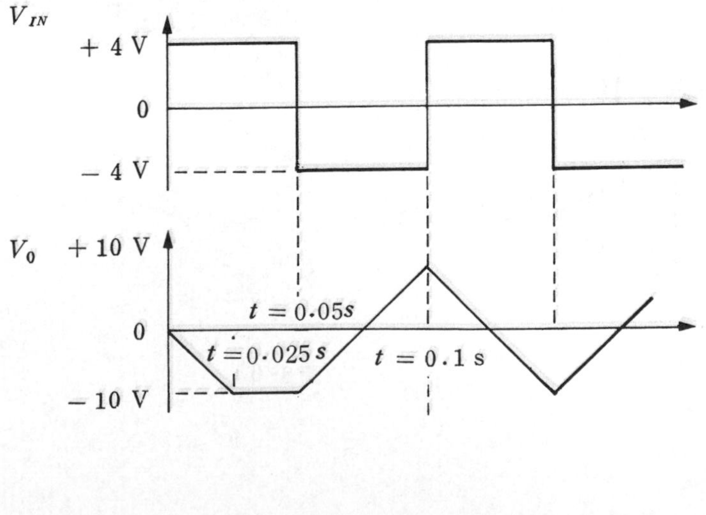

圖 8-5

抵償電壓V_{OS}在輸入為零時亦將為輸出電壓的一部份，故在實際應用的積分器上，(1)式之公式將改由下面式子替代。

$$V_0 = -\frac{1}{RC}\int V_{IN}\,dt + \frac{1}{RC}\int V_{OS}\,dt + \frac{1}{C}\int I_{(-)}\,dt + V_{OS} \qquad (5)$$

根據(5)式，我們可以瞭解當V_{IN}為零時，V_0仍受V_{OS}及$I_{(-)}$之影響，在一段時間後，趨向於飽和電壓，因此無論V_{IN}何時加入，最後將以飽和電壓為其起始電壓，現舉例說明如下：

【例】 圖 8-6之電路$R = 10\text{ K}$，$C = 0.01\ \mu\text{F}$，$V_{CC} = \pm 12\text{ V}$，輸入訊號為2 V峯值電壓之方波，若頻率變化如下，試繪出輸入、輸出之波形？

$f =$ (a) 1.25 K (b) 2.5 K (c) 500 Hz

【解】 電路之增益常數為

$$\frac{1}{RC} = \frac{1}{10\times 10^3 \times 0.01 \times 10^{-6}} = 10^4$$

假使V_0受V_{OS}及$I_{(-)}$之影響，在V_{IN}不接時，已到達正飽和電壓，則不同輸入頻率，可有不同輸出電壓。

(a) 若$f = 1.25\text{ K}$，則

$$T = \frac{1}{f} = \frac{1}{1.25\text{ K}} = 0.8\text{ ms}$$

半週之時間為 $t = \frac{T}{2} = 0.4\text{ ms}$

$$V_0 = -\frac{V_{IN}}{RC}t = -10^4 \times 2 \times 0.4 \times 10^{-3} = -8$$

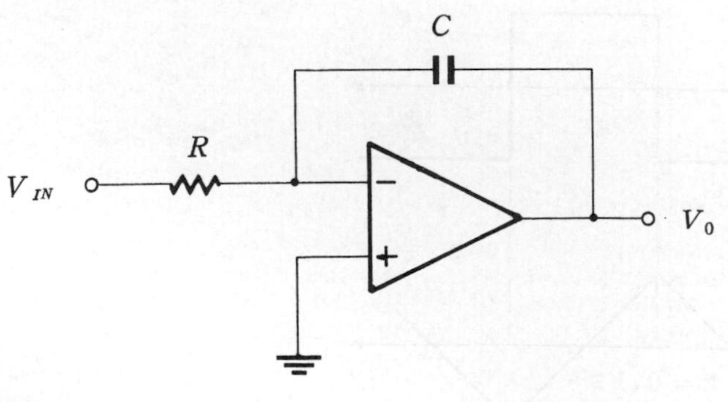

圖 8-6

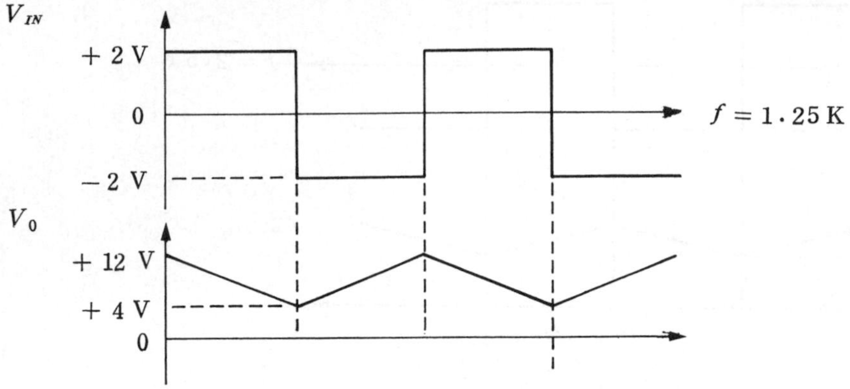

圖 8-7

$$V_0=-\frac{V_{IN}}{RC}t=-10^4\times(-2)\times0.4\times10^{-3}=8$$

因此可以得到輸入、輸出波形如圖 8-7 所示。

(b)　若 $f=2.5\,K$，則

$$T=\frac{1}{f}=\frac{1}{2.5\ K}=0.4\,ms$$

半週之時間為　$t=\frac{T}{2}=0.2\,ms$

$$V_0=-\frac{V_{IN}}{RC}t=-10^4\times2\times0.2\times10^{-3}=-4$$

$$V_0=-\frac{V_{IN}}{RC}t=-10^4\times(-2)\times0.2\times10^{-3}=4$$

因此可以得到輸入、輸出波形如圖 8-8 所示。

(c)　若 $f=500\ Hz$，則

$$T=\frac{1}{f}=\frac{1}{500\ Hz}=2\,ms$$

半週之時間為　$t=\frac{T}{2}=1\,ms$

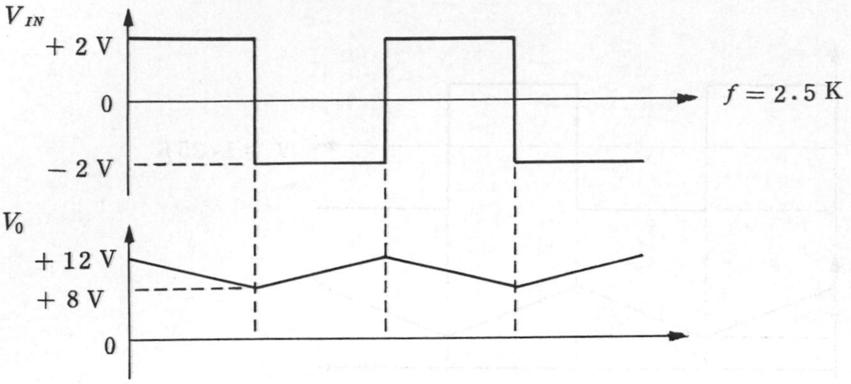

圖8-8

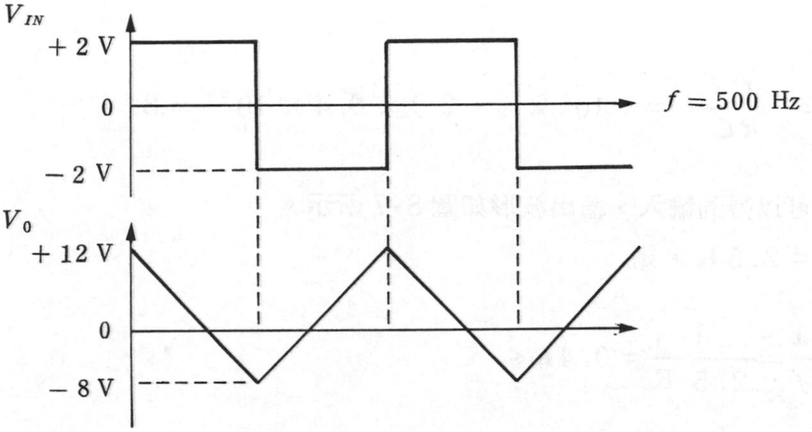

圖8-9

$$V_0 = -\frac{V_{IN}}{RC}t = -10^4 \times 2 \times 1 \times 10^{-3} = -20$$

$$V_0 = -\frac{V_{IN}}{RC}t = -10^4 \times (-2) \times 1 \times 10^{-3} = 20$$

因此可以得到輸入、輸出波形如圖8-9所示。

由上面之例子，可以發現只要電容器被充的電壓不超過正、負飽和電壓之差的絕對值(即例題中12 V－(－12 V)＝24 V)，在輸出端都能觀測到一三角波波形，而非圖8-10之波形(以$f = 500$ Hz爲例)。

爲了要消除抵償電壓V_{OS}及$I_{(-)}$電流對積分器的影響，在實用之積分器上都加上一些補償電路，以降低其誤差，其方法爲：

1. V_{OS}項之消除：

(1) 選擇較低V_{OS}值之OP Amp。

(2) 如圖8-11所示，在電容器兩端並接一開關S，週期性的將其短路，以消除電

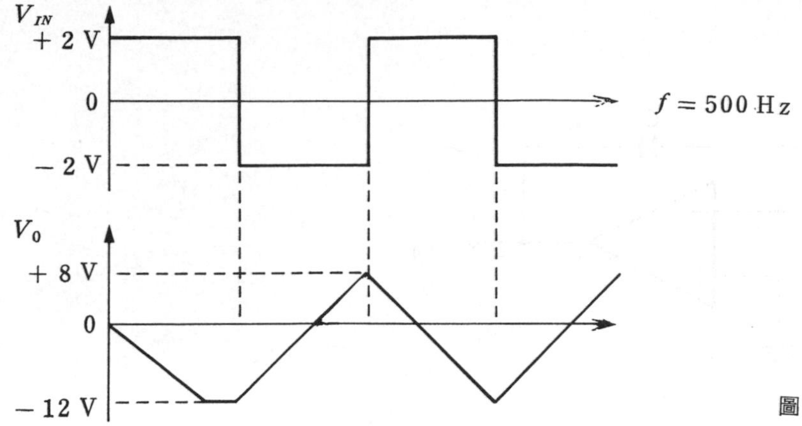

圖 8-10

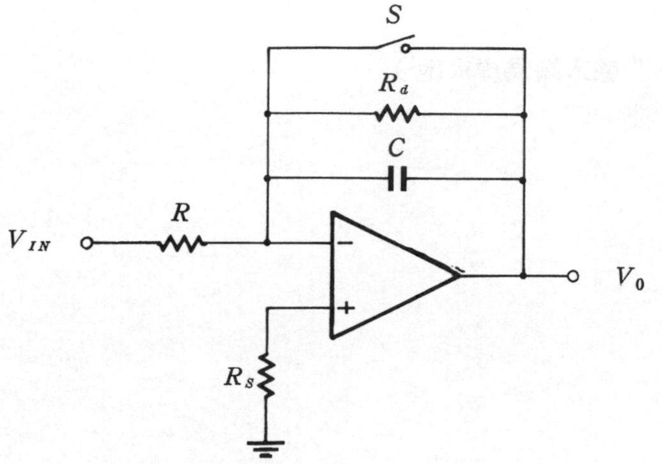

圖 8-11

容器所儲存的飽和電壓。

(3) 在電容器兩端並聯一電阻 R_d（約 1M左右），以限制V_{os} 在低頻率之電壓增益，但是 R_d 的存在也限制電路之工作頻率必須大於

$$f = \frac{1}{2\pi R_d C}$$

否則電路無法構成積分作用。同時，積分器亦可看成是對不同頻率有不同增益及相移變化之放大器，並接 R_d 電阻，可以限制放大器之低頻增益。

2. $I_{(-)}$ 項之消除：

在“＋”輸入端接一電阻 R_S 至地，適當地選擇 R_S 電阻（見實驗四之原理敍述），使輸出之誤差降至最小。同時，選擇輸入端爲ＦＥＴ之ＯＰ　Amp，其偏壓電流值極小，對電路所產生之誤差亦較小。

假使積分器有兩個以上的輸入端，如圖 8-12 所示，則其電路可分析如下：

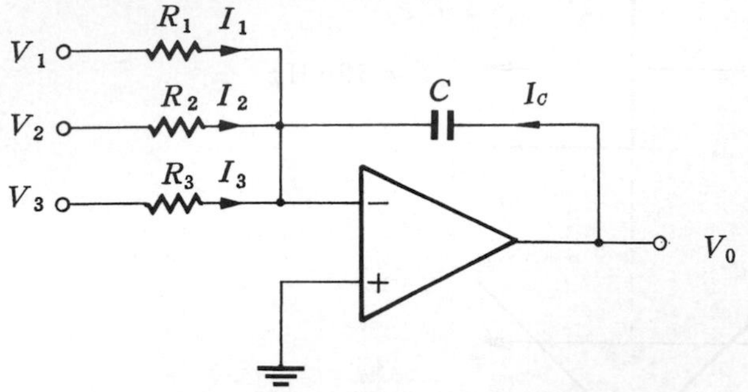

圖 8-12

$$I_1 + I_2 + I_3 = -I_C$$

而 $$I_1 = \frac{V_1}{R_1} \qquad (\text{“}-\text{”輸入端為虛接地})$$

$$I_2 = \frac{V_2}{R_2}$$

$$I_3 = \frac{V_3}{R_3}$$

$$I_C = C\frac{dV_0}{dt}$$

故 $$\frac{V_1}{R_1} + \frac{V_2}{R_2} + \frac{V_3}{R_3} = -C\frac{dV_0}{dt}$$

∴ $$V_0 = -\left[\frac{1}{R_1 C}\int V_1\,dt + \frac{1}{R_2 C}\int V_2\,dt + \frac{1}{R_3 C}\int V_3\,dt\right] \tag{6}$$

值得一提的是：⑹式之積分器可工作於各種不同的輸入訊號，亦可連接成多輸入端之積分器單體，用來解數學上之微分方程。

假使在電容器上串接一電阻，如圖 8-13 所示，則輸出與輸入之關係可表示為

$$V_0 = -\frac{R_f}{R}V_{IN} - \frac{1}{RC}\int V_{IN}\,dt \tag{7}$$

圖 8-13 所串接之電阻 R_f，對輸入電壓作一倒向電壓放大，因此對輸出電壓波形會產生很大的變化。

若積分器接成圖 8-14 所示之電路，由於“＋”，“－”兩輸入端點之電壓差為 0

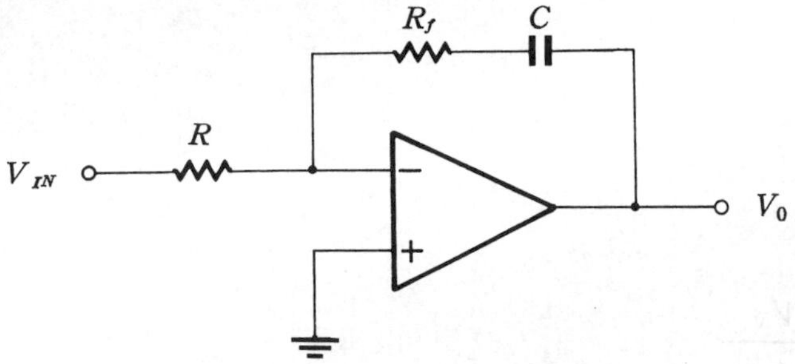

圖 8-13

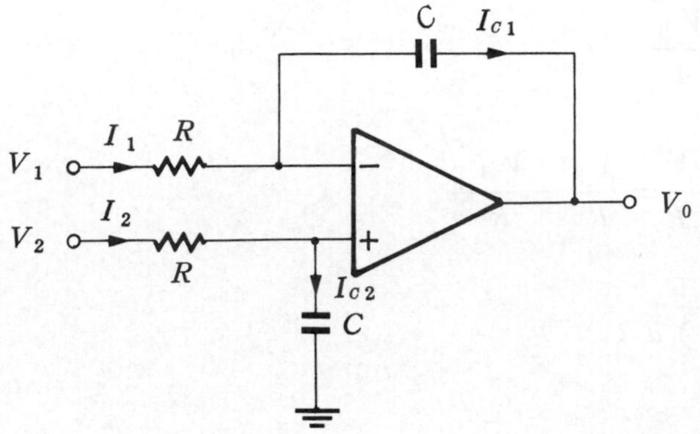

圖 8-14

，且沒有電流流進OP　Amp，故

$$I_1 = I_{C1}$$

$$I_2 = I_{C2}$$

則
$$\frac{V_1 - V_{(-)}}{R} = C\frac{d(V_{(-)} - V_0)}{dt} \qquad (8)$$

$$\frac{V_2 - V_{(+)}}{R} = C\frac{d(V_{(+)} - 0)}{dt} = C\frac{dV_{(+)}}{dt} \qquad (9)$$

(8)、(9)兩式中，$V_{(-)}$ 代表"－"輸入端對地之電壓，$V_{(+)}$ 代表"＋"輸入端對地之電壓，且$V_{(+)} = V_{(-)} = V$，因此(8)式變爲

$$\frac{V_1}{R} - \frac{V}{R} = C\frac{dV}{dt} - C\frac{dV_0}{dt} \qquad (10)$$

而(9)式變爲

$$\frac{V_2 - V}{R} = C\frac{dV}{dt} \tag{11}$$

將(11)式代入(10)式，可得

$$\frac{V_1}{R} - \frac{V}{R} = \frac{V_2 - V}{R} - C\frac{dV_0}{dt}$$

$$= \frac{V_2}{R} - \frac{V}{R} - C\frac{dV_0}{dt}$$

$$\therefore \quad C\frac{dV_0}{dt} = \frac{V_2}{R} - \frac{V}{R} - \frac{V_1}{R} + \frac{V}{R} = \frac{V_2}{R} - \frac{V_1}{R}$$

$$dV_0 = \frac{1}{RC}(V_2 - V_1)\,dt$$

最後可得

$$V_0 = \frac{1}{RC}\int (V_2 - V_1)\,dt$$

因此圖8-14之電路，我們可稱之爲差動積分器，由於此電路受CMRR及溫度、電壓漂移誤差的影響，副作用較大，一般皆採用圖8-15所示之差動積分器，其輸出電壓爲

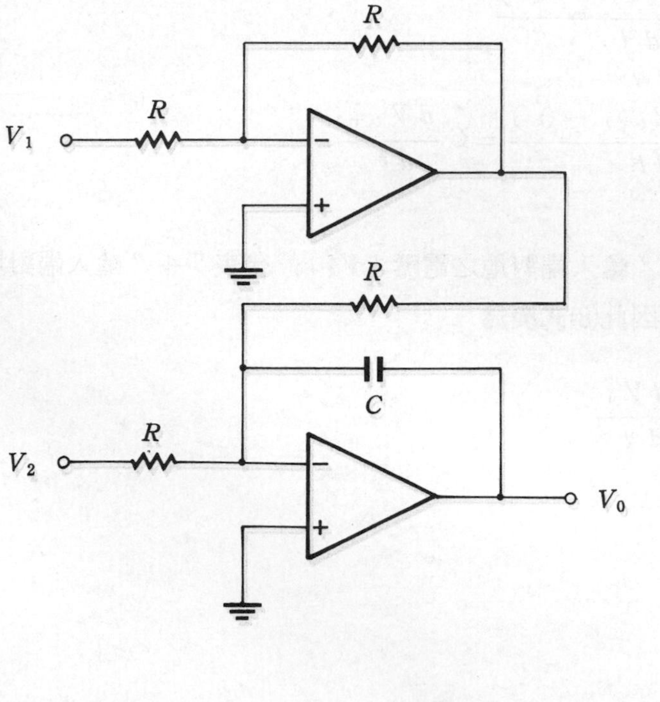

圖8-15

$$V_0=\frac{1}{RC}\int(V_1-V_2)\,dt$$

三、實驗步驟

1. 直流電壓輸入測試：
   (1) 如圖 8-16 連接線路。
   (2) 選擇輸入直流電壓V_{IN}爲＋0.1 V（輸入電壓調整後，將電源關掉（power off））。
   (3) 以示波器DC檔觀測輸出 V_0之波形，將輸入電壓之電源及電路之供給電源同時打開（power on）。
   (4) 觀測示波器上之直流波形由零電壓至飽和電壓所需之時間，並記錄其結果於表 8-1 中。
   (5) 計算理論上之時間，並與測試值相比較。
   (6) 改變輸入直流電壓如表 8-1 所示，重覆(3)～(5)之步驟，並記錄其結果於表 8-1 中。
   (7) 若R改用10K，C維持不變，重覆(2)～(6)之步驟，並記錄其結果於表 8-1 中。
   (8) 若R改用 100K，C改用 1 μF，重覆(2)～(6)之步驟，並記錄其結果於表 8-1 中。
   (9) 若R改用 1 M，C維持不變，重覆(2)～(6)之步驟，並記錄其結果於表 8-1 中。
   (10) 改用其他型號之OP Amp，重覆(1)～(9)之步驟，並記錄其結果於表 8-2 中。
2. 正弦波輸入之測試：
   (1) 如圖 8-17 連接線路。
   (2) 置輸入訊號V_{IN}之頻率爲 100 Hz， 振幅爲 1 V峯值，以示波器DC檔觀測其輸入及輸出波形，並繪其波形於表 8-3 中。
   (3) 繪出理論之波形，並與測試波形相比較。
   (4) 改變輸入頻率如表 8-3 所示，重覆(2)、(3)之步驟，並繪其波形於表 8-3 中。

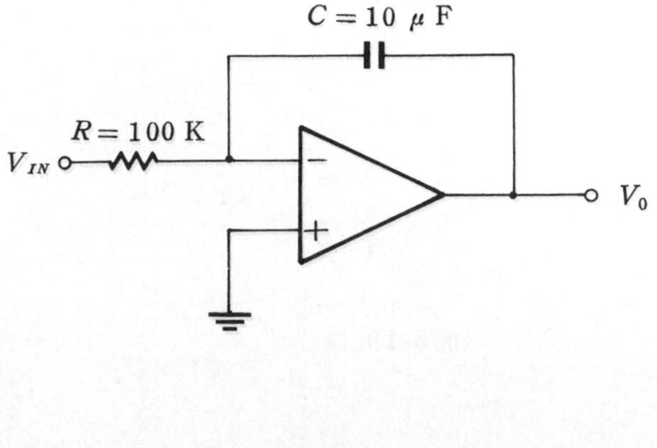

圖 8-16

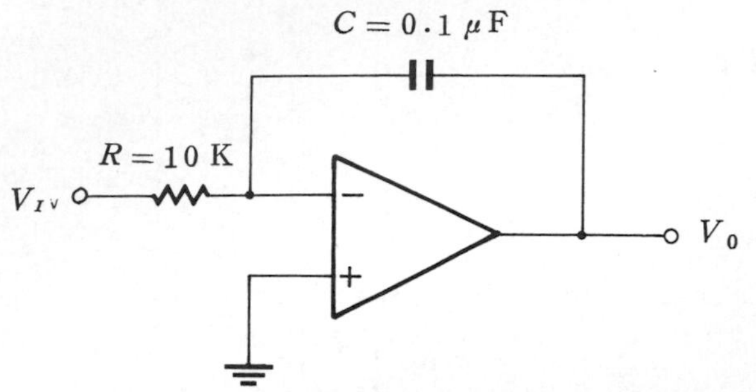

圖 8-17

(5) 改變輸入峯值電壓如表 8-3 所示，重覆(2)～(4)之步驟，並繪其波形於表 8-3 中。

(6) 若 R 改用 1 K，C 維持不變，重覆(2)～(5)之步驟，並繪其波形於表 8-4 中。

(7) 若 C 改用 0.01 μF，R 仍爲 1 K，重覆(2)～(5)之步驟，並繪其波形於表 8-5 中。

(8) 如圖 8-18 連接綫路。

(9) 置輸入訊號 V_{IN} 之頻率爲 100 Hz，振幅爲 1 V 峯值，以示波器 DC 檔觀測其輸入及輸出波形，並繪其波形於表 8-6 中。

(10) 繪出理論之波形，並與測試波形相比較。

(11) 改變輸入頻率如表 8-6 所示，重覆(9)、(10)之步驟，並繪其波形於表 8-6 中。

(12) 改變輸入峯值電壓如表 8-6 所示，重覆(9)～(11)之步驟，並繪其波形於表 8-6 中。

(13) 若 R 改用 1 K，C 維持不變，重覆(9)～(12)之步驟，並繪其波形於表 8-7 中。

(14) 若 C 改用 0.1 μF，R 仍爲 1 K，重覆(9)～(12)之步驟，並繪其波形於表 8-8 中。

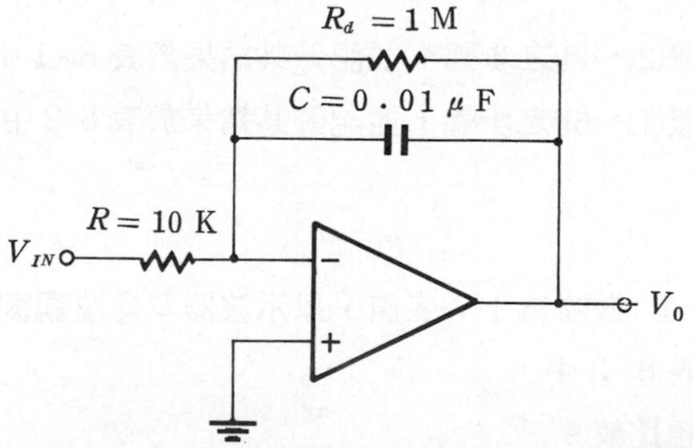

圖 8-18

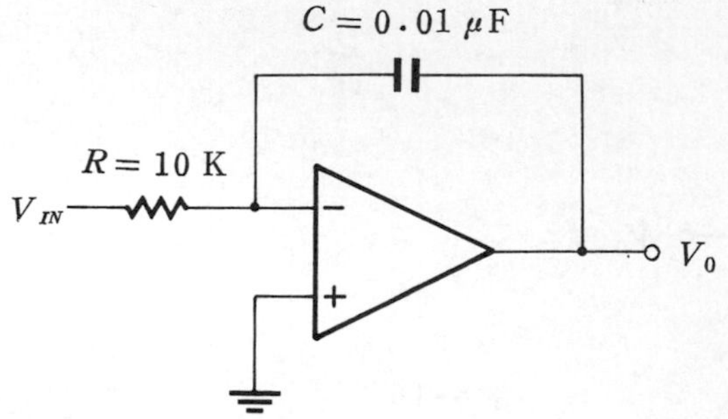

圖 8-19

3．方波輸入之測試：

⑴　如圖 8-19 連接線路。

⑵　置輸入訊號 V_{IN} 之頻率爲 100 Hz，振幅爲 1 V 峯值，以示波器 DC 檔觀測其輸入及輸出波形，並繪其波形於表 8-9 中。

⑶　繪出理論之波形，並與測試波形相比較。

⑷　改變輸入頻率如表 8-9 所示，重覆⑵、⑶之步驟，並繪其波形於表 8-9 中。

⑸　改變輸入峯值電壓如表 8-9 所示，重覆⑵～⑷之步驟，並繪其波形於表 8-9 中。

⑹　若 R 改用 1 K，C 維持不變，重覆⑵～⑸之步驟，並繪其波形於表 8-10 中。

⑺　若 C 改用 0.001 μF，R 仍爲 1 K，重覆⑵～⑸之步驟，並繪其波形於表 8-11 中。

⑻　如圖 8-20 連接線路。

⑼　置輸入訊號 V_{IN} 之頻率爲 100 Hz，振幅爲 1 V 峯值，以示波器 DC 檔觀測其輸入及輸出波形，並繪其波形於表 8-12 中。

⑽　繪出理論之波形，並與測試波形相比較。

⑾　改變輸入頻率如表 8-12 所示，重覆⑼、⑽之步驟，並繪其波形於表 8-12 中。

⑿　改變輸入峯值電壓如表 8-12 所示，重覆⑼～⑾之步驟，並繪其波形於表 8-12 中。

⒀　若 R 改用 10K，C 維持不變，重覆⑼～⑿之步驟，並繪其波形於表 8-13 中。

⒁　若 C 改用 0.1 μF，R 仍爲 10K，重覆⑼～⑿之步驟，並繪其波形於表 8-14 中。

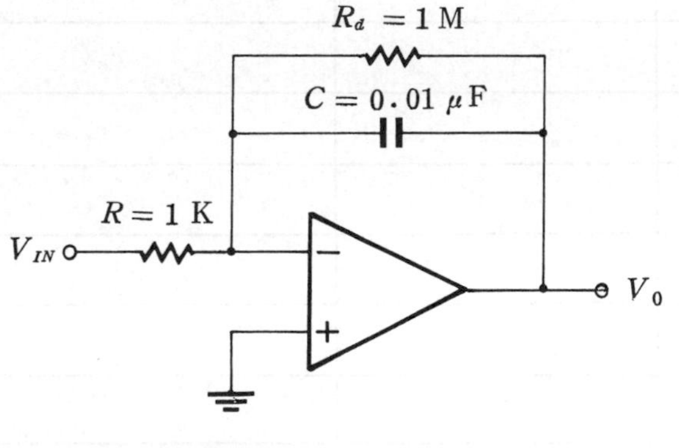

圖 8-20

四、實驗結果

表 8-1

R	C	V_{IN}	時　　間	理　論　值
100 K	10 μF	+ 0.1 V		
		− 0.1 V		
		+ 0.5 V		
10 K	10 μF	+ 0.1 V		
		+ 0.5 V		
		− 0.5 V		
100 K	1 μF	+ 0.1 V		
		+ 1 V		
		− 1 V		
1 M	1 μF	+ 0.1 V		
		+ 0.5 V		
		− 0.2 V		

表 8-2

R	C	V_{IN}	時　　間	理　論　值
100 K	10 μF	+ 0.1 V		
		− 0.1 V		
		+ 0.5 V		
10 K	10 μF	+ 0.1 V		
		+ 0.5 V		
		− 0.5 V		
100 K	1 μF	+ 0.1 V		
		+ 1 V		
		− 1 V		
1 M	1 μF	+ 0.1 V		
		+ 0.5 V		
		− 0.2 V		

表 8-3

輸入峯值電壓	頻率／波形	100Hz	200Hz	500Hz	1KHz	2KHz	5KHz	10KHz
1 V	輸　　入							
	輸出（測試值）							
	輸出（理論值）							
2 V	輸　　入							
	輸出（測試值）							
	輸出（理論值）							
3 V	輸　　入							
	輸出（測試值）							
	輸出（理論值）							

表 8-4

輸入峯值電壓	頻率／波形	100Hz	200Hz	500Hz	1KHz	2KHz	5KHz	10KHz
1 V	輸　　入							
	輸出（測試值）							
	輸出（理論值）							
2 V	輸　　入							
	輸出（測試值）							
	輸出（理論值）							
3 V	輸　　入							
	輸出（測試值）							
	輸出（理論值）							

表8-5

輸入峯值電壓	頻率 波形	100Hz	200Hz	500Hz	1KHz	2KHz	5KHz	10KHz
1 V	輸　　入							
	輸出(測試值)							
	輸出(理論值)							
2 V	輸　　入							
	輸出(測試值)							
	輸出(理論值)							
3 V	輸　　入							
	輸出(測試值)							
	輸出(理論值)							

表8-6

輸入峯值電壓	頻率 波形	100Hz	200Hz	500Hz	1KHz	2KHz	5KHz	10KHz
1 V	輸　　入							
	輸出(測試值)							
	輸出(理論值)							
2 V	輸　　入							
	輸出(測試值)							
	輸出(理論值)							
5 V	輸　　入							
	輸出(測試值)							
	輸出(理論值)							

表 8-7

輸入峯値電壓	波形＼頻率	100Hz	200Hz	500Hz	1KHz	2KHz	5KHz	10KHz
1 V	輸　　入							
	輸出（測試値）							
	輸出（理論値）							
2 V	輸　　入							
	輸出（測試値）							
	輸出（理論値）							
5 V	輸　　入							
	輸出（測試値）							
	輸出（理論値）							

表 8-8

輸入峯値電壓	波形＼頻率	100Hz	200Hz	500Hz	1KHz	2KHz	5KHz	10KHz
1 V	輸　　入							
	輸出（測試値）							
	輸出（理論値）							
2 V	輸　　入							
	輸出（測試値）							
	輸出（理論値）							
5 V	輸　　入							
	輸出（測試値）							
	輸出（理論値）							

表8-9

輸入峯值電壓	頻率 / 波形	100Hz	200Hz	400Hz	500Hz	1KHz	2KHz	5KHz
1 V	輸　　入							
	輸出(測試值)							
	輸出(理論值)							
2 V	輸　　入							
	輸出(測試值)							
	輸出(理論值)							
3 V	輸　　入							
	輸出(測試值)							
	輸出(理論值)							

表8-10

輸入峯值電壓	頻率 / 波形	100Hz	200Hz	400Hz	500Hz	1KHz	5KHz	10KHz
1 V	輸　　入							
	輸出(測試值)							
	輸出(理論值)							
2 V	輸　　入							
	輸出(測試值)							
	輸出(理論值)							
3 V	輸　　入							
	輸出(測試值)							
	輸出(理論值)							

表 8-11

輸入峯值電壓	頻率 / 波形	100Hz	200Hz	400Hz	500Hz	1KHz	2KHz	5KHz
1 V	輸　入							
	輸出（測試值）							
	輸出（理論值）							
2 V	輸　入							
	輸出（測試值）							
	輸出（理論值）							
3 V	輸　入							
	輸出（測試值）							
	輸出（理論值）							

表 8-12

輸入峯值電壓	頻率 / 波形	100Hz	200Hz	400Hz	500Hz	1KHz	2KHz	5KHz
1 V	輸　入							
	輸出（測試值）							
	輸出（理論值）							
2 V	輸　入							
	輸出（測試值）							
	輸出（理論值）							
5 V	輸　入							
	輸出（測試值）							
	輸出（理論值）							

表8-13

輸入峯值電壓	頻率 \ 波形	100Hz	200Hz	400Hz	500Hz	1KHz	2KHz	5KHz
1 V	輸入							
	輸出(測試值)							
	輸出(理論值)							
2 V	輸入							
	輸出(測試值)							
	輸出(理論值)							
5 V	輸入							
	輸出(測試值)							
	輸出(理論值)							

表8-14

輸入峯值電壓	頻率 \ 波形	100Hz	200Hz	400Hz	500Hz	1KHz	2KHz	5KHz
1 V	輸入							
	輸出(測試值)							
	輸出(理論值)							
2 V	輸入							
	輸出(測試值)							
	輸出(理論值)							
5 V	輸入							
	輸出(測試值)							
	輸出(理論值)							

五、問題討論

(1)　對積分器而言，輸入正弦波頻率的大小，對輸出之電壓及相位有何影響？

(2)　多輸入端之積分器，其各輸入端之增益由那個零件決定？何故？

(3)　方波輸入之積分器，在正常工作下，輸出爲一三角波，試問在何種情況下，其輸出亦爲方波？

(4)　正弦波輸入之積分器，可以作爲那一種濾波器？何故？

(5)　對同一頻率輸入之積分器，R、C 值的改變，對輸出波形有何影響？

(6)　在圖 8-19 及圖 8-20 之實驗中，兩者之輸出波形有何不同？其原因何在？

(7)　圖 8-20之電路，若 R_d 改用 2 M，對輸出波形有何影響？若 R_d 改用 100K，則又如何？

9

微分器

一、實驗目的

(1) 瞭解微分器之基本原理。

(2) 探討微分器在類比計算機之應用。

(3) 探討微分器在電路上之應用。

二、實驗原理

微分器之應用不如積分器之廣，但是在特殊的應用電路上，仍佔有很重要的地位。微分器如同積分器一樣，能提供一輸出信號爲輸入信號之微分，且有相反的極性。圖9-1 所示爲基本的微分器，其零件之接法正好與積分器相反，當輸入爲直流電壓時，由

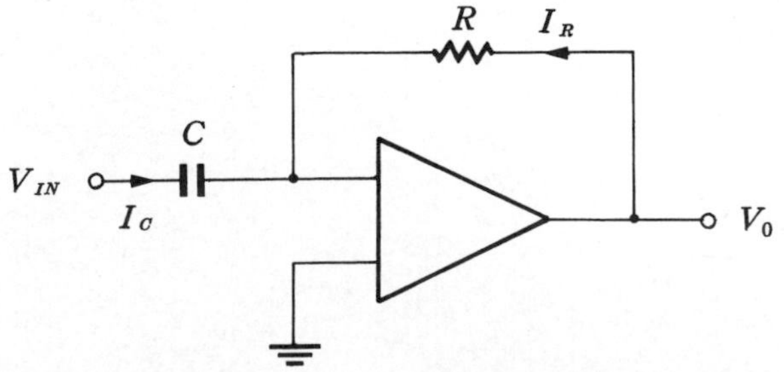

圖9-1

於

$$I_C = C\frac{dV_{IN}}{dt} = C \cdot 0 = 0 \qquad (\text{定值之微分為零})$$

因此回授電阻R也沒有電流流過，輸出電壓 V_0 等於"－"輸入端之電壓，在"＋"輸入端接地之情況下，輸出可視為零電壓，所以直流電壓之輸入，將不會在輸出端產生任何電壓變化。

當輸入電壓為交流訊號時，有一充電電流流過電容器，其值為

$$I_C = C\frac{dV_{IN}}{dt}$$

由於OP　Amp 沒有電流流進去，因此

$$I_R = -I_C = -C\frac{dV_{IN}}{dt}$$

而　$$I_R = \frac{V_0}{R}$$

故　$$\frac{V_0}{R} = -C\frac{dV_{IN}}{dt}$$

$$V_0 = -RC\frac{dV_{IN}}{dt} \qquad (1)$$

由(1)式可知，輸出電壓之大小為輸入電壓之微分與時間常數RC的乘積再倒相180度。現舉例說明如下：

【例】　假使輸入訊號為一正弦波，其值為

$$V_{IN} = V_m \sin \omega t$$

則根據(1)式，其輸出電壓V_0為

$$V_0 = -RC\frac{dV_{IN}}{dt}$$

$$= -RC\frac{d(V_m \sin \omega t)}{dt}$$

$$= -\omega RCV_m \cos \omega t$$

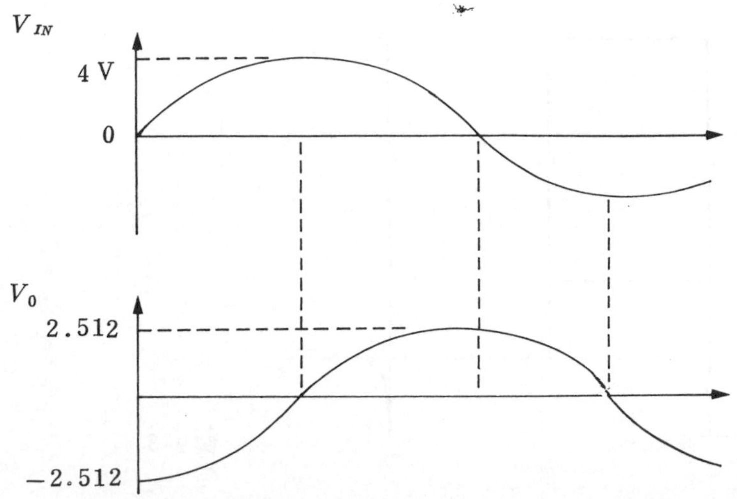

圖 9-2

若$R=10K$，$C=0.1\ \mu F$，且$V_{IN}=4\ \sin\ 628\ t$（$\omega=2\pi f$，$f=100$ Hz）則

$$
\begin{aligned}
V_0 &= -\omega RC\ V_m \cos\omega t \\
&= -628\times 10^4\times 10^{-7}\times 4\times \cos\ 628\ t \\
&= -2.512\cos 628t
\end{aligned}
$$

我們可繪出輸入與輸出波形之關係如圖 9-2 所示。

若將輸入頻率增至 1 K Hz，則

$$
\begin{aligned}
V_0 &= -\omega RC\ V_m \cos\omega t \\
&= -6280\times 10^4\times 10^{-7}\times 4\times \cos 6280t \\
&= -25.12\cos 6280t
\end{aligned}
$$

對於OP Amp 所加的電源電壓，此輸出峯值電壓可能已超過輸出正、負飽和電壓，因此輸出波形的上下限會被切掉，而呈現失眞之波形，在此種情況下，微分器的作用已不復存在，所以討論微分電路時，微分後的輸出電壓以不超過 OP Amp 的輸出最大飽和電壓爲宜。

若輸入訊號改用方波，則經過微分器後，可以得到圖 9-3 所示之輸入、輸出波形，圖中 V_m 電壓依RC時間常數及輸入峯值電壓而定，同時輸入方波之上升時間 t_r 及下降時間 t_f 亦影響輸出脈衝的寬窄，現舉例說明如下：

【例】 圖 9-3 之輸入方波爲 1 KHz，峯值電壓爲＋5 V，且$t_r=t_f=1\mu s$，試繪出輸出之波形？（$R=10$ K，$C=0.1\ \mu F$）

【解】 由題目知

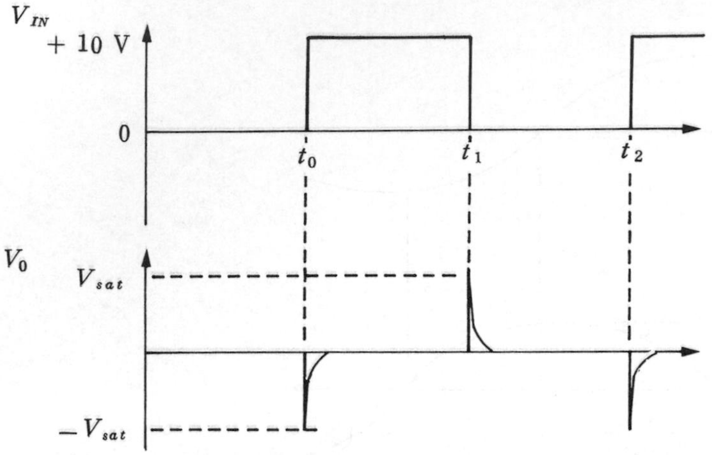

圖 9-3

$t_r = t_f = 1\ \mu s$

則輸入電壓在 t_r 與 t_f 之時間內，可表示為

$$V_{IN} = \frac{5\ V}{1\ \mu s} \cdot t \qquad (t_r \text{ 時間})$$

$$V_{IN} = -\frac{5V}{1\ \mu s}\ t \qquad (t_f \text{ 時間})$$

方波除了 t_r 及 t_f 時間外，其餘可看成一直流電壓，因此經微分後其值為零，現僅就 t_r 及 t_f 時間內，討論電路之輸出電壓值。

由(1)式可求出在 t_r 時，V_0 之電壓為

$$V_0 = -RC\frac{dV_{IN}}{dt}$$

$$= -10^4 \times 0.1 \times 10^{-6}\ \frac{d\,(5\ V/\mu s \cdot t)}{d\ t}$$

$$= -10^{-3}\ (s) \times 5 \times 10^6\ (V/s)$$

$$= -5 \times 10^3\ V$$

在 t_f 時，V_0 將為 $+5 \times 10^3$ V，因此可以發覺輸出電壓在 1 μ s時間內，將由零伏上升至5 K V左右。由於輸出飽和電壓的限制，故可以得到圖 9-3之輸出波形。

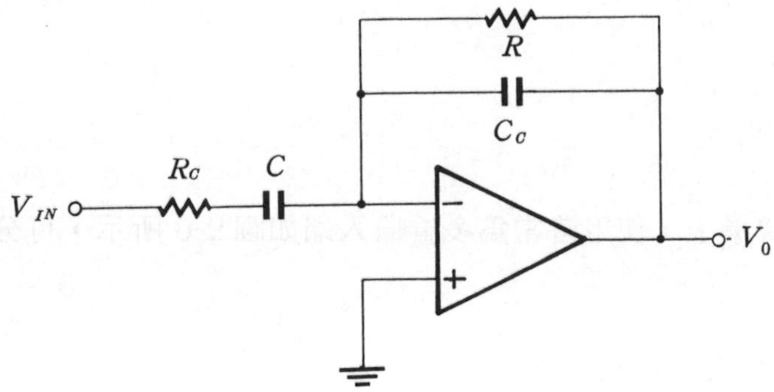

圖 9-4

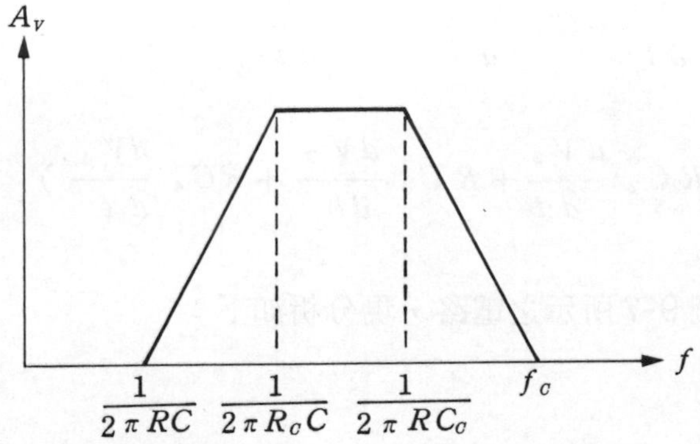

圖 9-5

由(1)式可知，當微分器之輸入頻率愈高時，電路之電壓增益愈高，如同積分器在低頻時，會產生高的電壓增益；我們可以在輸入電容上串接一電阻 R_C 如圖 9-4 所示，以限制高頻之電壓增益；同時，可以在回授電阻 R 上並聯一電容 C_C，以降低高頻雜訊之干擾，若零件之選擇符合圖 9-5 所示之頻率響應曲線，亦即 $RC > R_C C > RC_C$，則圖 9-4 之電路在不同之輸入頻率下，有不同之功能：

(1) 輸入頻率 f 在

$$\frac{1}{2\pi RC} < f < \frac{1}{2\pi R_C C}$$

之範圍，電路爲微分器

(2) 輸入頻率 f 在

$$\frac{1}{2\pi R_C C} < f < \frac{1}{2\pi RC_C}$$

之範圍，電路爲帶通濾波器。

(3) 輸入頻率 f 在

$$\frac{1}{2\pi RC_C} < f < f_C$$

之範圍，電路爲積分器。

微分器亦可應用於類比計算機上，使用時常爲多重輸入端如圖 9-6 所示，可分析如下：

$$I_R = -(I_{C1} + I_{C2} + I_{C3} + I_{C4})$$

$$\frac{V_0}{R} = -(C_1 \frac{dV_1}{dt} + C_2 \frac{dV_2}{dt} + C_3 \frac{dV_3}{dt} + C_4 \frac{dV_4}{dt})$$

$$\therefore \quad V_0 = -(RC_1 \frac{dV_1}{dt} + RC_2 \frac{dV_2}{dt} + RC_3 \frac{dV_3}{dt} + RC_4 \frac{dV_4}{dt})$$

如同積分器，微分器亦可接成圖 9-7 所示之電路，現分析如下：

$$I_{R1} + I_C = -I_R$$

$$\frac{V_{IN}}{R_1} + C\frac{dV_{IN}}{dt} = -\frac{V_0}{R}$$

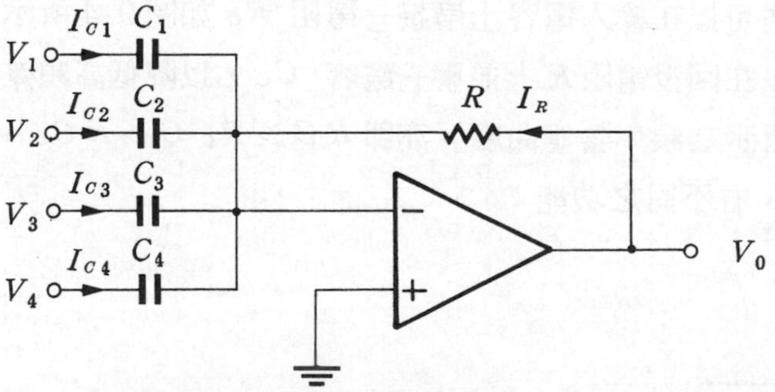

圖 9-6

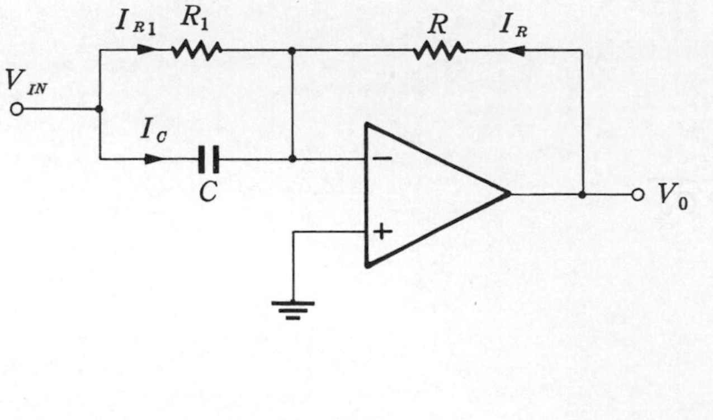

圖 9-7

$$\therefore \quad V_0 = -\frac{R}{R_1} V_{IN} - RC\frac{dV_{IN}}{dt}$$

圖 9-7 輸入電容所並接之電阻R_1，對輸入電壓作一倒向電壓放大，因此輸出電壓波形會產生很大的變化。

同時，微分器亦可接成圖 9-8 所示之差動微分器，由於"＋"、"－"輸入端之電壓差爲零，且沒有電流流進OP Amp，故

$$I_{C1} = I_{R1}$$

$$I_{C2} = I_{R2}$$

則 $$C\frac{d(V_1 - V_{(-)})}{dt} = \frac{V_{(-)} - V_0}{R} \tag{2}$$

$$C\frac{d(V_2 - V_{(+)})}{dt} = \frac{V_{(+)}}{R} \tag{3}$$

(2)、(3)兩式中，$V_{(+)} = V_{(-)} = V$，則可整理爲

$$C\frac{dV_1}{dt} + \frac{V_0}{R} = \frac{V}{R} + C\frac{dV}{dt} \tag{4}$$

$$C\frac{dV_2}{dt} = \frac{V}{R} + C\frac{dV}{dt} \tag{5}$$

$$\therefore \quad C\frac{dV_1}{dt} + \frac{V_0}{R} = C\frac{dV_2}{dt}$$

最後可得

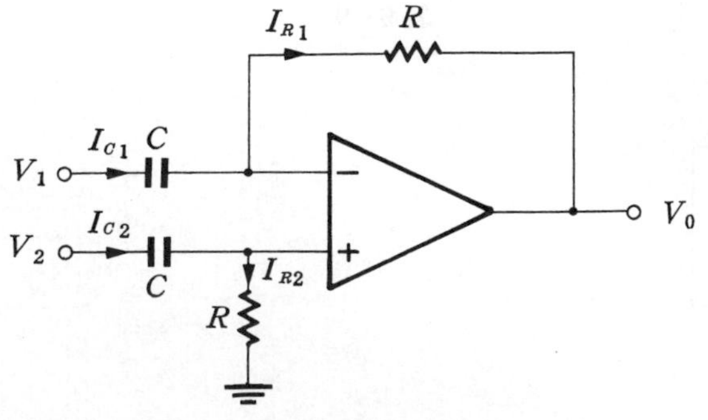

圖 9-8

$$V_0 = RC\frac{dV_2}{dt} - RC\frac{dV_1}{dt}$$

$$= RC\frac{d(V_2 - V_1)}{dt}$$

三、實驗步驟

1. 正弦波輸入之測試:
   (1) 如圖 9-9 連接綫路。
   (2) 置輸入訊號 V_{IN} 之頻率爲 100 Hz,振幅爲 1 V 峯值,以示波器 DC 檔觀測其輸入及輸出波形,並繪其波形於表 9-1 中。
   (3) 繪出理論之波形,並與測試波形相比較。
   (4) 改變輸入頻率如表 9-1 所示,重覆(2)、(3)之步驟,並繪其波形於表 9-1 中。
   (5) 改變輸入峯值電壓如表 9-1 所示,重覆(2)~(4)之步驟,並繪其波形於表 9-1 中。
   (6) 若 C 改用 0.01 μF,R 維持不變,重覆(2)~(5)之步驟,並繪其波形於表 9-2 中。
   (7) 若 R 改用 1 K,C 仍爲 0.01 μF,重覆(2)~(5)之步驟,並繪其波形於表 9-3 中。
2. 方波輸入之測試:

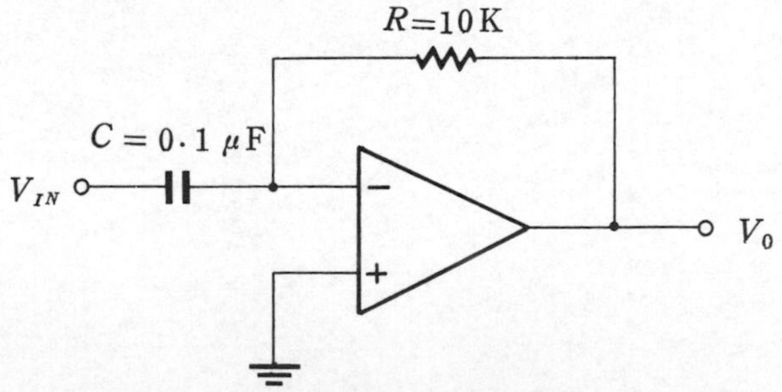

圖 9-9

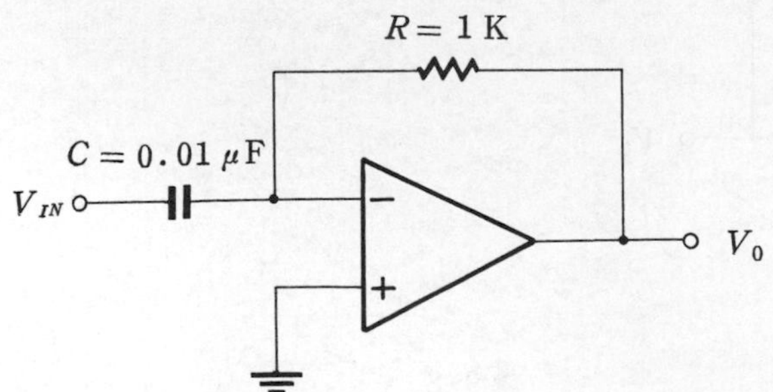

圖 9-10

(1) 如圖9-10連接綫路。

(2) 置輸入訊號V_{IN}之頻率爲100 Hz，振幅爲2 V峯值，以示波器DC檔觀測其輸入及輸出波形，並繪其波形於表9-4中。

(3) 繪出理論之波形，並與測試波形相比較。

(4) 改變輸入頻率如表9-4所示，重覆(2)、(3)之步驟，並繪其波形於表9-4中。

(5) 改變輸入峯值電壓如表9-4所示，重覆(2)～(4)之步驟，並繪其波形於表9-4中。

(6) 若C改用0.001 μF，R維持不變，重覆(2)～(5)之步驟，並繪其波形於表9-5中。

(7) 若R改用10K，C改用0.1 μF，重覆(2)～(5)之步驟，並繪其波形於表9-6中。

四、實驗結果

表9-1

輸入峯值電壓	頻率 / 波形	100Hz	200Hz	500Hz	1KHz	2KHz	5KHz	10KHz
1 V	輸入							
	輸出(測試值)							
	輸出(理論值)							
2 V	輸入							
	輸出(測試值)							
	輸出(理論值)							
3 V	輸入							
	輸出(測試值)							
	輸出(理論值)							

表9-2

輸入峯值電壓	頻率／波形	100Hz	200Hz	1KHz	2KHz	5KHz	10KHz	50KHz
1 V	輸　　入							
	輸出(測試值)							
	輸出(理論值)							
2 V	輸　　入							
	輸出(測試值)							
	輸出(理論值)							
3 V	輸　　入							
	輸出(測試值)							
	輸出(理論值)							

表9-3

輸入峯值電壓	頻率／波形	100Hz	500Hz	1KHz	5KHz	10KHz	50KHz	100KHz
1 V	輸　　入							
	輸出(測試值)							
	輸出(理論值)							
2 V	輸　　入							
	輸出(測試值)							
	輸出(理論值)							
3 V	輸　　入							
	輸出(測試值)							
	輸出(理論值)							

表 9-4

輸入峯值電壓	頻率 / 波形	100Hz	500Hz	1KHz	5KHz	10KHz	50KHz	100KHz
2 V	輸　　入							
	輸出(測試值)							
	輸出(理論值)							
4 V	輸　　入							
	輸出(測試值)							
	輸出(理論值)							
5 V	輸　　入							
	輸出(測試值)							
	輸出(理論值)							

表 9-5

輸入峯值電壓	頻率 / 波形	100Hz	1KHz	5KHz	10KHz	50KHz	100KHz	500KHz
2 V	輸　　入							
	輸出(測試值)							
	輸出(理論值)							
4 V	輸　　入							
	輸出(測試值)							
	輸出(理論值)							
5 V	輸　　入							
	輸出(測試值)							
	輸出(理論值)							

表9-6

輸入峯值電壓	頻率 / 波形	100Hz	200Hz	500Hz	1KHz	2KHz	5KHz	10KHz
2 V	輸　入							
	輸出(測試值)							
	輸出(理論值)							
4 V	輸　入							
	輸出(測試值)							
	輸出(理論值)							
5 V	輸　入							
	輸出(測試值)							
	輸出(理論值)							

五、問題討論

(1) 輸入頻率的大小，能否影響微分器之輸出波形，試分析其理由。

(2) 輸入訊號爲方波之微分電路，在RC時間常數很大的情況下，其輸出的波形將爲何種波形？

(3) 微分器是否會像積分器一樣，在沒輸入訊號時，輸出爲飽和電壓？

(4) 輸入爲直流電壓之微分器，其輸出波形爲何？

(5) 微分器之輸入若爲一三角波，則其輸出將爲何種波形？試分析其理由。

(6) 將一脈衝送至微分器之輸入端，則其輸出波形將爲何種波形，試分析其理由。

10

比較器

一、實驗目的

(1) 瞭解比較器的基本原理。

(2) 探討比較器在電路上的應用。

(3) 比較放大電路與比較電路的異同。

二、實驗原理

在前面所討論的放大電路中（包括積分器與微分器），其輸出端必須經過回授零件，接至OP Amp的"－"輸入端，而構成一放大電路。假使有一電路如圖 10 - 1所示

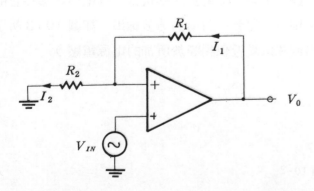

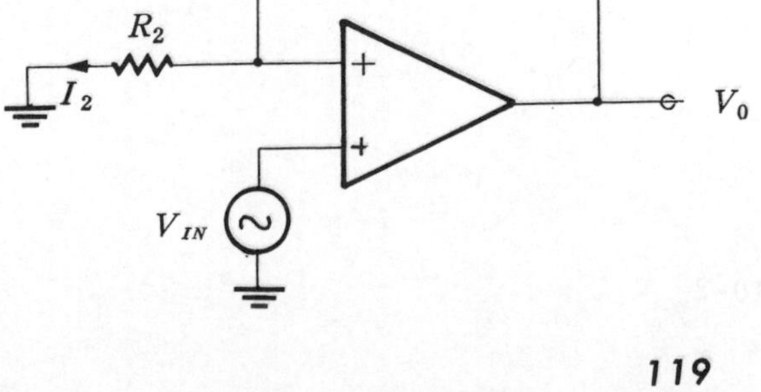

圖 10-1

，輸入訊號V_{IN}由“－”輸入端輸入，而輸出經由 R_1 電阻回授至“＋”輸入端，因“＋”、“－”端之電壓差爲零，故在“＋”端之電壓亦爲V_{IN}，而

$$I_2=\frac{V_{IN}}{R_2}$$

$$I_1=\frac{V_0-V_{IN}}{R_1}$$

由於 $I_1=I_2$

故可得 $\frac{V_{IN}}{R_2}=\frac{V_0-V_{IN}}{R_1}$

$$V_0=V_{IN}\left(1+\frac{R_1}{R_2}\right) \tag{1}$$

由(1)式，可知輸出訊號與輸入訊號同相，且具有放大作用，而在前面介紹OP Amp的特性時，提到若訊號從“－”輸入端輸入，其輸出訊號應該反相，因此對於圖10-1電路之分析，以上的討論是錯誤的，(1)式亦不能成立。故我們可以瞭解到，電路之輸出若有回授電阻回授至“＋”輸入端，則無法構成放大作用。圖10-1之電路留待下一個實驗再詳細討論整個電路之工作情形，此時，首先討論最基本的比較電路。

對於輸出沒有回授零件的電路來說，此種電路也無法構成放大作用，此時必須以另一種觀念來討論。圖10-2爲一基本的比較器，“＋”輸入端接地，由於OP Amp本身具有無限大的開環路增益A，當V_{IN}電壓比零電位高時，輸出電壓V_0爲

$$V_0=-A\cdot V_{IN}=-\infty \tag{2}$$

其中V_{IN}電壓爲大於零之任何值，但是不能太大，否則會將輸入端之電晶體燒燬。由(2)式知，輸出電壓爲負無限大，但是OP Amp本身所加的電源有一定的限制，因此輸出電壓將爲負的飽和電壓(比電源電壓小些)，若V_{IN}電壓比零伏低，則輸出電壓爲正的飽和電壓。假使輸入爲一正弦波訊號，則可以得到一對稱的方波輸出，如圖10-3所示。(圖中，可以假設OP Amp的輸出飽和電壓近似相等於所加的電源電壓)

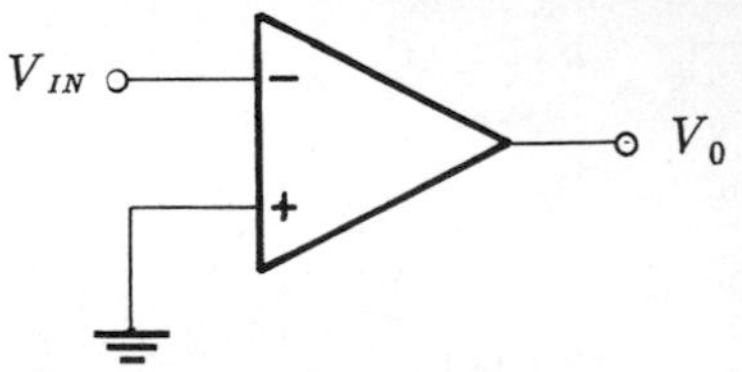

圖10-2

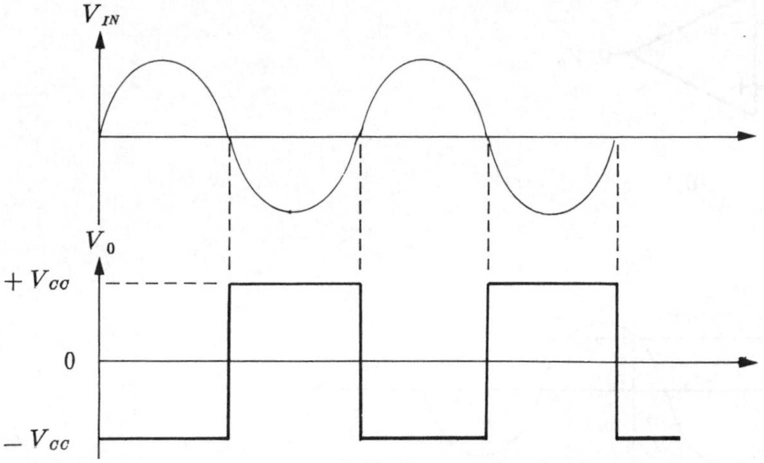

圖 10-3

若"－"輸入端接地，而輸入訊號由"＋"輸入端加入，如圖 10-4 (a)所示，則輸出電壓與前面所討論的極性正好相反，當輸入電壓超過零伏時，輸出端可得到正的飽和電壓，如圖 10-4 (b)所示。

圖10-5(a)所示的比較器，"＋"輸入端接一直流電壓 V_1，則"－"輸入端之輸入電壓必須大於 V_1，輸出才能得到負的飽和電壓；反之，若小於 V_1，則輸出爲正的飽和電壓，如圖 10 - 5 (b)所示。

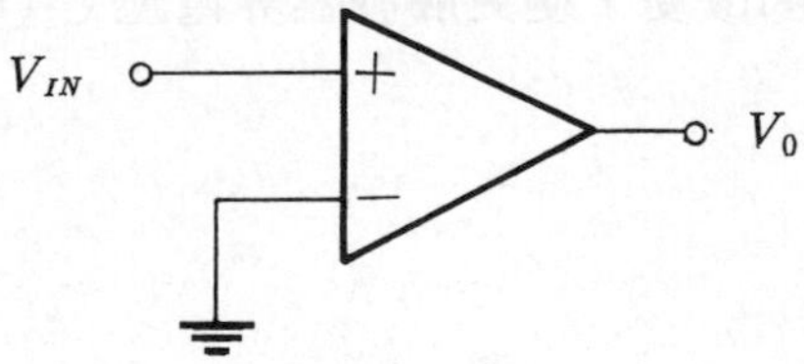

(a)

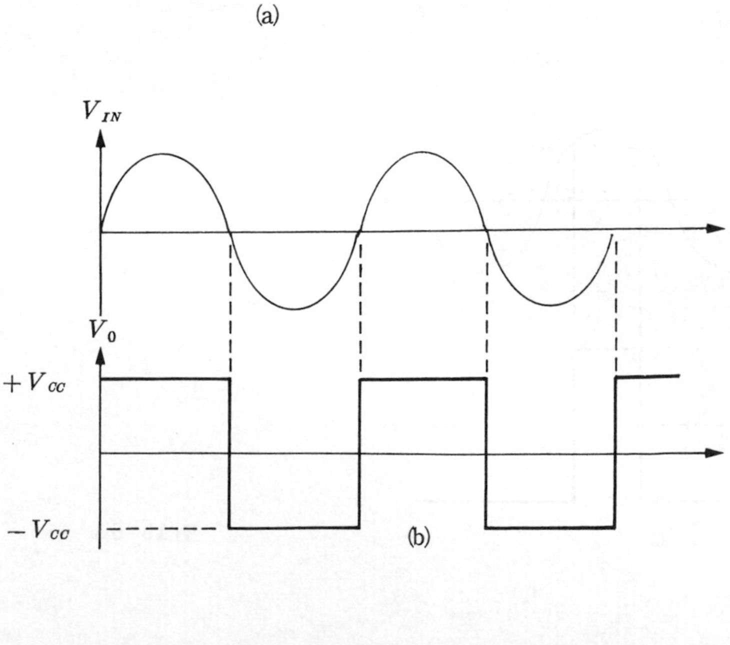

(b)

圖 10-4

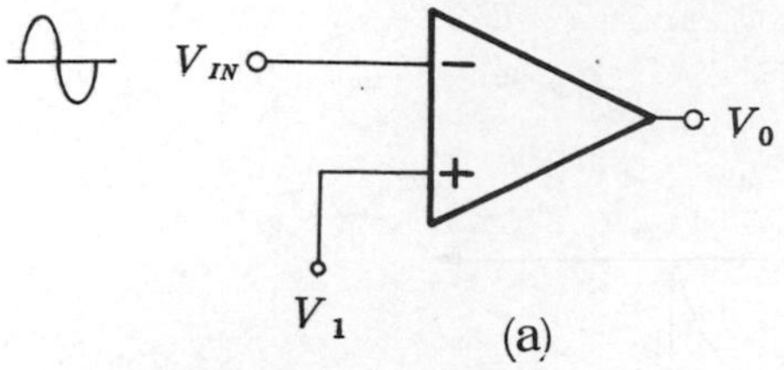

(a)

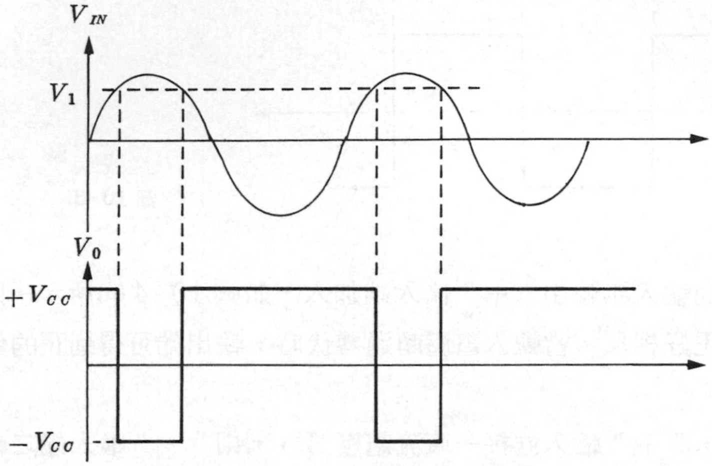

(b)

圖 10-5

假使 V_1 電壓改接" － "輸入端，V_{IN} 接於" ＋ "輸入端，如圖 10-6 (a)所示，則可以得到一相反的輸出波形，如圖 10-6 (b)所示。

圖 10-7 為另一種比較器，它可以利用電阻的改變，變更觸發臨界電壓(thres-

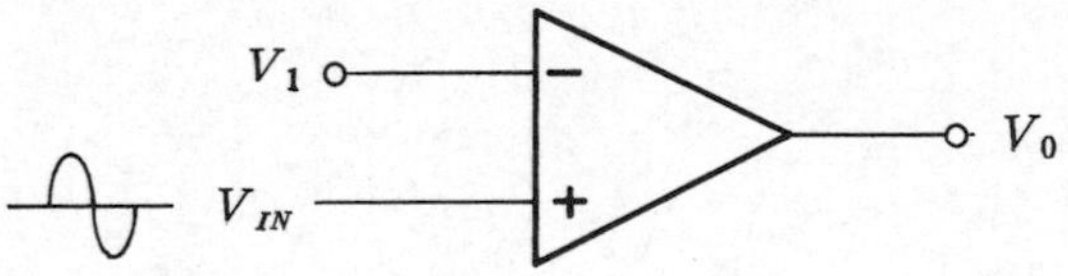

(a)

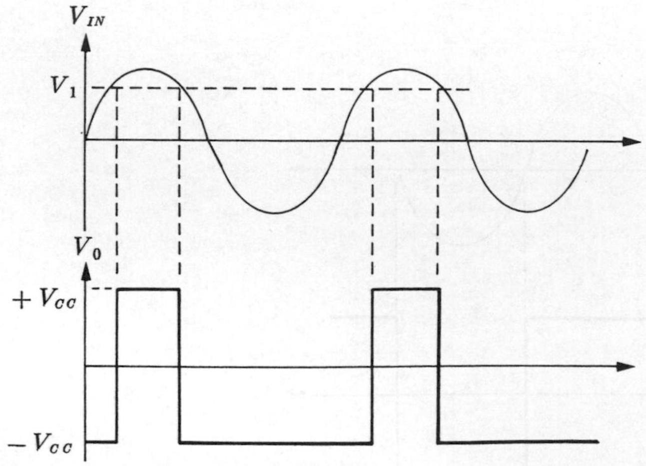

(b)

圖 10-6

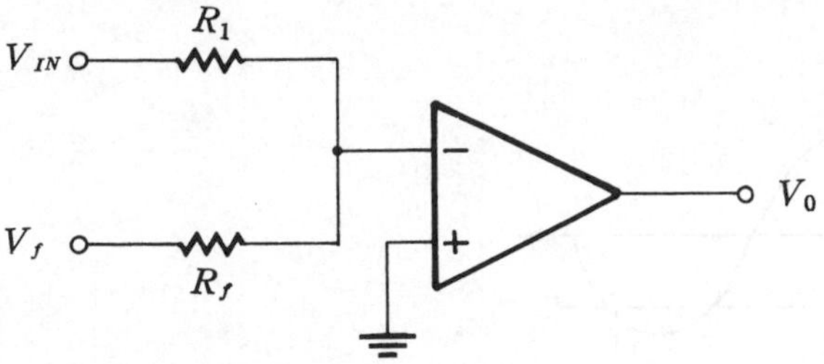

圖10-7

hold level ）。圖中"＋"輸入端接地，因此"－"輸入端的電壓只要大於或小於零電位，就能使輸出爲負飽和或正飽和，而"－"輸入端的電壓爲輸入電壓V_{IN}與參考電壓V_f 之合成電壓，根據重疊原理，可知

$$V_{(-)} = V_{IN}\frac{R_f}{R_1+R_f} + V_f\frac{R_1}{R_1+R_f}$$

$$= \frac{V_{IN}R_f + V_f R_1}{R_1+R_f} \tag{3}$$

欲使輸出爲正或負飽和電壓，則必須使$V_{(-)}$ 電壓小於或大於零電位，因此可以假設$V_{(-)}$ 爲 0 V，則(3)式爲

$$\frac{V_{IN}R_f + V_f R_1}{R_1+R_f} = 0 \tag{4}$$

因爲$R_1 + R_f \neq 0$ ，故(4)式可改寫爲

$$V_{IN}R_f + V_f R_1 = 0$$

因此圖 10-7 之輸入訊號的臨界電壓（可使輸出爲正或負飽和電壓之輸入電壓轉換點）爲

$$V_{IN} = -\frac{R_1}{R_f}\cdot V_f \tag{5}$$

假使$R_1 = 5$ K，$R_f = 1$ K，$V_f = +1$ V，則$V_{IN} = -5$ V，亦即當輸入電壓大於－5 V時，"－"輸入端之電壓大於零電位，當輸入電壓小於－5 V時，"－"輸入端之電壓小於零電位，因此可以得到圖 10-8 所示之輸入、輸出波形的相對位置圖。(5)式中，R_1 及R_f的改變，會影響到輸入的臨界電壓，因此我們不需要太大或特殊值的參考電壓V_f ，即可得到所需要的輸入轉換電壓點。

假使圖 10-7 之"＋"輸入端不接地電位，而改接一參考電壓 V_1，則輸入訊號的

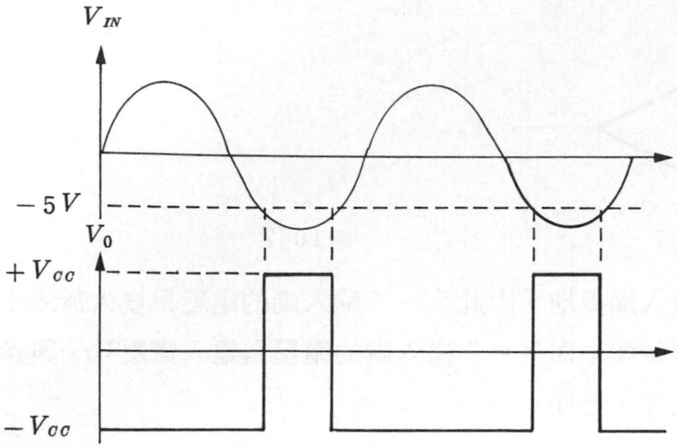

圖10-8

臨界電壓將變為

$$V_{IN}=-\frac{R_1}{R_f}V_f+\frac{R_1+R_f}{R_f}V_1 \tag{6}$$

在 V_1 為＋2 V的情況下，V_{IN}＝＋7 V，此臨界電壓與 V_1＝0 的臨界電壓（＝－5 V）有很大的差別，讀者應特別注意。

比較器的輸出電壓一般均在正、負飽和電壓擺動，假使希望限制輸出電壓在正電壓與零電位擺動，則可如圖 10-9 所示，在輸出端與"－"輸入端接一二極體，此電路輸入電壓的工作情況與圖 10-7 所分析的一樣；但是在輸出方面，由於二極體的存在，當輸出為負飽和時，"－"輸入端大於零電位，故二極體導通而有一極小之電阻值，電路可以看成一倒相放大電路，且增益很小（除非 R_1 及 R_f 兩電阻亦很小），故圖 10-9 之比較器，在 R_1 及 R_f 為較高之電阻時，輸出之負飽和電壓被限制在零電位附近；當輸出為正飽和時，"－"輸入端小於零電位，故二極體截止，輸出維持在正飽和電壓不變，因此可以得到圖 10-10 所示輸入、輸出波形之相對位置圖。圖 10-9 之電路，若二極體為理想，則負飽和電壓被限制於 0 V 左右，否則將有一微小的負電壓存在。假使圖 10-9 之二極體極性接反，則輸出端之正飽和電壓將被限制在 0 V 左右。

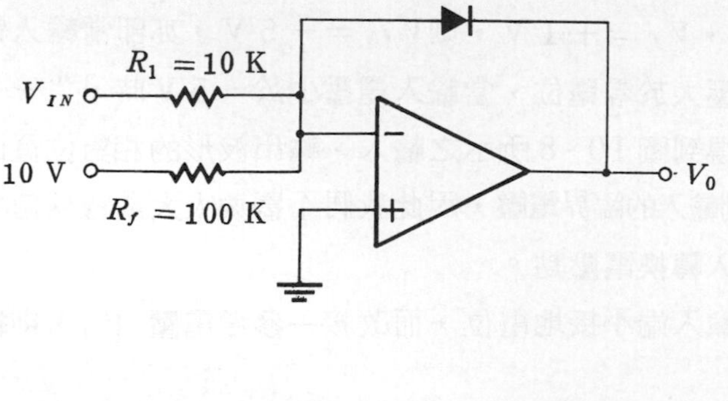

圖10-9

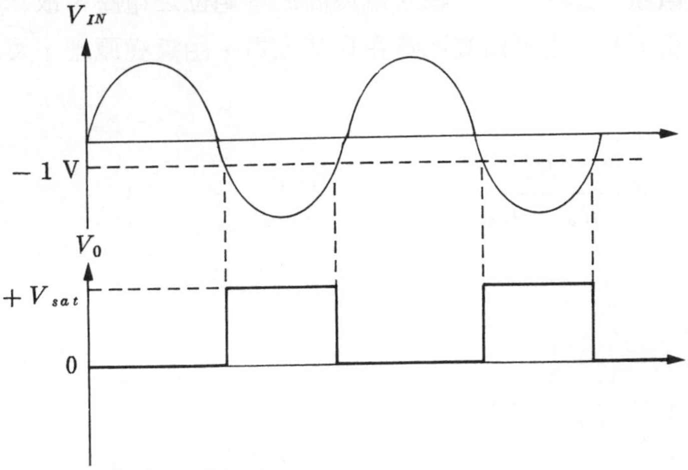

圖 10-10

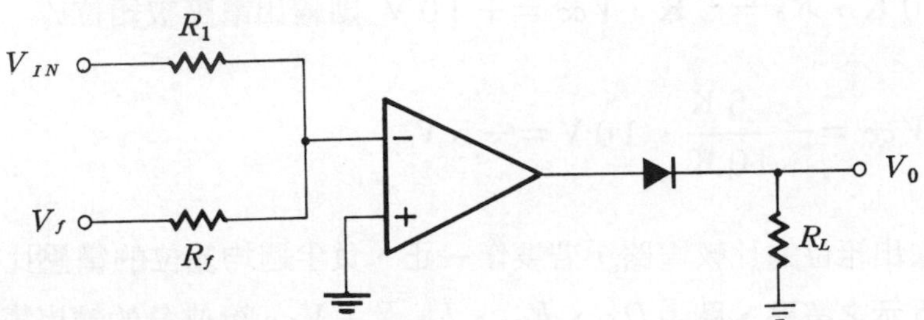

圖10-11

圖 10-9 之電路也可改用圖 10-11 之電路，二極體接在輸出端，阻止負飽和電壓通過，因此在 V_0 上只能得到正飽和電壓與零電位，若 R_L 值太大，將會有負電壓存在。

若欲使比較器的輸出電壓箝位（ clamping ）至某一電壓值而不達到OP　Amp的飽和電壓，我們可接成圖 10-12 所示之比較電路，在圖中，當輸出電壓爲正飽和電壓時，V_2 電壓亦爲正值，此時“ − ”輸入端爲低於零電位之電壓，故二極體不導通，因此二極體對輸出電壓不發生箝位的作用。當輸出電壓變爲負飽和電壓時，選擇 R_b 小於

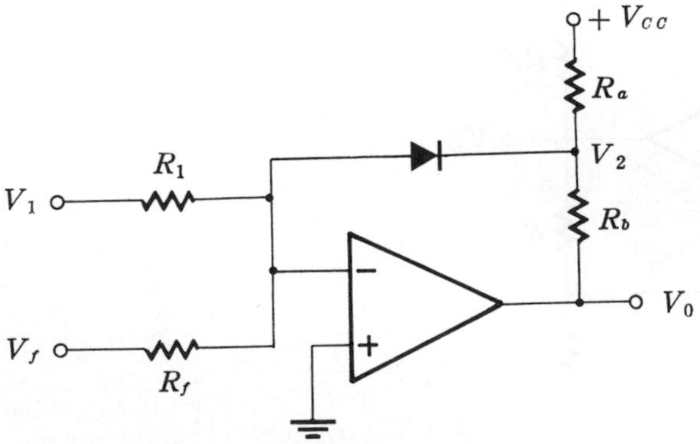

圖10-12

R_a ，則 V_2 電壓將為一負值電壓，此時“－”輸入端為高於零電位之電壓，故二極體導通，如同圖 10-9 電路之分析，V_2 電壓將被限制在 0 V 左右，由重疊原理，可以求得 V_2 與 V_{CC} 及 V_0 之關係為

$$V_2 = V_{CC}\frac{R_b}{R_a+R_b} + V_0\frac{R_a}{R_a+R_b} \tag{7}$$

因 $V_2 \cong 0$ ，故

$$V_0 = -\frac{R_b}{R_a}V_{CC} \tag{8}$$

由(8)式可知，輸出電壓不是負飽和電壓，而被箝位至一負值電壓，此電壓由 R_a 及 R_b 兩電阻值決定，若 $R_a = 10\text{ K}$ ，$R_b = 5\text{ K}$ ，$V_{CC} = +10\text{ V}$ 則輸出電壓被箝位於

$$V_0 = -\frac{R_b}{R_a}\cdot V_{CC} = -\frac{5\text{ K}}{10\text{ K}}\cdot 10\text{ V} = -5\text{ V}$$

圖 10-12 為單方向輸出箝位的比較電路，若要作一正、負半週均箝位的電壓比較電路，則可接成圖 10-13 所示之電路，圖中 D_1 、R_a 、R_b 及 $+V_{CC}$ 箝位負的輸出電壓，而 D_2 、R_c 、R_d 及 $-V_{CC}$ 箝位正的輸出電壓。若 $R_a = 10\text{ K}$ ，$R_b = 5\text{ K}$ ，$R_c = 2\text{ K}$ ，$R_d = 10\text{ K}$ ，$R_1 = 4\text{ K}$ ，$R_f = 1\text{ K}$ ，$V_f = +1\text{ V}$ ，而 V_{CC} 為± 10 V ，此時若有一5 V 峯值電壓之正弦波加至輸入端，則可得到圖 10-14 所示，輸入、輸出波形之相對位置圖。

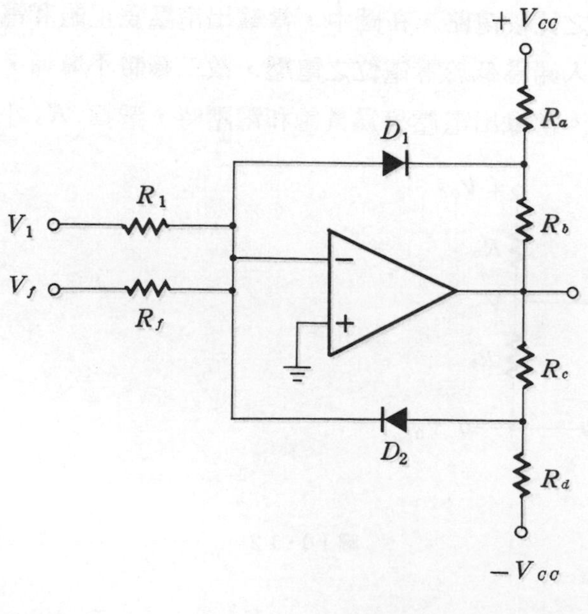

圖 10-13

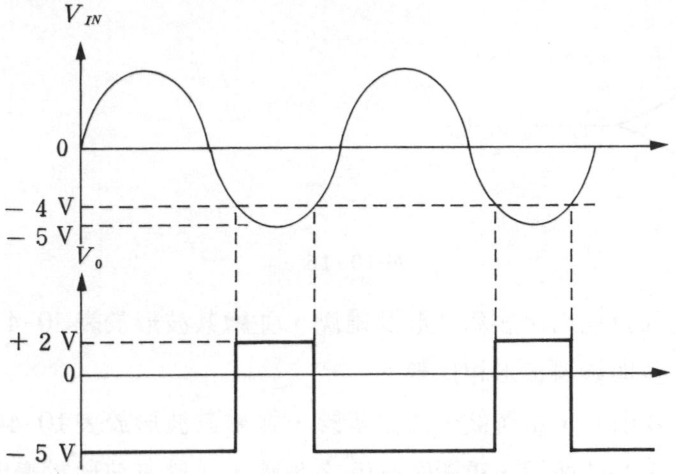

圖 10-14

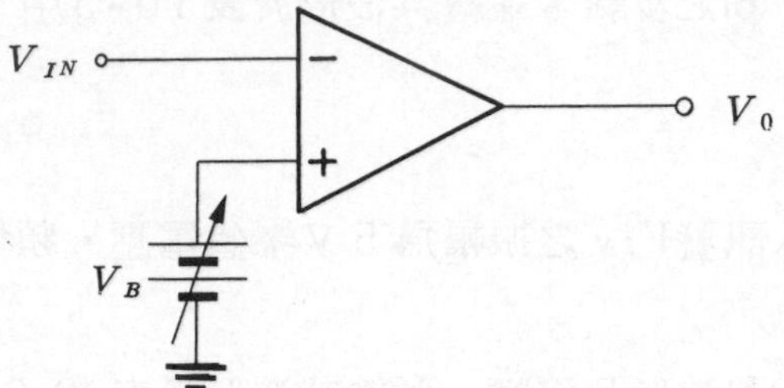

圖 10-15

三、實驗步驟

1. 基本比較器之測試：

   (1) 如圖 10-15 連接綫路。

   (2) 調整 V_B 直流電壓爲零伏，輸入訊號 V_{IN} 之振幅爲 5 V 峯值電壓，頻率爲 100 Hz。

   (3) 以示波器 DC 檔觀測輸入及輸出之相對波形及電壓，並繪其波形於表 10-1中。

   (4) 繪出理論之輸出波形，並與觀測波形相比較。

   (5) 改變輸入頻率如表 10-1 所示，重覆(2)～(4)之步驟，並繪其波形於表 10-1 中。

   (6) 改變 V_B 電壓如表 10-1 所示，重覆(2)～(5)之步驟，並繪其波形於表 10-1 中。

   (7) 若 V_B 改接“－”輸入端，V_{IN} 輸入訊號改接“＋”輸入端，重覆(2)～(6)之步驟，並繪其波形於表 10-2 中。

   (8) 改用其他型號之OP Amp，重覆(1)～(6)之步驟，並繪其波形於表 10-3 中。

2. 電阻調整之比較器測試：

   (1) 如圖 10-16 連接綫路。

   (2) 調整 V_B 直流電壓爲零伏，輸入訊號 V_{IN} 之振幅爲 5 V 峯値電壓，頻率爲 100 Hz，V_f 參考電壓爲＋V_{CC} 電壓。

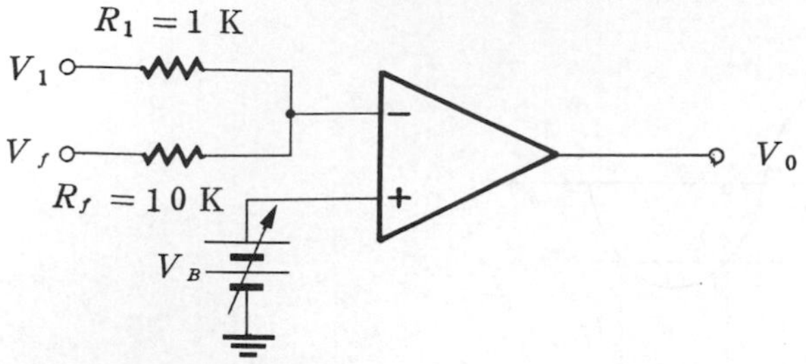

圖 10-16

(3) 以示波器 DC 檔觀測輸入及輸出之相對波形及電壓，並繪其波形於表 10-4 中。

(4) 繪出理論之輸出波形，並與觀測波形相比較。

(5) 改變 V_B 電壓如表 10-4 所示，重覆(2)～(4)之步驟，並繪其波形於表 10-4中。

(6) 改變 R_1 及 R_f 電阻如表 10-4 所示，重覆(2)～(5)之步驟，並繪其波形於表 10-4 中。

(7) 若將 V_f 電壓改接 $-V_{CC}$ ，重覆(2)～(6)之步驟，並繪其波形於表 10-5 中。

3. 單方向輸出箝位之比較器測試：

(1) 如圖 10-17 連接線路。

(2) 置 V_f 參考電壓為 $+V_{CC}$ 電壓，輸入訊號 V_{IN} 之振幅為 5 V峯值電壓，頻率為 1 KHz。

(3) 以示波器 DC 檔觀測輸入及輸出之相對波形及電壓，並繪其波形於表 10-6 中。

(4) 繪出理論之輸出波形，並與觀測波形相比較。

(5) 改變 R_a 及 R_b 電阻如表 10-6 所示，重覆(2)～(4)之步驟，並繪其波形於表 10-6 中。

(6) 改變 R_1 及 R_f 電阻如表 10-6 所示，重覆(2)～(5)之步驟，並繪其波形於表 10-6 中。

(7) 將圖 10-17 電路之二極體反接，$+V_{CC}$ 改為 $-V_{CC}$ ，重覆(1)～(6)之步驟，並繪其波形於表 10-7 中。

4. 雙方向輸出箝位之比較器測試：

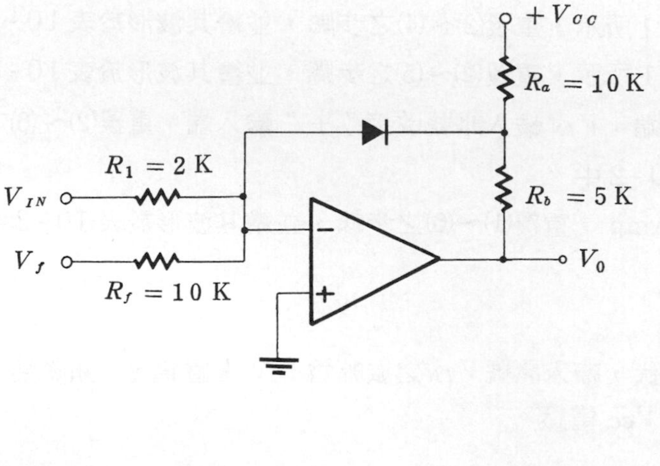

圖 10-17

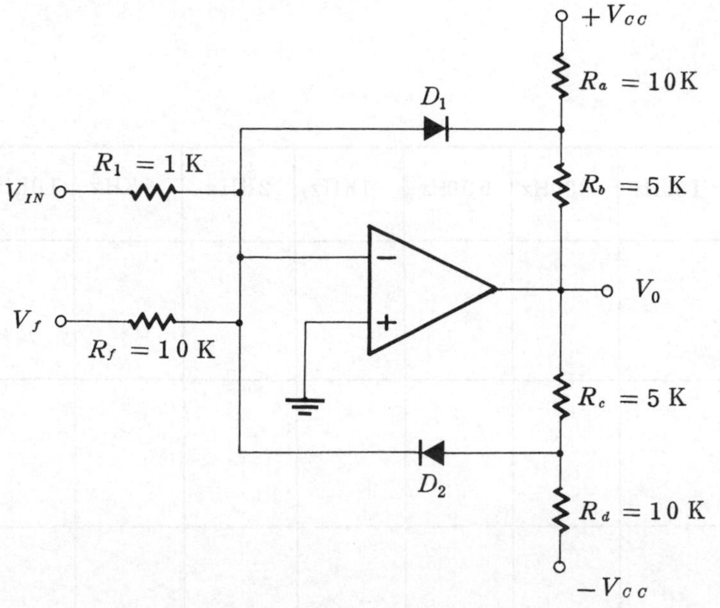

圖10-18

(1)　如圖10-18連接線路。

(2)　置　V_f參考電壓爲$+V_{CC}$電壓，輸入訊號V_{IN}之振幅爲5 V峯值電壓，頻率爲1 K Hz。

(3)　以示波器DC檔觀測輸入及輸出之相對波形及電壓，並繪其波形於表10-8之中。

(4)　繪出理論之輸出波形，並與觀測波形相比較。

(5)　改變R_a、R_b、R_c及R_d電阻如表10-8所示，重覆(2)～(4)之步驟，並繪其波形於表10-8中。

(6)　改變R_1及R_f電阻如表10-8所示，重覆(2)～(5)之步驟，並繪其波形於表10-8中。

四、實驗結果

表10-1

V_B 值	波形 \ 頻率	100Hz	200Hz	500Hz	1KHz	2KHz	5KHz	10KHz
0 V	輸　入							
	輸出(測試值)							
	輸出(理論值)							
+1 V	輸　入							
	輸出(測試值)							
	輸出(理論值)							
+3 V	輸　入							
	輸出(測試值)							
	輸出(理論值)							

表10-2

V_B 值	頻率 / 波形	100Hz	200Hz	500Hz	1KHz	2KHz	5KHz	10KHz
0 V	輸　入							
	輸出（測試值）							
	輸出（理論值）							
＋1 V	輸　入							
	輸出（測試值）							
	輸出（理論值）							
＋3 V	輸　入							
	輸出（測試值）							
	輸出（理論值）							

表10-3

V_B 值	頻率 / 波形	100 Hz	200Hz	500Hz	1KHz	2KHz	5KHz	10KHz
0 V	輸　入							
	輸出(測試值)							
	輸出(理論值)							
＋1 V	輸　入							
	輸出(測試值)							
	輸出(理論值)							
＋3 V	輸　入							
	輸出(測試值)							
	輸出(理論值)							

表10-4

R_1	R_f	V_B 值 / 波形	0 V	+1 V	+2 V	−1 V	−2 V	+10 V
1 K	10 K	輸　入						
		輸出(測試值)						
		輸出(理論值)						
2 K	10 K	輸　入						
		輸出(測試值)						
		輸出(理論值)						
1 K	5 K	輸　入						
		輸出(測試值)						
		輸出(理論值)						
10 K	10 K	輸　入						
		輸出(測試值)						
		輸出(理論值)						

表 10-5

R_1	R_f	V_B 值 / 波形	0 V	+1 V	+2 V	−1 V	−2 V	−10 V
1 K	10 K	輸入						
		輸出(測試值)						
		輸出(理論值)						
2 K	10 K	輸入						
		輸出(測試值)						
		輸出(理論值)						
1 K	5 K	輸入						
		輸出(測試值)						
		輸出(理論值)						
10 K	10 K	輸入						
		輸出(測試值)						
		輸出(理論值)						

表10-6

R_1	R_f	R_a / R_b / 波形	10 K / 5 K	10 K / 2 K	10 K / 1 K	5 K / 1 K	2 K / 1 K	1 K / 1 K
2 K	10 K	輸　入						
		輸出（測試值）						
		輸出（理論值）						
2 K	5 K	輸　入						
		輸出（測試值）						
		輸出（理論值）						
5 K	2 K	輸　入						
		輸出（測試值）						
		輸出（理論值）						

表10-7

R_1	R_f	波形 \ R_a / R_b	10 K / 5 K	10 K / 2 K	10 K / 1 K	5 K / 1 K	2 K / 1 K	1 K / 1 K
2 K	10 K	輸入						
		輸出(測試值)						
		輸出(理論值)						
2 K	5 K	輸入						
		輸出(測試值)						
		輸出(理論值)						
5 K	2 K	輸入						
		輸出(測試值)						
		輸出(理論值)						

表10-8

R_1	R_f	波形						
		R_a	10K	10K	10K	5K	3K	5K
		R_b	5K	1K	1K	2K	2K	1K
		R_c	5K	5K	1K	2K	3K	2K
		R_d	10K	10K	10K	3K	5K	5K
2K	10K	輸入						
		輸出(測試值)						
		輸出(理論值)						
1K	5K	輸入						
		輸出(測試值)						
		輸出(理論值)						
5K	5K	輸入						
		輸出(測試值)						
		輸出(理論值)						

五、問題討論

(1) 敍述比較器與放大器之不同點？

(2) 比較器的輸入訊號之頻率若很高，則對輸出波形有何影響？應如何改善。

(3) 假使在單向或雙向輸出箝位的比較電路中，所外加的直流電壓比OP Amp 本身的電源電壓要低，試問其對輸出有何影響？

(4) 在圖 10-7 之比較電路中，若 V_f 為直流電壓，V_{IN} 為正弦波訊號，則"－"輸入端之波形為何？若此波形之電壓均大於零，則輸出之電壓為正或負值？

(5) 設計一比較電路，其輸出波形如下所示。(輸入訊號為 6 V 峯值電壓)

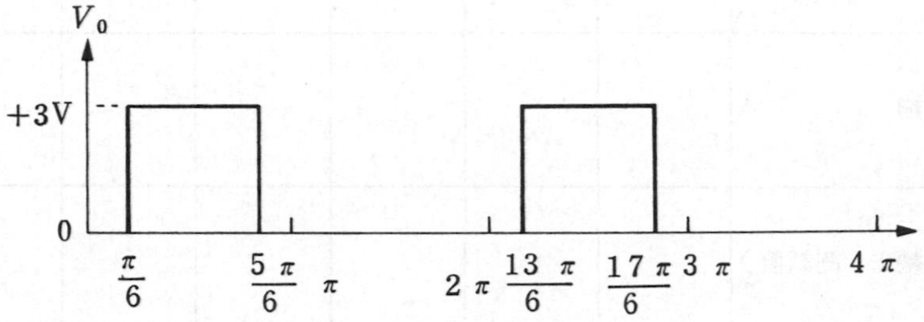

(6) 在單向或雙向輸出箝位的比較電路中，若 R_b 電阻大於 R_a 電阻，則對輸出波形有何影響？

(7) 繪出下圖比較電路的輸入及輸出波形相對位置圖。

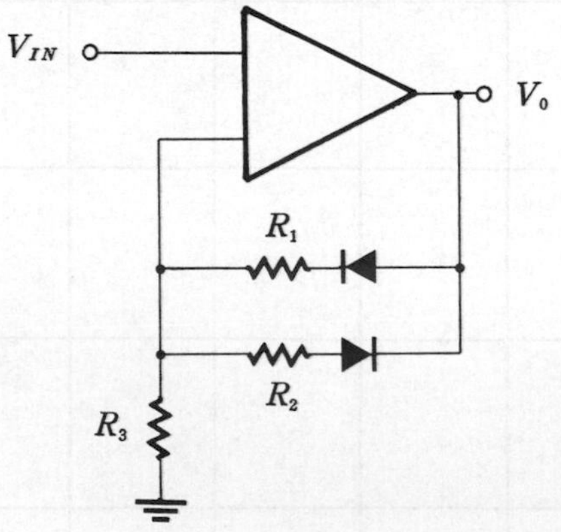

11

史密特觸發電路

一、實驗目的

(1) 瞭解史密特觸發電路的原理。

(2) 探討史密特觸發電路與比較電路之異同。

(3) 瞭解史密特觸發電路之應用。

二、實驗原理

前面所討論的比較器，皆以直流電壓為參考電壓源，當輸入訊號超過或低於臨界電壓，就會使OP Amp的輸出得到正或負的飽和電壓，而史密特觸發（Schmitt trigger）電路，利用輸出電壓的正回授，提供一適當的臨界電壓。圖11-1所示為基本的史密特觸發電路，在圖10-1時，已分析過此電路並非是放大電路，R_1 及 R_2 電阻提提供"＋"輸入端之回授電壓，其工作情況與圖10-5所示之電路類似，當輸入訊號超過或低於"＋"輸入端之電壓時，將會使輸出成為負或正飽和電壓，現分析其工作原理如下：

圖11-1之電路在沒有外來的輸入訊號時，由於"＋"、"－"兩輸入端之間有一微小的電壓存在，此微小電壓在開路增益無限大之情況下，將使輸出電壓為正或負飽和電壓，我們假設其為正飽和電壓（此電壓近似相等於正電源電壓），則經由 R_1 及 R_2

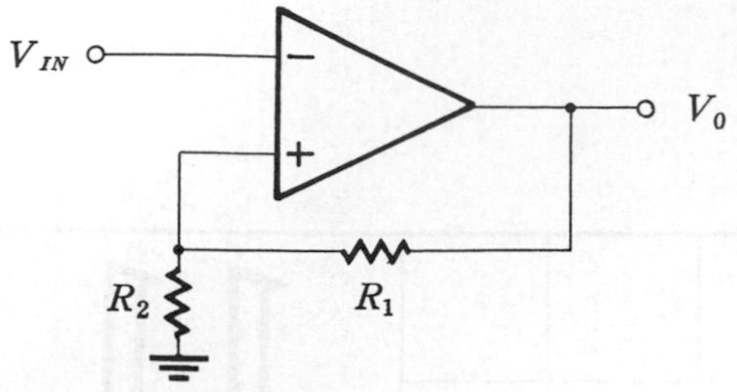

圖 11-1

的分壓，可以在"＋"輸入端得到V_1電壓爲

$$V_1 = +V_{CC}\frac{R_2}{R_1+R_2} \tag{1}$$

假使此時沒有外來任何輸入訊號，則由於 V_1 電壓的存在，將使輸出一直維持著正飽和電壓；此時若有任何雜訊經由"－"輸入端加入，也由於 V_1 電壓的存在，可以遏止較小雜訊電壓的干擾，因此在應用上，一般均取代基本的比較器，而使比較器之輸出避免產生不必要的波形。當輸入訊號加入，其電壓值若小於 V_1 電壓，則輸出仍保持正飽和電壓；若電壓大於V_1 電壓，則將使OP Amp的輸出電壓由正飽和轉變爲負飽和電壓，此負飽和電壓經R_1及R_2的分壓，將在"＋"輸入端得到V_2電壓爲

$$V_2 = -V_{CC}\frac{R_2}{R_1+R_2} \tag{2}$$

此時若輸入電壓還大於V_1及V_2，則輸出維持著負飽和電壓不變，直到輸入電壓小於V_2 時，OP Amp的輸出電壓將由負飽和轉變爲正飽和電壓，則"＋"輸入端之電壓又變爲 V_1，一連續性的輸入訊號，可以得到圖11-2所示之輸入及輸出波形的相關位置圖，圖中，輸入訊號若爲正弦波，則輸出將可得到一對稱的方波（正、負飽和電壓相

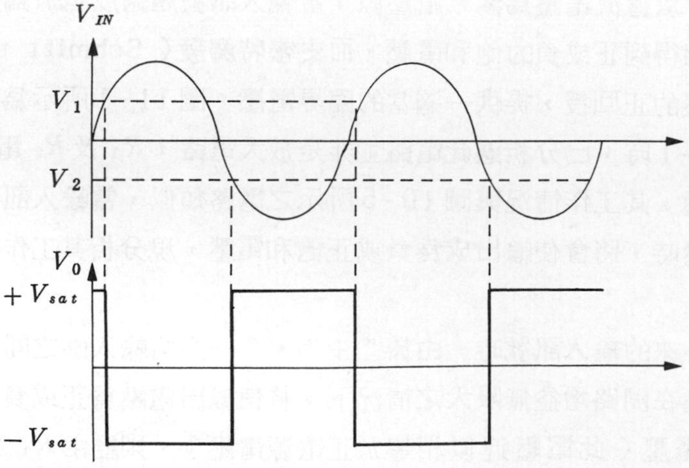

圖 11-2

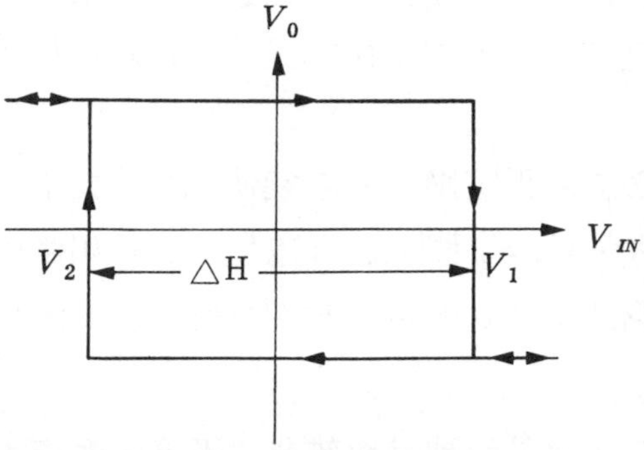

圖 11-3

等之情況下）。圖 11-1 電路之輸入、輸出電壓轉移函數可以圖 11-3 表示，注意圖中之箭頭代表一連續性輸入電壓所遵循之軌跡。

圖 11-3 之圖形與變壓器之 $B-H$ 曲綫很類似，在此我們定義磁滯式（ hysteresis ）電壓為：比較器兩個臨界電壓值之差的絕對值。因此圖 11-3 之磁滯式電壓 $\triangle H$ 為

$$\triangle H = | V_1 - V_2 | = | V_2 - V_1 |$$

在圖 11-1 中，若 $R_1 = 9\text{ K}$，$R_2 = 1\text{ K}$，$V_{CC} = \pm 10\text{ V}$，則電路之磁滯式電壓為 2 V。

假使我們接成圖 11-4 之電路，“ － ”輸入端接地，則“ ＋ ”輸入端之電壓必須大於或小於零電位，才能使輸出轉態，由於 OP　Amp 之 $I_{(+)}$ 電流為零，利用重疊原理，可以求出 $V_{(+)}$（“ ＋ ”輸入端之電壓）與 V_{IN} 及 V_0 之關係為

$$V_{(+)} = V_{IN}\frac{R_2}{R_1+R_2} + V_0\frac{R_1}{R_1+R_2} \tag{3}$$

欲求得輸入端之臨界電壓，可令(3)式為零，亦即 $V_{(+)} = 0$，則

$$0 = V_{IN}\frac{R_2}{R_1+R_2} + V_0\frac{R_1}{R_1+R_2}$$

$$\therefore \quad V_{IN} = -\frac{R_1}{R_2}V_0 \tag{4}$$

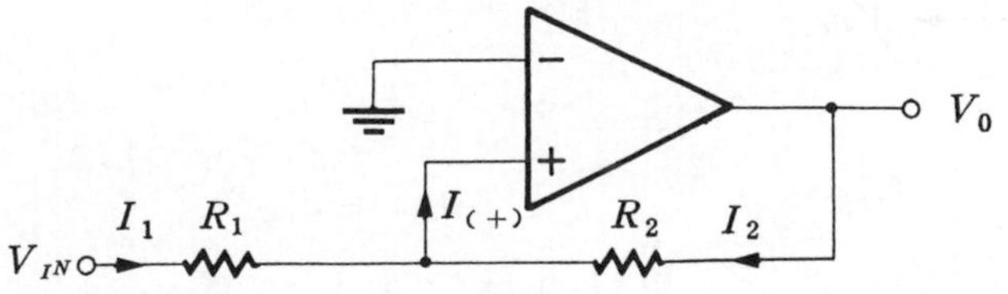

圖 11-4

(4)式中，V_0 可為正或負飽和電壓，V_0 若為正飽和，依(4)式，V_{IN}必須為負電壓 V_1 才能使$V_{(+)}$ 為零，若V_{IN}小於此負的臨界電壓值 V_1 ，則根據(3)式$V_{(+)}$ 將小於零電位，則輸出將由正飽和轉變為負飽和。

當V_0 為負飽和電壓時，依(4)式，V_{IN} 必須為正電壓 V_2 才能使$V_{(+)}$ 為零，若V_{IN} 大於此正的臨界電壓值 V_2 ，則根據(3)式，$V_{(+)}$ 將大於零電位，則輸出將由負飽和轉變為正飽和。依據以上之討論，可以得到圖 11-5 所示之輸入及輸出波形的相對位置圖，以及圖 11-6 之電壓轉移函數。

圖 11-4 之電路，在輸入訊號V_{IN} 為零時，容易受到其他雜訊之干擾，而產生不必要之輸出波形，因此可以像圖 11-1 之電路，在"＋"輸入端至地之間接一電阻如圖11-7 所示，此電阻應比R_1 及 R_2小很多，才不會影響到輸入臨界電壓點。圖 11-7 之電路與圖 11-5 之電路在工作原理上兩者很類似，必須"＋"輸入端之電壓大於或小於零電位時，才能讓輸出轉態，因此(4)式亦為圖 11-7 電路之臨界電壓點(此時$V_{(+)}$ 為零，R_3 電阻無電流流過，可以看似開路)，亦即

$$V_{IN}=-\frac{R_1}{R_2}V_0$$

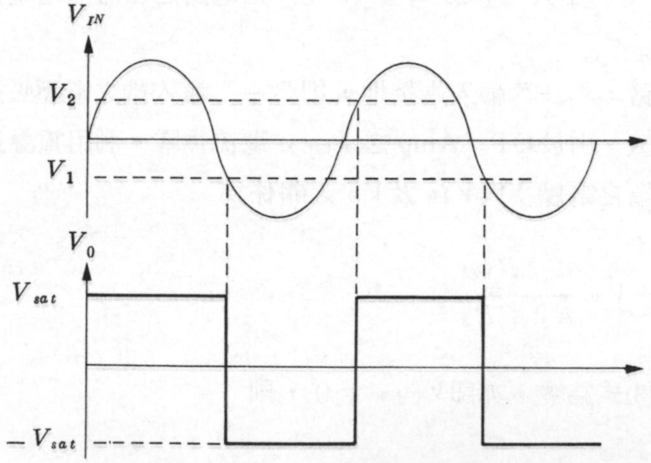

圖 11-5

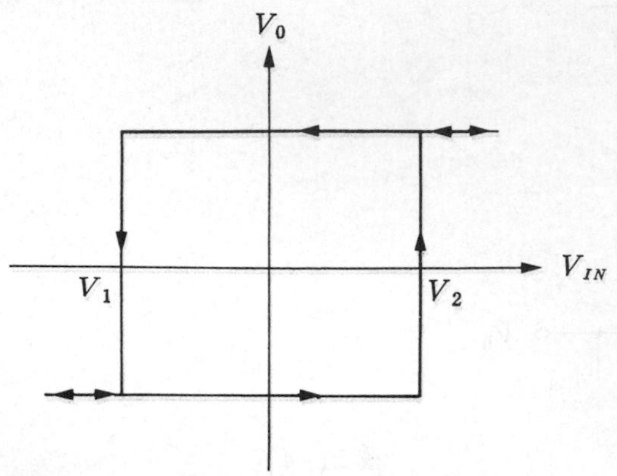

圖 11-6

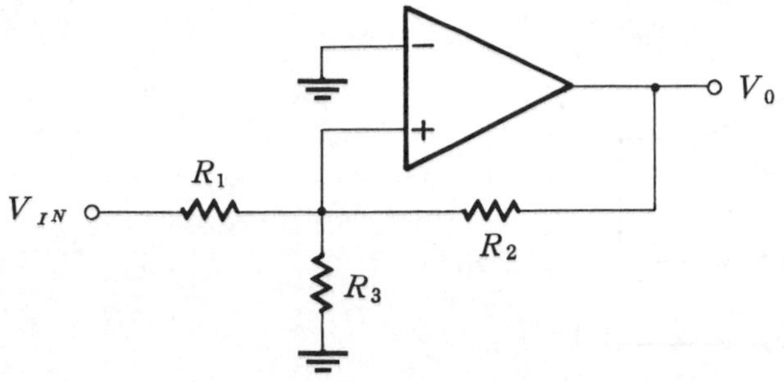

圖 11-7

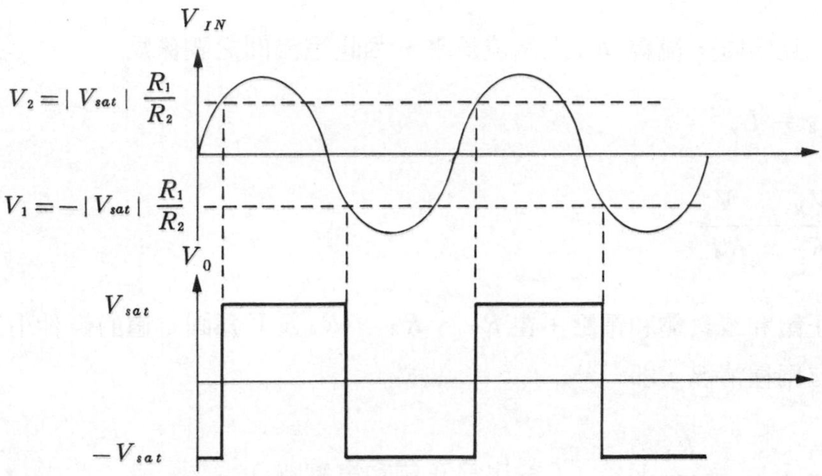

圖 11-8

圖 11-8 爲圖 11-7 之輸入、輸出波形相關位置圖。注意：其波形與圖 11-5 類似。

圖 11-7 中，若 $R_1 = 10\text{ K}$，$R_2 = 100\text{ K}$，$R_3 = 0.1\text{ K}$，$V_{CC} = \pm 10\text{ V}$，則依(4)式，可得

$$V_2 = V_{sat}\frac{R_1}{R_2} = V_{CC}\frac{R_1}{R_2} = 10\text{ V}\cdot\frac{10\text{ K}}{100\text{ K}} = 1\text{ V}$$

$$V_1 = -V_{sat}\frac{R_1}{R_2} = -10\cdot\frac{10\text{ K}}{100\text{ K}} = -1\text{ V}$$

因此其磁滯式電壓 $\triangle H$ 爲 2 V。

以上所討論之史密特觸發電路，其臨界電壓值均爲正、負對稱，假使需要任意兩個臨界電壓值，則可以接成圖 11-9 所示之電路，圖中多加一個電阻 R_4 及電壓源 V，由 R_4 及 V 可以任意控制比較電路之臨界電壓點，現分析如下：

由於“－”輸入端接地，因此“＋”輸入端之電壓必須大於或小於零電位，才能使

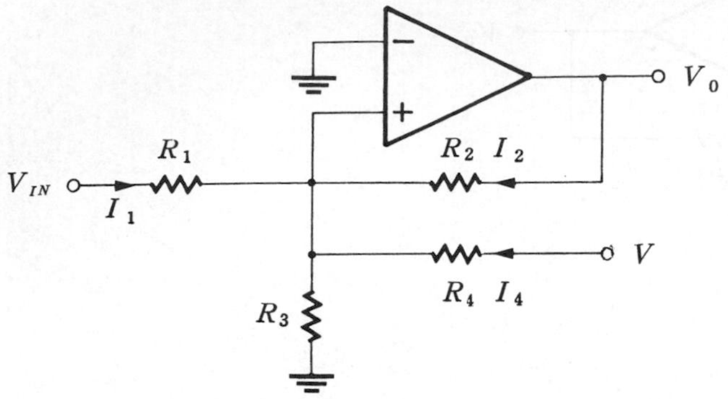

圖 11-9

輸出轉態，在$V_{(+)}$為零時，流經 R_3之電流為零，因此電流間之關係為

$$I_1 = -I_2 - I_4$$

$$\frac{V_{IN}}{R_1} = -\frac{V_0}{R_2} - \frac{V}{R_4}$$

輸出電壓V_0 可為正飽和或負飽和電壓，在R_1、R_2、R_4及V為固定值的條件下，輸入訊號的臨界電壓有兩種情況，即

$$V_1 = -\frac{R_1}{R_2}V_{sat} - \frac{R_1}{R_4}V \quad \text{（輸出為正飽和電壓時）} \tag{5}$$

$$V_2 = \frac{R_1}{R_2}V_{sat} - \frac{R_1}{R_4}V \quad \text{（輸出為負飽和電壓時）} \tag{6}$$

由(5)、(6)兩式可知，當輸出為正飽和電壓時，輸入訊號必須低於V_1電壓，才能使輸出由正飽和轉變為負飽和電壓；當輸出為負飽和電壓時，輸入訊號必須大於V_2電壓，才能使輸出由負飽和轉變為正飽和電壓。若選擇$R_1 = 10\,K$，$R_2 = 100\,K$，$R_3 = 0.1\,K$，$R_4 = 50\,K$，$V = +10\,V$，$V_{CC} = \pm 10\,V$，則

$$V_1 = -\frac{10\,K}{100\,K}\cdot 10\,V - \frac{10\,K}{50\,K}\cdot 10\,V = -3\,V$$

$$V_2 = -\frac{10\,K}{100\,K}\cdot(-10\,V) - \frac{10\,K}{50\,K}\cdot 10\,V = -1\,V$$

因此可以得到圖 11-10 所示的輸入及輸出波形之相關位置圖，以及圖 11-11 之電壓轉移函數，電路之磁滯式電壓為$|-1-(-3)| = 2\,V$。

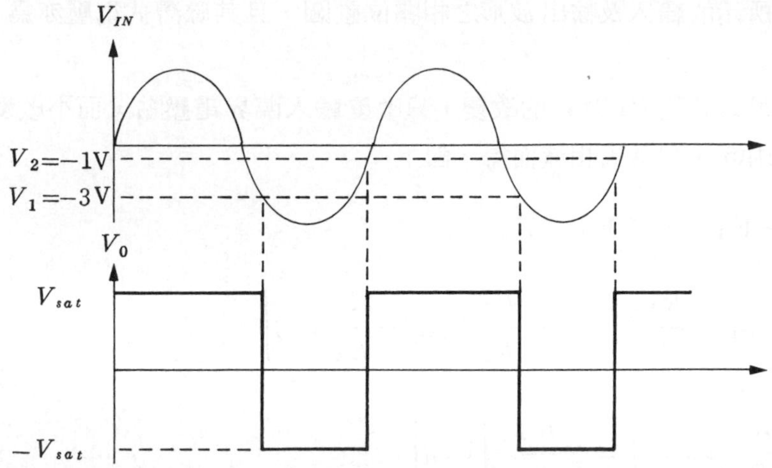

圖 11-10

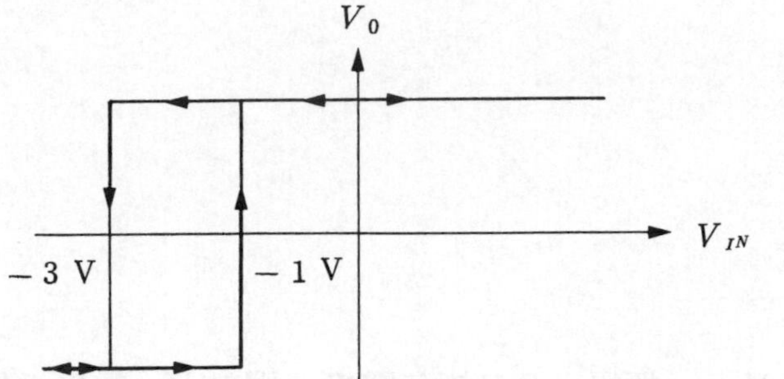

圖 11-11

若圖 11-9之零件，R_4 改用 100 K，V 改用－10 V，則

$$V_1=-\frac{10\,K}{100\,K}\cdot 10\,V-\frac{10\,K}{100\,K}\cdot(-10\,V)=0\,V$$

$$V_2=-\frac{10K}{100K}\cdot(-10\,V)-\frac{10\,K}{100\,K}\cdot(-10\,V)=+2\,V$$

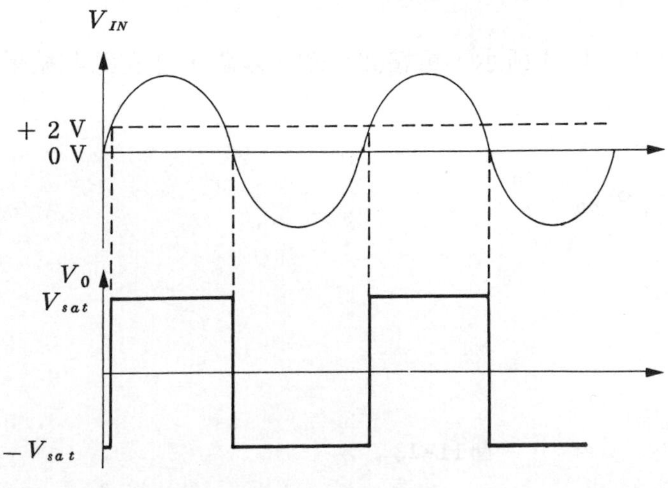

圖 11-12

因此亦可得到圖 11-12 所示的輸入及輸出波形之相關位置圖，且其磁滯式電壓亦為｜2－0｜＝2 V。

由以上兩個例子，可以發覺 R_4 及 V 的改變，只改變輸入臨界電壓點，而不改變磁滯式電壓，此觀點亦可由(5)、(6)兩式相減而得，即

$$\triangle H = |V_2 - V_1| = |V_1 - V_2|$$

$$= \left| \frac{R_1}{R_2} V_{sat} - \frac{R_1}{R_4} V - \left(-\frac{R_1}{R_2} V_{sat} - \frac{R_1}{R_4} V \right) \right|$$

$$= \left| 2 \cdot \frac{R_1}{R_2} V_{sat} \right| = 2\frac{R_1}{R_2} \left| V_{sat} \right| \tag{7}$$

(7)式中，$\triangle H$ 與 R_4 及 V 無關。

三、實驗步驟

1. 對稱的史密特觸發電路之測試：
   (1) 如圖 11-13 連接線路。
   (2) 置輸入訊號之頻率為 1 KHz，振幅為 5 V 峯值電壓，調整 V_B 電壓，使 V_B ＝0 V。
   (3) 以示波器 DC 檔同時觀測輸入、輸出波形之相對位置，並記錄輸入轉態電壓(即臨界電壓)於表 11-1 中。
   (4) 利用李賽交氏圖形法觀測電路之轉移函數(注意：示波器皆置於 DC 輸入)，並繪其波形於表 11-1 中。
   (5) 計算理論上之轉態電壓及 $\triangle H$，並與測試值相比較。
   (6) 改變 V_B 電壓如表 11-1 所示，重覆(3)～(5)之步驟，並記錄其結果於表 11-1 中。
   (7) 改變 R_1 及 R_2 電阻值如表 11-1 所示，重覆(2)～(6)之步驟，並記錄其結果於表 11-1 中。

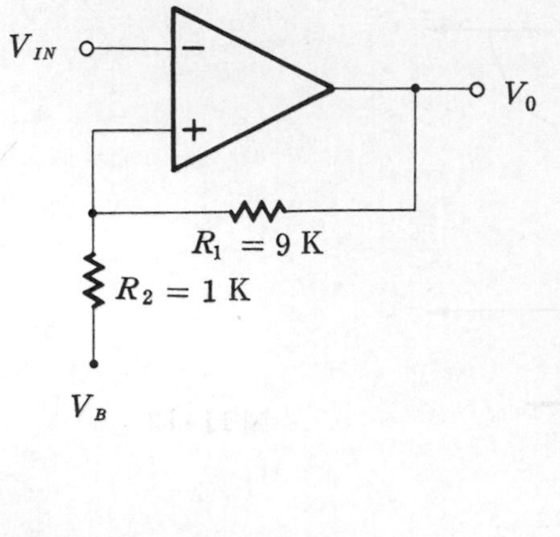

圖 11-13

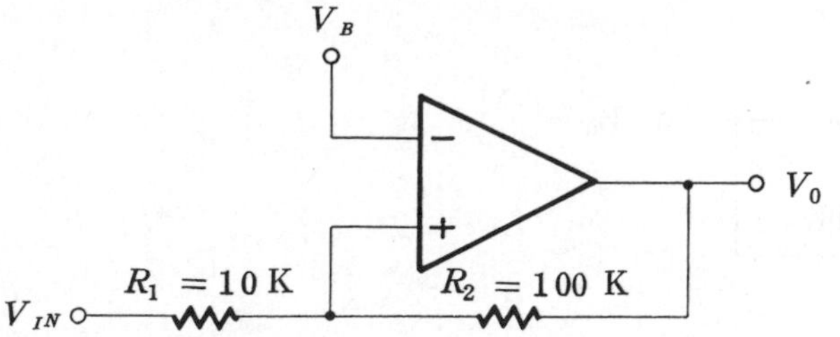

圖11-14

(8) 如圖 11-14 連接綫路。

(9) 置輸入訊號之頻率爲1 KHz，振幅爲5 V峯值電壓，調整 V_B 電壓使 $V_B = 0$ V。

(10) 以示波器 DC 檔同時觀測輸入、輸出波形之相對位置，並記錄輸入轉態電壓於表11-2中。

(11) 利用李賽交氏圖形法觀測電路之轉移函數，並繪其波形於表 11-2中。

(12) 計算理論上之轉態電壓及$\triangle H$，並與測試值相比較。

(13) 改變 V_B 電壓如表 11-2 所示，重覆(10)～(12)之步驟，並記錄其結果於表 11-2中。

(14) 改變R_1、R_2電阻值如表 11-2 所示，重覆(9)～(13)之步驟，並記錄其結果於表11-2中。

(15) 如圖 10-15 連接綫路。

(16) 重覆(9)～(13)之步驟，並記錄其結果於表 11-3中。

(17) 改變R_1、R_2 及R_3 電阻如表11-3 所示，重覆(16)之步驟，並記錄其結果於表11-3中。

2. 不對稱的史密特觸發電路之測試：

(1) 如圖 10-16連接綫路。

(2) 置輸入訊號之頻率爲1 K Hz，振幅爲5 V 峯值電壓，調整 V_B 電壓，使$V_B = 0$ V。

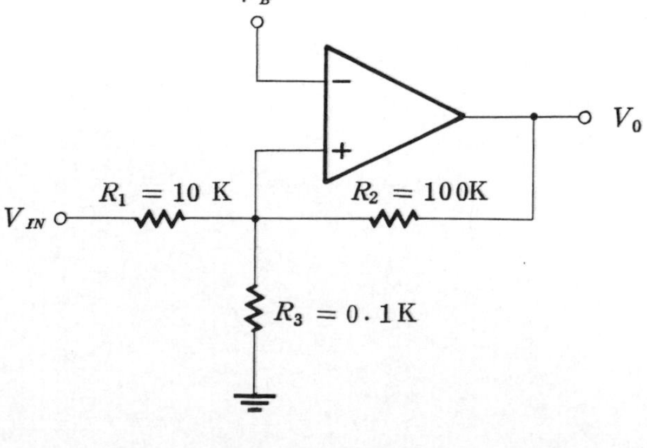

圖11-15

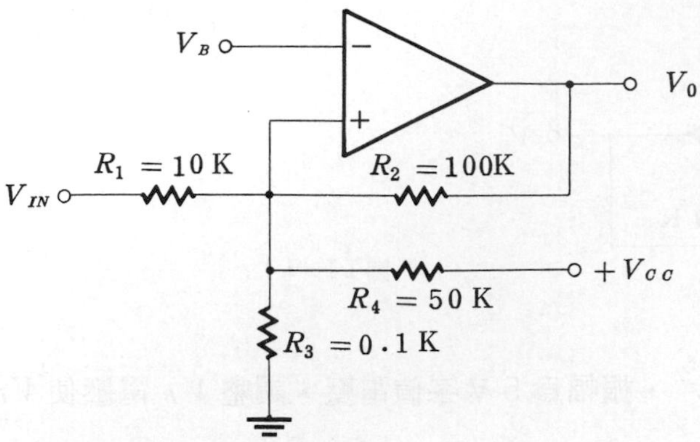

圖 11-16

(3) 以示波器DC檔同時觀測輸入、輸出波形之相對位置，並記錄輸入轉態電壓於表 11-4 中。

(4) 利用李賽交氏圖形法觀測電路之轉移函數，並繪其波形於表 11-4 中。

(5) 計算理論上之轉態電壓及$\triangle H$，並與測試值相比較。

(6) 改變 V_B 電壓如表 11-4 所示，重覆(3)、(4)之步驟，並記錄其結果於表 11-4 中。

(7) 改變R_1、R_2、R_3及R_4電阻如表 11-4 所示，重覆(2)～(6)之步驟，並記錄其結果於表 11-4 中。

四、實驗結果

表11-1

R_1	R_2	V_B ／ 波形及數據	0 V	+1 V	+2 V	−1 V	−2 V	+5 V
9 K	1 K	轉態電壓						
		(測試值)						
		轉移函數						
		轉態電壓						
		(理論值)						
		△ H						
5 K	1 K	轉態電壓						
		(測試值)						
		轉移函數						
		轉態電壓						
		(理論值)						
		△ H						

表11-2

R_1	R_2	波形及數據 \ V_B	0 V	+1 V	+2 V	−1 V	−2 V	+5 V
		轉態電壓						
		(測試值)						
10 K	100 K	轉移函數						
		轉態電壓						
		(理論值)						
		△ H						
		轉態電壓						
		(測試值)						
10 K	50 K	轉移函數						
		轉態電壓						
		(理論值)						
		△ H						

表11-3

R_1	R_2	R_3	波形及數據 \ V_B	0 V	+1 V	+2 V	−1 V	−2 V	+5 V
10K	100K	0.1K	轉態電壓（測試值）						
			轉移函數						
			轉態電壓（理論值）						
			△ H						
10K	100K	10K	轉態電壓（測試值）						
			轉移函數						
			轉態電壓（理論值）						
			△ H						

表 11-4

<table>
<tr><th>R_1</th><th>R_2</th><th>R_3</th><th>R_4</th><th>波形及數據 \ V_B</th><th>0 V</th><th>+1 V</th><th>+2 V</th><th>−1 V</th><th>−2 V</th></tr>
<tr><td rowspan="4">10K</td><td rowspan="4">100K</td><td rowspan="4">0.1K</td><td rowspan="4">50K</td><td>轉態電壓
(測試值)</td><td></td><td></td><td></td><td></td><td></td></tr>
<tr><td>轉移函數</td><td></td><td></td><td></td><td></td><td></td></tr>
<tr><td>轉態電壓
(理論值)</td><td></td><td></td><td></td><td></td><td></td></tr>
<tr><td>△ H</td><td></td><td></td><td></td><td></td><td></td></tr>
<tr><td rowspan="4">10K</td><td rowspan="4">100K</td><td rowspan="4">10K</td><td rowspan="4">100K</td><td>轉態電壓
(測試值)</td><td></td><td></td><td></td><td></td><td></td></tr>
<tr><td>轉移函數</td><td></td><td></td><td></td><td></td><td></td></tr>
<tr><td>轉態電壓
(理論值)</td><td></td><td></td><td></td><td></td><td></td></tr>
<tr><td>△ H</td><td></td><td></td><td></td><td></td><td></td></tr>
</table>

五、問題討論

(1) 說明史密特觸發電路與基本比較器之不同點？

(2) 對於任意雜訊，史密特觸發電路是否能有效的執行它的工作？

(3) 在圖 11-15 中，當 V_B 爲零時，試問 R_3 電阻值的改變，會對電路產生什麼影響呢？

(4) 在實驗中，V_B 電壓的改變，會對電路產生什麼影響？若 V_B 電壓等於電源電壓，則分別討論電路之輸出電壓？

(5) 在實驗中，那一種比較電路之某一電阻改變，不會影響磁滯式電壓？

12 窗戶比較器

一、實驗目的

(1) 瞭解窗戶比較器之原理。

(2) 比較窗戶比較器與史密特觸發電路的不同。

二、實驗原理

前面所討論的史密特觸發電路，其轉移函數類似變壓器之 $B-H$ 曲線，因此又稱之爲磁滯式比較器。在本實驗中，將討論另一種型態之轉移函數，此轉移函數在某一輸入狹窄範圍內，輸出爲某種飽和狀態，大於或小於此範圍，則輸出將轉變爲另一種狀態；此一狹窄範圍看似一窗戶，因此具有此種轉移函數的比較電路，皆以“窗戶”（window）比較器稱之。

圖 12-1 爲簡單型的窗戶比較器，在沒有外來輸入訊號時，由於 $-V$ 電壓及 R_1、R_2 僅提供“＋”輸入端一微小的電壓，此電壓值爲

$$V_{(+)}=-V\frac{R_1}{R_1+R_2} \qquad (R_2 \gg R_1)$$

圖 12-1 之廻路由地電位經 R_1、D_1、D_2 至 $V_{(+)}$ 電壓，選擇 $R_2 \gg R_1$，使 $V_{(+)}$ 之

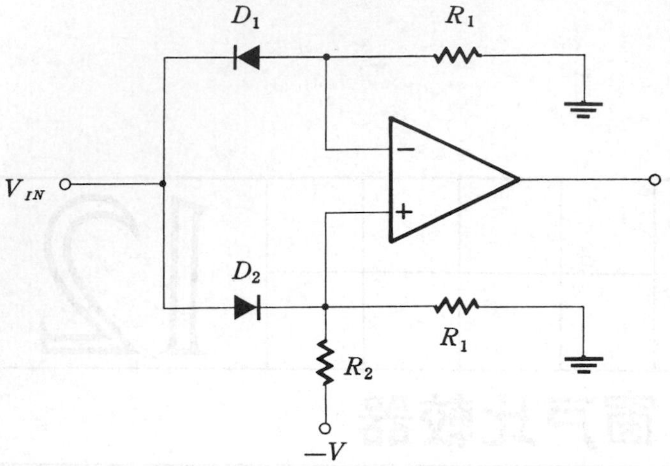

圖 12-1

電壓無法令D_1與D_2導通(亦即"＋"、"－"端之電壓不大於二極體順向飽和電壓之兩倍),則"－"輸入端之電壓為零,比較器之輸出將為負飽和電壓。

當輸入訊號接上,由零伏開始往正增加時,D_1 二極體永遠不導通,因此"－"輸入端之電壓均維持在零電位不變,而在 D_2 未導通前,"＋"輸入端之電壓為負值,所以輸出一直維持著負飽和電壓。

當輸入訊號之電壓使 D_2 二極體導通之瞬間,因為"＋"輸入端原來負電位的存在,輸出電壓還維持著負飽和電壓,直到輸入訊號的電壓超過 D_2 二極體的順向飽和電壓 V_D ,使"＋"輸入端之電壓大於零伏,此時輸出將由負飽和轉變為正飽和電壓;輸入訊號繼續增加,輸出將一直維持著正飽和電壓。

同理,當輸入訊號往負減少時,D_2 二極體永遠不導通,故"＋"輸入端之電壓永遠為$V_{(+)}$,而在 D_1 未導通前,"－"輸入端之電壓為零電位,因此輸出維持著負飽和電壓,直到輸入訊號的電壓低於 D_1 二極體之順向飽和電壓 V_D,使"－"輸入端之電壓低於零電位,且低於$V_{(+)}$時($V_{(+)}$值很小,可看似為零伏),輸出將由負飽和轉變為正飽和電壓;輸入訊號繼續下降,輸出將一直維持著正飽和電壓,根據以上之分析,可以得到圖 12-2 所示的輸入、輸出間之轉移函數。

由於二極體的順向飽和電壓 V_D 會隨著溫度而變,因此以 V_D 電壓為輸入訊號之臨

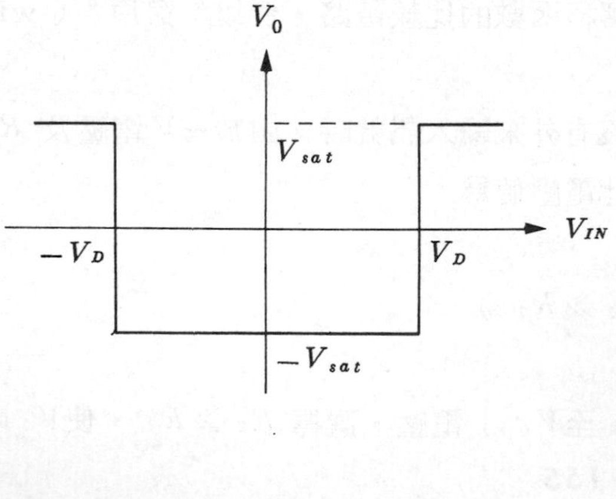

圖 12-2

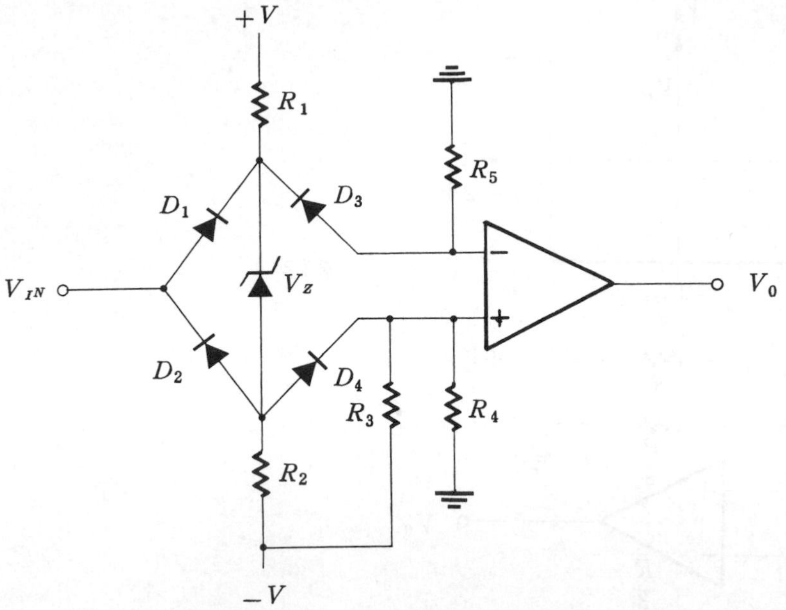

圖 12-3

界電壓值對比較器來說較不精確，我們可接成圖 12-3所示之比較器，在圖中，稽納二極體之稽納電壓大於 5.7V以上，其具有正溫度係數的特性，可以抵消普通二極體負溫度係數之特性。

圖 12-3 中，當輸入訊號不接時，$\pm V$ 電壓的連接，使得 D_1 、D_2 、D_3 及 D_4 四個二極體皆不導通，"－"輸入端爲零電位，而"＋"輸入端由 $-V$ 經 R_3 、R_4 提供一微小之負電壓，因此輸出爲負飽和電壓。

當輸入訊號之電壓在 V_Z+2V_D 與 $-(V_Z+2V_D)$ 之間，皆無法使 D_1 、V_Z 及 D_4 或 D_2 、V_Z 及 D_3 導通，因此輸出永遠維持著負飽和電壓。當輸入電壓大於 V_Z+2V_D 時，D_1 、V_Z 及 D_4 導通，將促使"＋"輸入端之電壓爲正，而"－"輸入端仍爲零電位（D_2 及 D_3 不導通），因此輸出將由負飽和轉變爲正飽和電壓。

當輸入訊號之電壓小於 $-(V_Z+2V_D)$ 時，D_2 、V_Z 及 D_3 導通，將促使"－"輸入端之電壓爲負，而 D_1 、D_4 不導通，故"＋"輸入端之微小負電壓值爲

$$V_{(+)}=-V\frac{R_4}{R_3+R_4}\qquad (R_3\gg R_4)$$

在"－"輸入端之電壓小於"＋"輸入端之電壓的情況下，輸出將由負飽和轉變爲正飽和電壓，因此可以得到圖 12-4所示之輸入與輸出間之轉移函數。

以上兩種比較電路，其輸入臨界電壓值爲正負對稱，欲增加正或負的臨界電壓，可以在對應之二極體上串接數個二極體，而此種方法無法獲得任意值之臨界電壓點，此爲其最大缺點。我們可以接成圖 12-5所示之比較電路，在圖中若無輸入訊號加入，假使 D_1 及 D_2 二極體截止，則"＋"輸入端之電壓爲

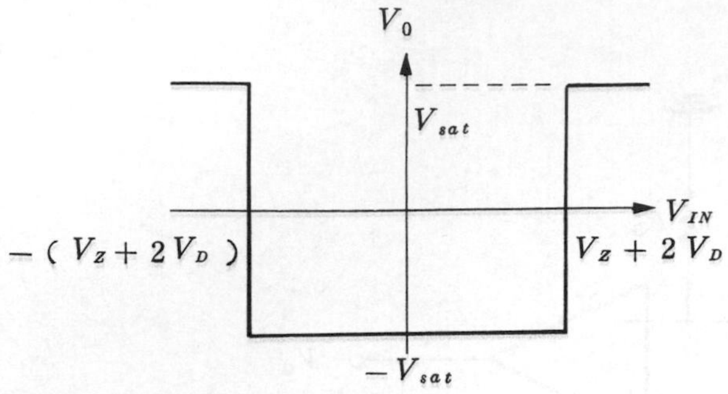

圖 12-4

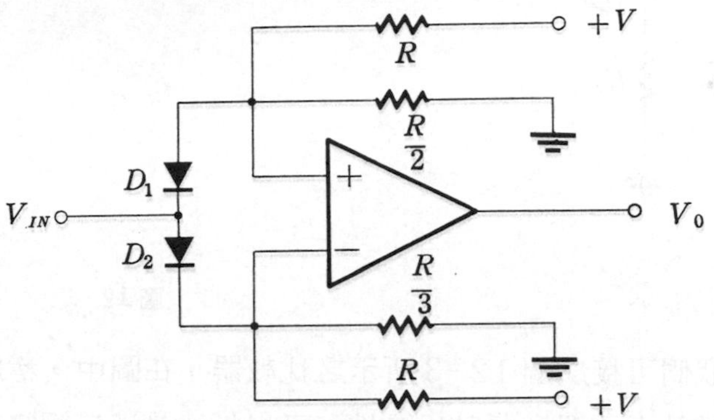

圖 12-5

$$V_{(+)}=\frac{\frac{R}{2}}{R+\frac{R}{2}}V=\frac{1}{3}\text{V} \tag{1}$$

而"－"輸入端之電壓爲

$$V_{(-)}=\frac{\frac{R}{3}}{R+\frac{R}{3}}V=\frac{1}{4}\text{V} \tag{2}$$

由(1)、(2)式可知$V_{(+)}>V_{(-)}$；假使D_1及D_2 二極體導通，則"＋"輸入端之電壓亦大於"－"輸入端之電壓。因此在無輸入訊號時，輸出將處於正飽和電壓。

當輸入訊號接上，其電壓小於$\frac{V}{4}-V_D$ 時（V_D 爲D_1或D_2之順向飽和電壓），無法使 D_2 二極體導通，故"－"輸入端維持在$\frac{V}{4}$電壓；而$+V$電壓經由R、D_1至V_{IN}使 D_1 二極體導通，此時"＋"輸入端之電壓小於$\frac{V}{4}-V_D+V_D=\frac{V}{4}$ ，所以在此種情況下，輸出爲負飽和電壓。

當輸入電壓比$\frac{V}{4}-V_D$大一點點時，D_2仍然截止，故"－"輸入端之電壓仍爲$\frac{V}{4}$電壓，而"＋"輸入端之電壓將大於$\frac{V}{4}-V_D+V_D=\frac{V}{4}$，因此輸出將由負飽和轉變爲正飽和電壓。

當輸入電壓繼續增加而比$\frac{V}{3}+V_D$小一點點時，D_1將處於截止狀態（"＋"輸入端之電壓最大爲$\frac{V}{3}$），故"＋"輸入端維持在$\frac{V}{3}$電壓；此時D_2二極體處於導通狀態（因$\frac{V}{3}>\frac{V}{4}$，故$\frac{V}{3}+V_D$必大於$\frac{V}{4}-V_D$），"－"輸入端之電壓小於$\frac{V}{3}$，因此輸出仍維持著正飽和電壓。

當輸入電壓大於$\frac{V}{3}+V_D$時，"－"輸入端之電壓將大於$\frac{V}{3}$，而"＋"輸入端由於D_1二極體之截止仍維持著$\frac{V}{3}$電壓，因此輸出將由正飽和轉變爲負飽和電壓。

綜合以上所述，我們可以得到圖 12-6 所示，輸入與輸出間之轉移函數，圖中之V_1及V_2分別爲

$$V_1=\frac{V}{4}-V_D \tag{3}$$

$$V_2=\frac{V}{3}+V_D \tag{4}$$

(3)、(4)兩式決定輸入訊號之臨界電壓，因此V電壓的改變會影響其轉態點。在圖 12-5

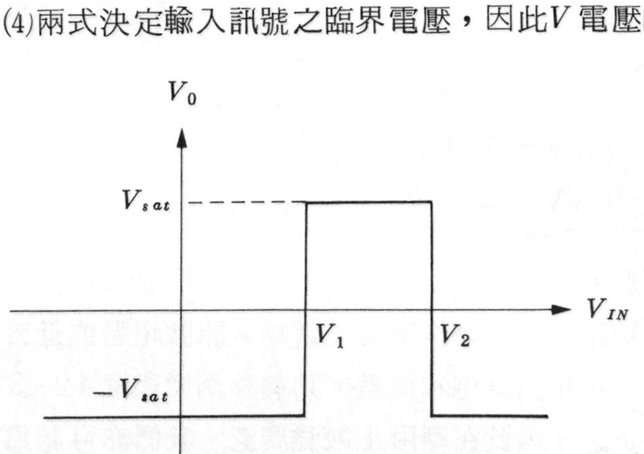

圖 12-6

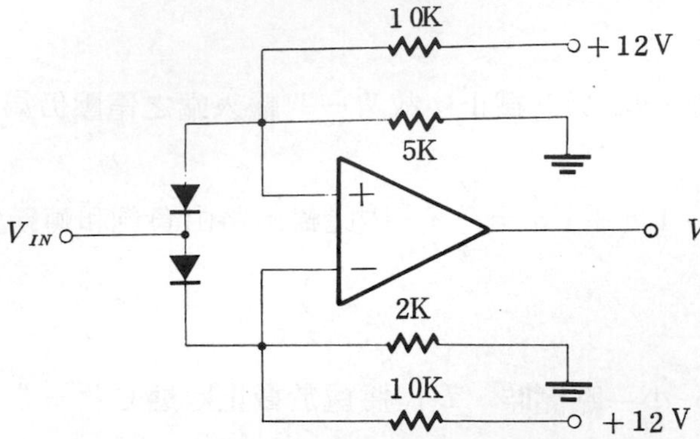

圖 12-7

中，若$\frac{R}{3}$改用$\frac{R}{4}$，而$\frac{R}{2}$改用R，則(3)、(4)兩式將變為

$$V_1=\frac{V}{5}-V_D$$

$$V_2=\frac{V}{2}+V_D$$

因此電阻值的改變，亦會影響其轉態電壓。

【例】 圖 12-7 之比較電路，輸入峯值電壓為 5 V，試繪出輸入、輸出波形之相對位置。

【解】 根據(1)、(2)兩式，可得

$$V_{(+)}=\frac{5\,\text{K}}{10\,\text{K}+5\,\text{K}}\times 12\,\text{V}=\frac{1}{3}\times 12\,\text{V}=4\,\text{V}$$

$$V_{(-)}=\frac{2\,\text{K}}{10\,\text{K}+2\,\text{K}}\times 12\,\text{V}=\frac{1}{6}\times 12\,\text{V}=2\,\text{V}$$

故可得

$$V_1=V_{(-)}-V_D=2\,\text{V}-0.6\,\text{V}=1.4\,\text{V}$$
$$V_2=V_{(+)}+V_D=4\,\text{V}+0.6\,\text{V}=4.6\,\text{V}$$

因此可以得到圖 12-8 之波形。

另外有一種比較器，稱之為過負荷指示器，其作用為：當輸入訊號超過或低於某一設定電壓值時，輸出呈現正飽和電壓，否則為負飽和電壓，其轉移函數與圖 12-3 相類似，但是臨界電壓值可由電阻改變決定之，因此在應用上較為廣泛，我們亦可認為其是

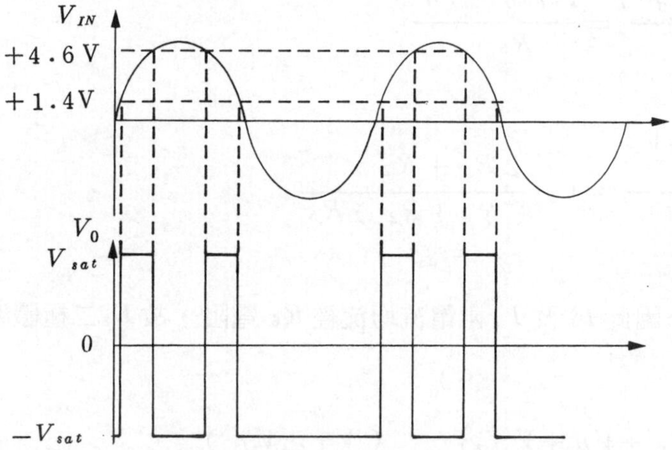

圖 12-8

一種窗戶比較器，現分析如下：

圖 12-9 爲過負荷指示器之比較電路，當輸入訊號之電壓大於 $+V_f$ 時，D_1 二極體不導通，因此 $+V_f$ 電壓經 R_2 及 R_1 ，可在"－"輸入端得到一電壓值爲

$$V'_{(-)}=V_f\ \frac{R_1}{R_1+R_2}$$

欲使輸出爲正飽和電壓，必須"＋"輸入端之電壓 $V'_{(+)}$ 略大於 $V'_{(-)}$ 才可，現假設

$$V'_{(+)}=V'_{(-)}=V_f\ \frac{R_1}{R_1+R_2}$$

則流經 R_4 及 R_5 之電流爲

$$I_4=\frac{V'_{(+)}}{R_4}=V_f\ \frac{R_1}{(R_1+R_2)R_4}$$

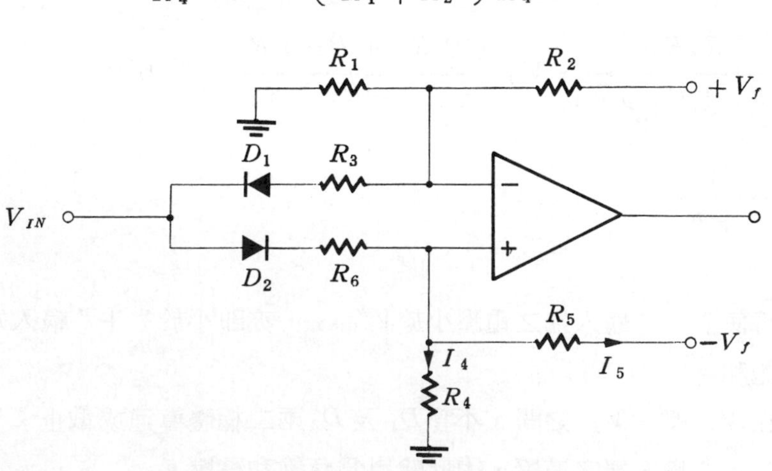

圖 12-9

$$I_5=\frac{V'_{(+)}-(-V_f)}{R_5}=\frac{V'_{(+)}+V_f}{R_5}$$

$$=\frac{V_f\dfrac{R_1}{R_1+R_2}+V_f}{R_5}=V_f\frac{2R_1+R_2}{(R_1+R_2)R_5}$$

由於OP　Amp沒有電流流進，因此I_4及I_5兩電流均流經R_6電阻，故D_2二極體導通，而輸入臨界電壓爲

$$V_1=(I_4+I_5)R_6+V_D+V'_{(+)}\qquad(V_1\geq V_f)$$

$$=V_f\frac{R_1R_6}{(R_1+R_2)R_4}+V_f\frac{(2R_1+R_2)R_6}{(R_1+R_2)R_5}+0.6\text{V}$$

$$+V_f\frac{R_1}{R_1+R_2}$$

若輸入電壓大於 V_1，將使"＋"輸入端之電壓大於$V'_{(-)}$，亦即大於"－"輸入端之電壓，則輸出電壓爲正飽和。

同理，當輸入訊號之電壓小於$-V_f$時，D_2二極體不導通，$-V_f$電壓經R_5及R_4可在"＋"輸入端得到一電壓值爲

$$V''_{(+)}=-V_f\frac{R_4}{R_4+R_5}$$

因此亦可得到輸入臨界電壓爲

$$V_2=-V_f\frac{R_4R_3}{(R_4+R_5)R_1}-V_f\frac{(2R_4+R_5)R_3}{(R_4+R_5)R_2}-0.6\text{V}$$

$$-V_f\frac{R_4}{R_4+R_5}$$

若輸入電壓小於V_2，將使"－"輸入端之電壓小於$V''_{(+)}$，亦即小於"＋"輸入端之電壓，則輸出電壓爲正飽和。

若輸入訊號之電壓在V_f與$-V_f$之間，不管D_1及D_2兩二極體導通或截止，"－"輸入端之電壓必大於"＋"輸入端之電壓，因此輸出爲負飽和電壓。

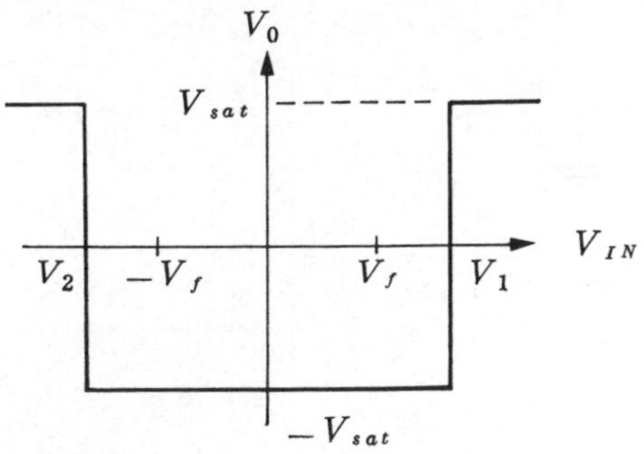

圖 12-10

根據以上之分析，可以得到電路之轉移函數如圖 12-10 所示，V_1 及 V_2 電壓由 V_f 電壓及各零件值決定，適當地改變電阻值，可以得到任意 V_1 及 V_2 值。圖 12-9中，輸入訊號之臨界電壓必須大於 V_f 電壓才能產生圖 12-10之轉移函數，故在應用時須慎重地選擇 V_f 電壓。

若要使過負荷電壓之輸出指示電壓能夠保持住，而不隨輸入電壓的改變而消失，我們可接成圖 12-11 所示之電路，在輸出與"＋"輸入端之間多加一電阻 R_f 及二極體 D_3 ，當輸出轉變為正飽和電壓時，此電壓經 D_3 及 D_f 將向 R_5 及 R_4 流過一電流（注意：R_f 之電阻值要小於 R_2 及 R_5，以確保"＋"輸入端之電壓大於 $V_f \dfrac{R_1}{R_1+R_2}$ 電壓），而使得"＋"輸入端維持一正電壓，且大於"－"輸入端之電壓，此時無論輸訊號如何改變，輸出將永遠維持在正飽和電壓。

圖 12-11 之電路，欲使比較器之輸出由正飽和轉變為負飽和，則可經由更低之電阻入訊號如何改變，輸出將永遠維持在正飽和電壓。

三、實驗步驟

1. 固定臨界電壓之測試：

(1) 如圖 12-12 連接線路。

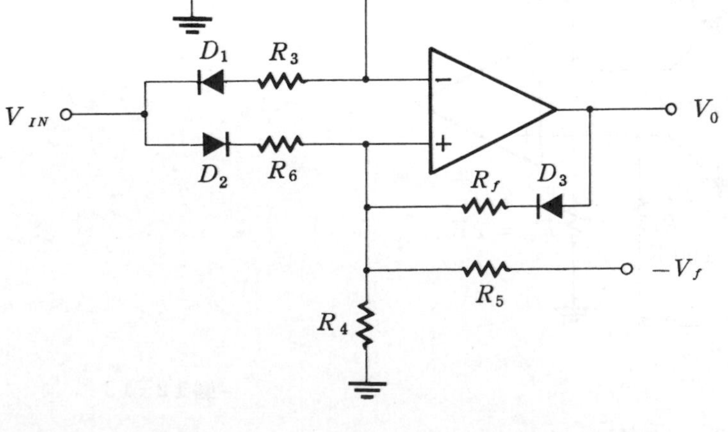

圖 12-11

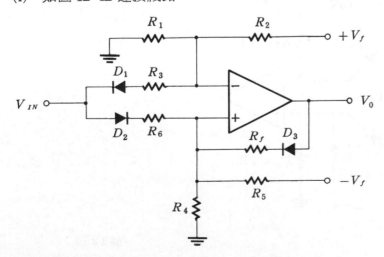

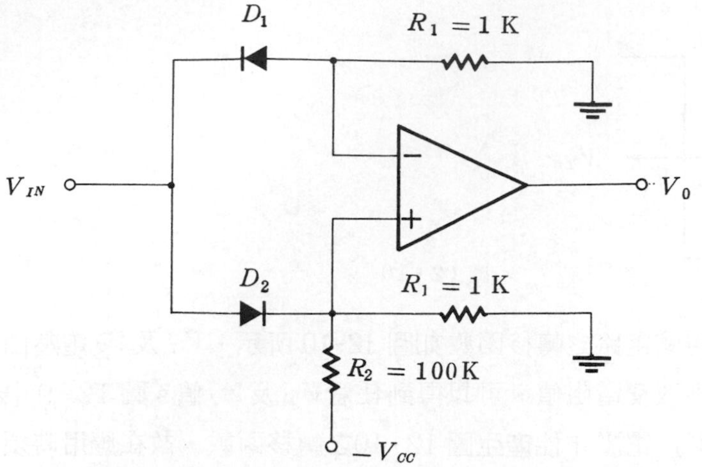

圖 12-12

⑵ 置輸入訊號之頻率爲 100 Hz 或稍高，振幅爲 5 V 峯值電壓。

⑶ 以示波器 DC 檔同時觀測輸入、輸出波形之相對位置，並記錄輸入轉態電壓於表 12-1 中。

⑷ 利用李賽交氏圖形法觀測電路之轉移函數，並繪其波形於表 12-1 中。

⑸ 計算理論上之轉態電壓，並與測試值相比較。

⑹ 改變 R_1 電阻如表 12-1 所示，重覆⑵～⑸之步驟，並記錄其結果於表 12-1 中。

⑺ 改變 R_2 電阻如表 12-1 所示，重覆⑵～⑹之步驟，並記錄其結果於表 12-1 中。

⑻ 如圖 12-13 連接線路。

⑼ 置輸入訊號之頻率爲 100 Hz 或稍高，振幅爲 5 V 峯值電壓。

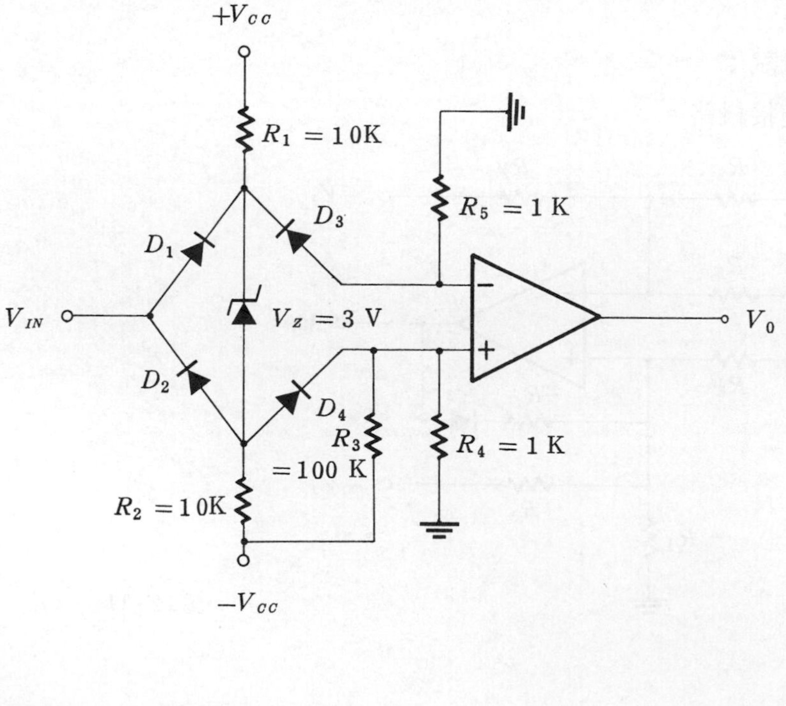

圖 12-13

⑽ 以示波器DC檔同時觀測輸入、輸出波形之相對位置，並記錄輸入轉態電壓於表 12-2 中。

⑾ 利用李賽交氏圖形法觀測電路之轉移函數，並繪其波形於表 12-2 中。

⑿ 計算理論上之轉態電壓，並與測試值相比較。

⒀ 改變R_4及R_5電阻如表 12-2所示，重覆⑼～⑿之步驟，並記錄其結果於表12-2 中。

⒁ 改變R_1及R_2電阻如表 12-2 所示，重覆⑼～⒀之步驟，並記錄其結果於表12-2 中。

2. 可調整臨界電壓之測試：

⑴ 如圖 12-14 連接線路。

⑵ 置輸入訊號之頻率為100 Hz 或稍高，振幅為5 V 峯值電壓。

⑶ 以示波器DC檔同時觀測輸入、輸出波形之相對位置，並記錄輸入轉態電壓於表 12-3中。

⑷ 利用李賽交氏圖形法觀測電路之轉移函數，並繪其波形於表 12-3中。

⑸ 計算理論上之轉態電壓，並與測試值相比較。

⑹ 改變 R_1及 R_2電阻如表 12-3 所示，重覆⑵～⑸之步驟，並記錄其結果於表 12-3中。

⑺ 改變 R_3及 R_4電阻如表 12-3 所示，重覆⑵～⑹之步驟，並記錄其結果於表 12-3中。

3. 過負荷指示器之測試：

⑴ 如圖 12-15 連接線路。

⑵ 置輸入訊號之頻率為 100 Hz 或稍高，振幅為10V 峯值電壓。

⑶ 以示波器DC檔觀測輸入、輸出波形之相對位置，並記錄輸入轉態電壓於表12-4 中。

⑷ 利用李賽交氏圖形法觀測電路之轉移函數，並繪其波形於表 12-4 中。

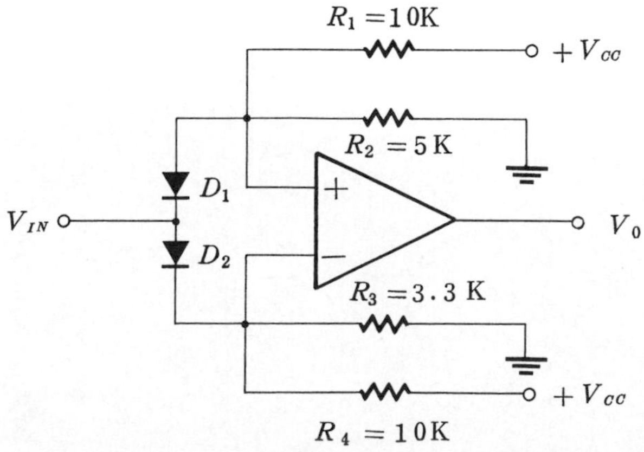

圖 12-14

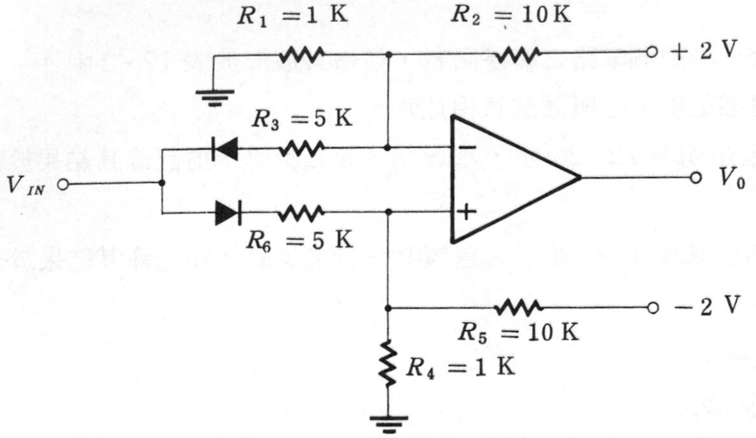

圖 12-15

(5) 計算理論上之轉態電壓，並與測試值相比較。

(6) 改變 R_3 及 R_6 電阻如表 12-4 所示，重覆(2)～(5)之步驟，並記錄其結果於表 12-4 中。

(7) 改變 R_1 及 R_4 電阻如表 12-4 所示，重覆(2)～(6)之步驟，並記錄其結果於表 12-4 中。

四、實驗結果

表 12-1

R_2	波形及數據 \ R_1	1K	2K	5K	10K	20K	50K	100K
100K	轉態電壓							
	（測試值）							
	轉移函數							
	轉態電壓							
	（理論值）							
500K	轉態電壓							
	（測試值）							
	轉移函數							
	轉態電壓							
	（理論值）							

表12-2

R_1	R_2	波形及數據						
		R_4	1 K	2 K	5 K	1 K	5 K	10 K
		R_5	1 K	2 K	1 K	5 K	5 K	10 K
10 K	10 K	轉態電壓（測試值）						
		轉移函數						
		轉態電壓（理論值）						
50 K	10 K	轉態電壓（測試值）						
		轉移函數						
		轉態電壓（理論值）						

表 12-3

R_3	R_4	波形及數據 \ R_1 / R_2	10 K / 5 K	10 K / 10K	10 K / 15 K	20 K / 15 K	20 K / 20 K	20 K / 5 K
3.3 K	10K	轉態電壓（測試值）						
		轉移函數						
		轉態電壓（理論值）						
1 K	10K	轉態電壓（測試值）						
		轉移函數						
		轉態電壓（理論值）						

表 12-4

<table>
<tr><td rowspan="2">R_1</td><td rowspan="2">R_4</td><td>波形及數據 \ R_3</td><td>5 K</td><td>10 K</td><td>5 K</td><td>10 K</td><td>10 K</td><td>1 K</td></tr>
<tr><td>R_6</td><td>5 K</td><td>5 K</td><td>10 K</td><td>10 K</td><td>1 K</td><td>10 K</td></tr>
<tr><td rowspan="3">1 K</td><td rowspan="3">1 K</td><td>轉態電壓
（測試值）</td><td></td><td></td><td></td><td></td><td></td><td></td></tr>
<tr><td>轉移函數</td><td></td><td></td><td></td><td></td><td></td><td></td></tr>
<tr><td>轉態電壓
（理論值）</td><td></td><td></td><td></td><td></td><td></td><td></td></tr>
<tr><td rowspan="3">2 K</td><td rowspan="3">5 K</td><td>轉態電壓
（測試值）</td><td></td><td></td><td></td><td></td><td></td><td></td></tr>
<tr><td>轉移函數</td><td></td><td></td><td></td><td></td><td></td><td></td></tr>
<tr><td>轉態電壓
（理論值）</td><td></td><td></td><td></td><td></td><td></td><td></td></tr>
</table>

五、問題討論

(1) 討論圖 12-1 之電路，R_1 電阻之增加對轉態電壓有何影響？

(2) 試比較磁滯式比較器與窗戶比較器之不同點。

(3) 在圖 12-13 中，R_1 及 R_2 電阻之改變，對比較電路有何影響？

(4) 在圖 12-14 中，R_2 或 R_3 之改變，對輸出波形有何影響？

(5) 圖 12-15之電路，R_5 或 R_6 之變化對輸出波形有何影響？此兩電阻之數值有何限制？

13

OP Amp的剪截電路

一、實驗目的

(1) 瞭解剪截電路的基本原理。

(2) 探討剪截電路在電路上之應用。

二、實驗原理

剪截電路的作用，乃是將輸出之波形限制在某一範圍內，超越此範圍，波形將被限制而無法繼續增加或減少。最常用的剪截零件爲普通二極體及稽納二極體（ zener d-iode ），而不同的連接方式有不同作用的剪截效果，現分析如下：

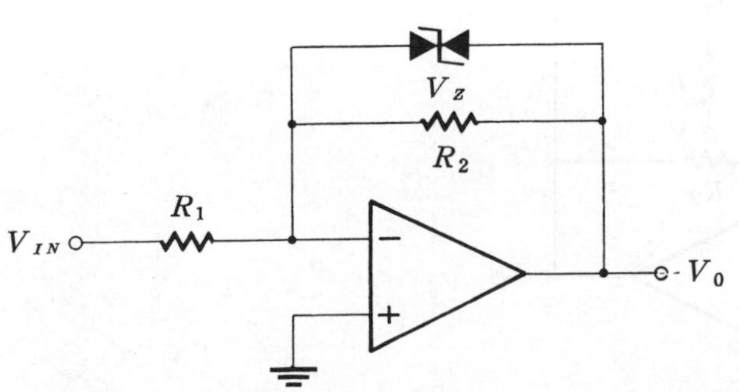

圖 13-1

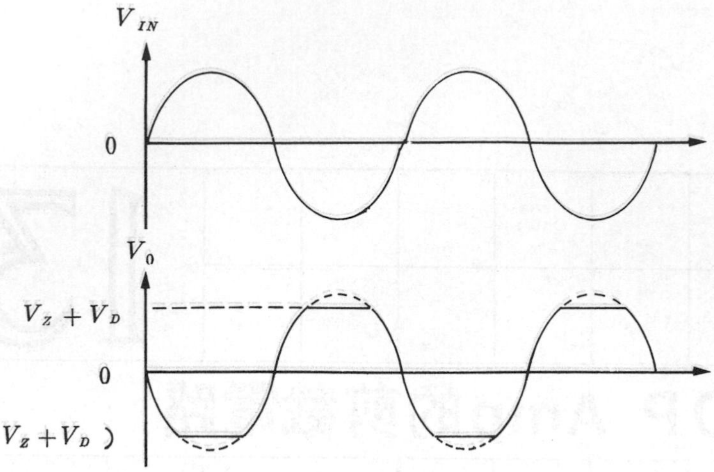

圖13-2

圖13-1為基本運算放大器之剪截電路，兩個反接之稽納二極體與倒向放大電路的回授電阻並聯，當輸入訊號加入時，可以在輸出端得到一倒向180°且放大的波形，當此輸出電壓之絕對值大於V_Z+V_D時(V_D為二極體之順向飽和電壓)，稽納二極體將逆向導通(通常稽納二極體之逆向崩潰電壓不大於OP　Amp所加的電源電壓，否則稽納二極體在電路中不會發生任何作用)，使得輸出波形維持在V_Z+V_D電壓，如圖13-2所示。

由於二極體無法瞬間逆向導通，因此輸出的剪截波形為一較平滑的曲綫，而非圖13-2所示之波形。在實際的應用電路上，當稽納二極體在逆向不導通時，有一較大的阻抗R_Z與R_2並聯，若R_2值夠大，則此時之放大增益為

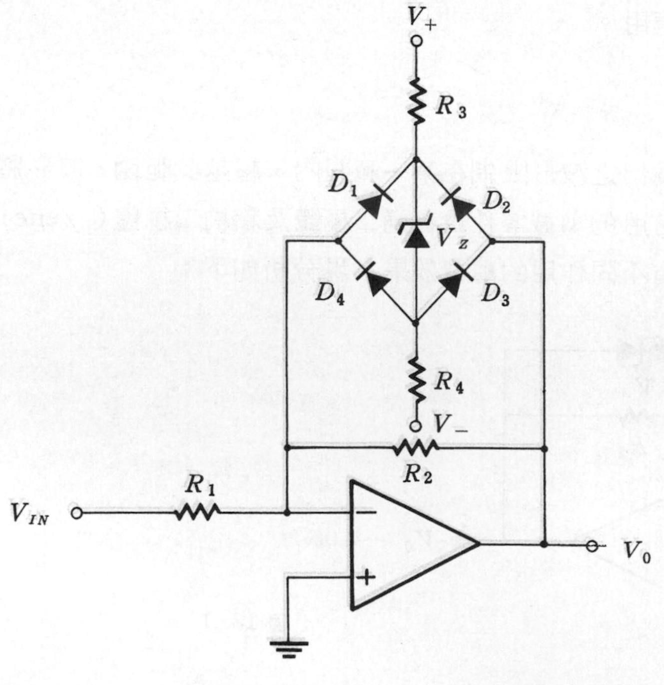

圖13-3

$-\frac{R_2 /\!/ R_Z}{R_1}$而非$-\frac{R_2}{R_1}$，因此必須選用較小的 R_2 值，以符合剪截電路的作用。

圖 13-3 為另一種剪截電路，V_+ 及V_- 和R_3 及R_4 提供稽納二極體的逆向崩潰電壓，使稽納二極體永遠處於逆向崩潰點而導通，D_1 、D_2 、D_3 及D_4 構成一橋式電路；當輸出電壓之絕對值未超過$V_Z + 2V_D$之電壓時（亦即D_1 及D_3 或D_2 及D_4 處於導通狀態），輸出電壓與輸入電壓之關係為

$$V_0 = -\frac{R_2}{R_1} V_{IN}$$

若輸出電壓大於$V_Z + 2V_D$ ，則輸出經D_2 、V_Z 、D_4 至虛接地點，使D_2 及D_4導通，輸出電壓永遠維持在$V_Z + 2V_D$ 電壓；當輸出電壓小於$-(V_Z + 2V_D)$ 時，輸出經D_3 、V_Z 、D_1 至虛接地點，使輸出永遠維持在$-(V_Z + 2V_D)$電壓，因此可以得到圖 13-4 所示之輸出波形。

圖 13-3 之電路，其輸出電壓的剪截作用受D_1 及D_3 或D_2 及D_4 兩二極體的ON或OFF 作用，比起稽納二極體的逆向導通特性，更具有陡直的剪截作用，因此輸出波形的剪截較為平直。且由於普通二極體的存在，其逆向阻抗無限大（稽納二極體之逆向偏壓電阻較小於普通二極體），對於較大的 R_2 值，亦不產生任何影響放大倍數

$-\frac{R_2}{R_1}$的作用。

圖 13-5 為另一種剪截電路，其工作原理與前面所述不大一樣，四個二極體所組成的橋式電路，在拙作"大專電子實習第一冊"之實驗中已詳細討論過，此地不再詳述，僅就其輸入、輸出之特性，如圖 13-6 所示，作一簡單之分析：

(1)　當四個二極體都處於導通狀態時，輸出電壓等於輸入電壓。

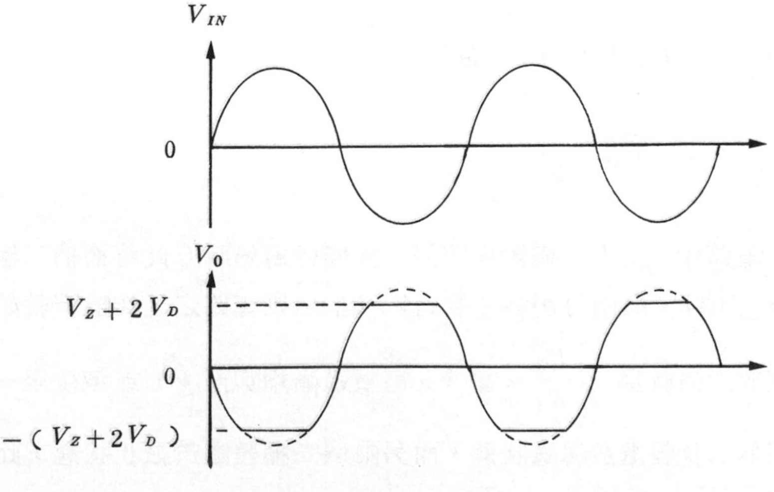

圖13-4

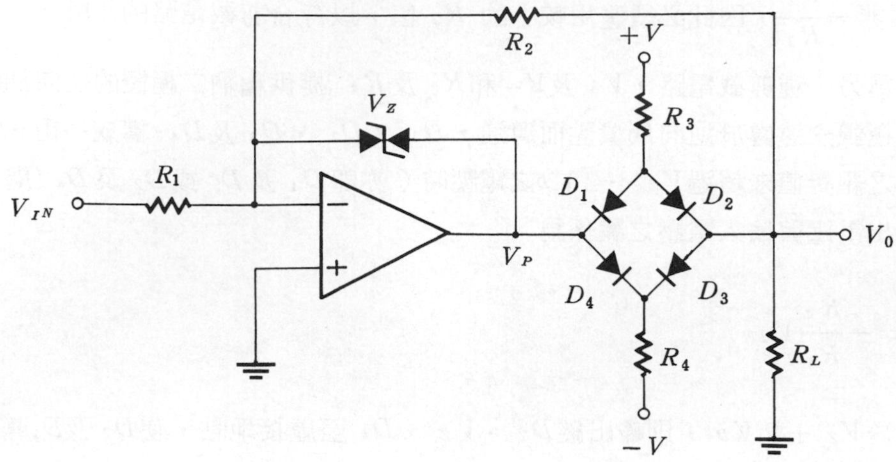

圖 13-5

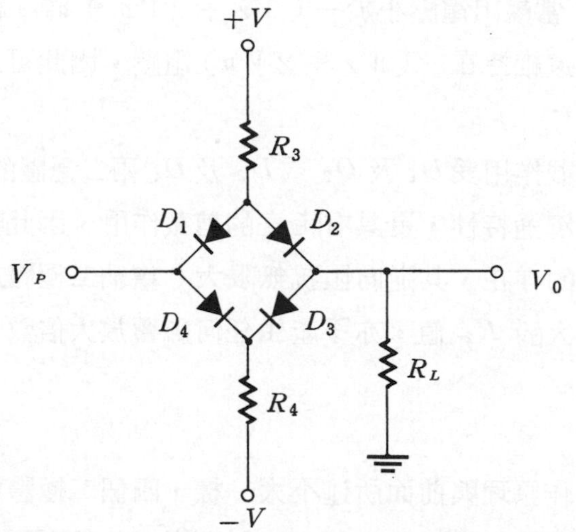

圖 13-6

(2) 當D_1、D_3導通，D_2、D_4不導通，則輸出爲

$$V_0=\frac{R_L}{R_4+R_L}(-V+V_D)$$

(3) 當D_2、D_4導通，D_1，D_3不導通，則輸出爲

$$V_0=\frac{R_L}{R_3+R_L}(V-V_D)$$

因此在圖 13-5 之電路中，當 V_P 電壓使四個二極體皆導通時（此時稽納二極體尚未導通），$V_0=V_P$，亦即R_2電阻可視爲連接到V_P點，則電路之工作情況就如同圖 13-1所示之電路，其放大倍數爲$-\frac{R_2}{R_1}$。當 V_P電壓逐漸增加至 V_1 或減少至$-V_2$時，促使橋式電路之兩個二極體處於導通狀態，而另兩個二極體處於截止狀態，此時

$V_0 \neq V_P$ ，R_2 無法再視為放大電路之回授電阻，則OP　Amp變為一比較電路如圖13-7 所示，V_P 之電壓將瞬間達到OP　Amp的飽和電壓，由於稽納二極體的限制，其電壓不超過±（$V_Z + V_D$），此電壓值必須大於V_1或小於$-V_2$，因此橋式電路仍然保持兩個二極體導通，另兩個二極體截止，則輸出電壓V_0將為

$$V_0 = \frac{R_L}{R_4 + R_L}(-V + V_D)$$

或

$$V_0 = \frac{R_L}{R_3 + R_L}(V - V_D)$$

綜合以上所述，我們可歸納圖13-5電路之工作狀況如下：

(1) 當輸入電壓使 V_P 電壓不超過 V_1 或不低於 $-V_2$ 電壓時，橋式電路之二極體皆導通，此時

$$V_0 = V_P = -\frac{R_2}{R_1} V_{IN}$$

(2) 當輸入電壓使 V_P 電壓超過 V_1 或低於 $-V_2$ 電壓時，橋式電路呈現兩個二極體導通，另兩個二極體截止，則

$$V_P = \pm(V_Z + V_D)$$

而 $$V_0 = \frac{R_L}{R_3 + R_L}(V - V_D)$$

或 $$V_0 = \frac{R_L}{R_4 + R_L}(-V + V_D)$$

(3) 要確保圖13-5電路之正常工作（有剪截作用），OP　Amp之輸出飽和電壓的絕

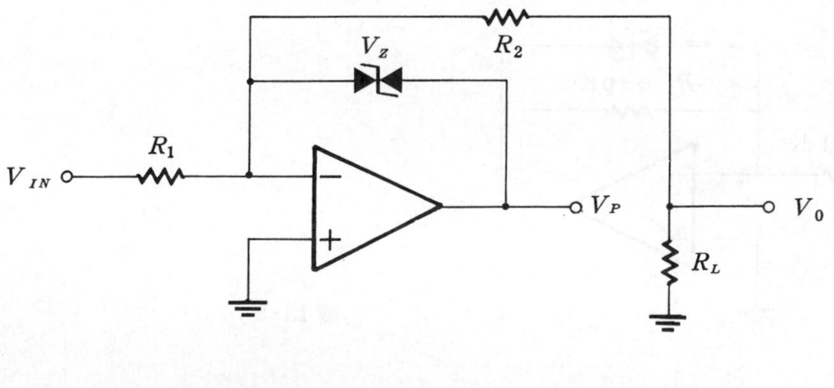

圖13-7

對值必須大於V_Z+V_D，而V_Z+V_D又必須大於V_1，$-(V_Z+V_D)$必須低於$-V_2$。

(4) 輸出、輸入之轉移函數如圖 13-8 所示。

三、實驗步驟

(1) 如圖 13-9 連接線路。

(2) 置輸入訊號之頻率爲 1 KHz，振幅爲 0.1 V 峯值電壓。

(3) 以示波器 DC 檔觀測輸出電壓波形，並繪其電壓波形於表 13-1 中。

(4) 改變輸入峯值電壓如表 13-1 所示，重覆(3)之步驟，並繪其輸出波形於表 13-1中。

(5) 改變 V_Z 電壓如表 13-1 所示，重覆(3)、(4)之步驟，並繪其輸出波形於表 13-1中。

(6) 如圖 13-10 連接綫路。

(7) 置輸入訊號之頻率爲 1 KHz，振幅爲 0.1 V 峯值電壓。

(8) 以示波器 DC 檔觀測輸出電壓波形，並繪其電壓波形於表 13-2 中。

(9) 改變輸入峯值電壓如表 13-2 所示，重覆(8)之步驟，並繪其波形於表 13-2 中。

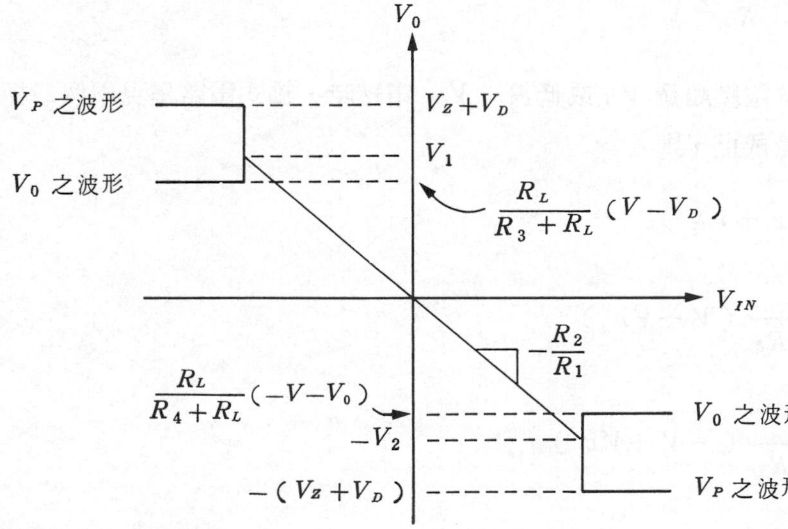

圖13-8

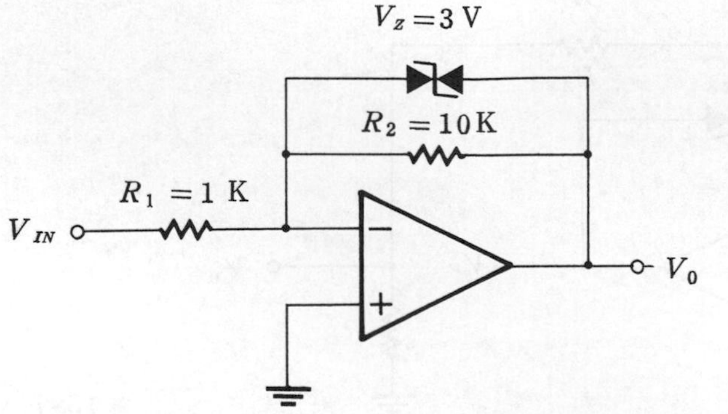

圖 13-9

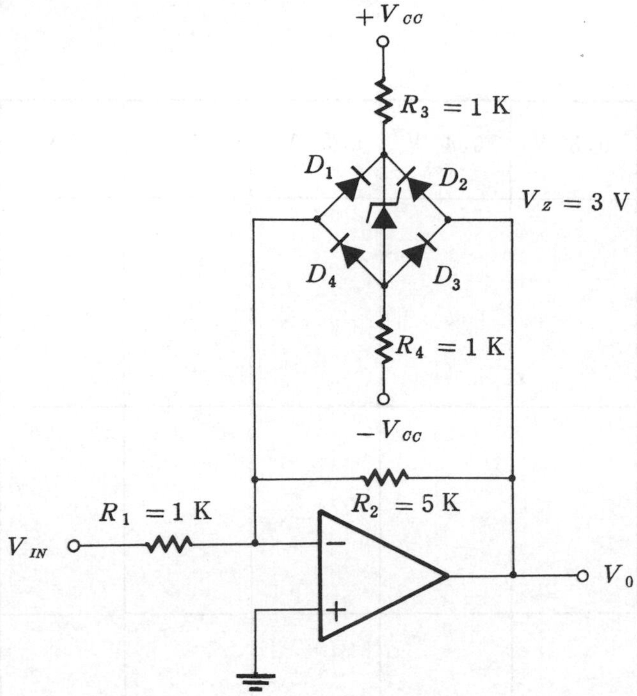

圖 13-10

⑽　改變 V_Z 電壓如表13-2所示，重覆⑻、⑼之步驟，並繪其波形於表13-2中。

⑾　如圖13-11連接線路。

⑿　置輸入訊號之頻率爲1 KHz，振幅爲0.1V峯值電壓。

⒀　以示波器 DC 檔觀測 V_P 及 V_0 之相對電壓波形，並繪其電壓波形於表13-3中。

⒁　改變輸入峯值電壓如表13-3所示，重覆⒀之步驟，並繪其波形於表13-3中。

⒂　改變 R_3 及 R_4 電阻如表13-3所示，重覆⒀～⒁之步驟，並繪其波形於表13-3中。

四、實驗結果

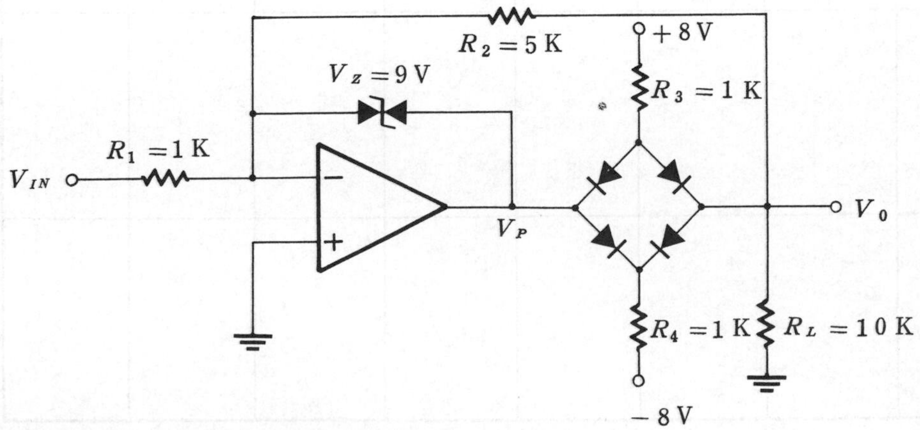

圖13-11

表13-1

輸入電壓 / V_z	0.1 V	0.2 V	0.3 V	0.4 V	0.5 V	1 V	2 V
3 V							
6 V							
9 V							

表13-2

輸入電壓 / V_z	0.1 V	0.2 V	0.3 V	0.4 V	0.5 V	1 V	2 V
3 V							
6 V							
9 V							

表13-3

R_3	R_4	波形 \ 輸入電壓	0.1V	0.2 V	0.5 V	1 V	1.5 V	2 V
1 K	1 K	V_0						
		V_P						
1 K	5 K	V_0						
		V_P						
10 K	10 K	V_0						
		V_P						

五、問題討論

(1) 在圖13-10之實驗中，若$R_3 = R_4 = 100K$，則對電路的正常工作有何影響？

(2) 在圖 13-11 之實驗中，R_3 及 R_4 電阻的改變，對輸出波形產生什麼影響？何故？

(3) 討論圖 13-5 之電路的 V_0 電壓與輸入之關係？

(4) 在基本剪截電路中，稽納二極體之稽納電壓應比電源電壓高或低？何故？

14

整流電路及絕對值電路

一、實驗目的

(1) 瞭解整流電路的基本原理。

(2) 探討整流電路在電路上之應用。

二、實驗原理

二極體之整流電路可以將一交流電壓轉換成脈動直流電壓波形，但是由於二極體之順向飽和電壓（ Si 約為0.6 V，Ge 約為0.2 V），對於較小訊號之交流電壓，二極體整流電路就不太適合。以運算放大器所組成的整流電路，則能得到較精確的結果。

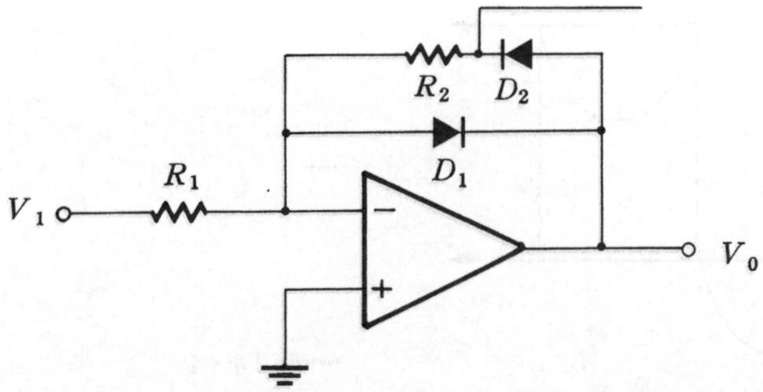

圖 14-1

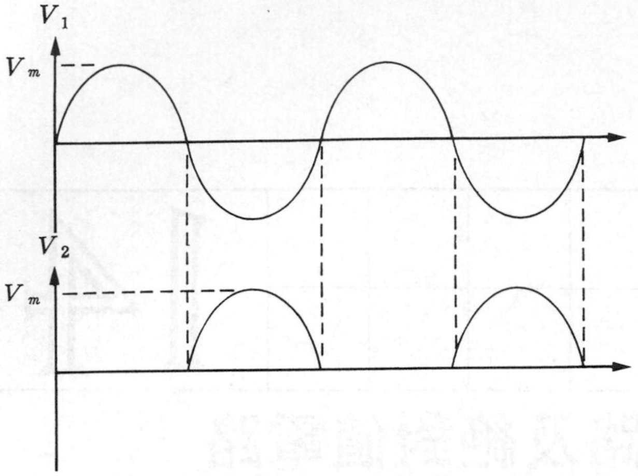

圖14-2

圖14-1爲基本的運算放大器半波整流電路，當輸入爲正半週時，由於OP　Amp的開路增益很高，將使輸出爲負飽和，而使D_1導通，D_2開路，負回授全部回授到OP Amp 之“－”輸入端，故輸出將被箝制在－0.6V左右，而V_2之電壓約爲零伏。

當輸入爲負半週時，輸出爲正飽和，將使D_1開路，D_2導通，由於足夠的開路增益，很小的輸入訊號就可以使 D_2導通，若$R_1 = R_2 \gg R_D$（R_D 爲二極體之順向電阻）

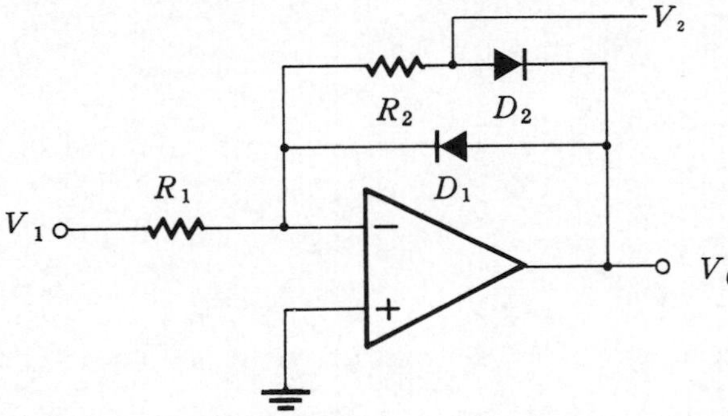

圖14-3

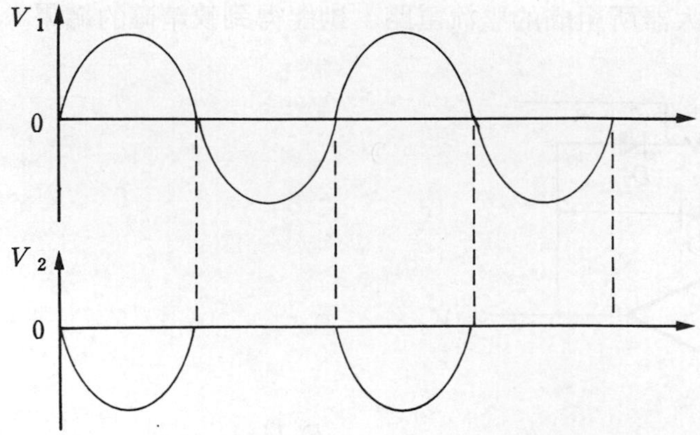

圖14-4

，則在 V_2 端可以得到與輸入訊號反相而大小相等的波形。圖 14 -2 爲圖 14 -1 之輸入、輸出間之波形相對位置。

若將 D_1 、D_2 兩二極體反接如圖 14 -3 所示，則僅在輸入爲正半週時，V_2 才有輸出，因此可以得到與圖 14 -2 相反之波形，如圖 14 -4 所示。

一全波整流電路可由兩個半波整流電路之輸出，再經差量放大電路而得，圖 14 -5 即爲此全波整流電路，不管輸入爲正或負，輸出皆等於輸入電壓之絕對值，因此又稱之爲"絕對值電路"。若將圖 14 -5 之四個二極體反接或將 V_2 與 V_3 對換，則輸出爲輸入電壓之絕對值再倒相 180°。

圖 14 -5 之電路，需要三片OP Amp 在實用上很不經濟，可以放接成圖 14 -6 之電路，其中 V_2 電壓經二倍之倒相放大，再減去原輸入訊號，即可得到絕對值電壓。整流電路若使用 μ A 741 之OP Amp，則電路可工作到 1 K Hz 左右之頻率，欲提高工作頻率，則必須使用高速度電壓轉動率及寬頻帶之OP Amp 。

圖 14 -7 爲另一種全波整流電路，其輸出峯值電壓可大於輸入峯值電壓，現分析如下：

當輸入爲正半週時，A_2 之輸出爲正電壓，產生一電流 I_1 促使 D_4 、D_1 導通，D_2 、D_3 截止，故圖 14 -7 之電路可以轉換成圖 14 -8 之電路，此時 A_1 可以看成一電壓隨耦器，"＋"輸入端之地電位，使 A_1 之輸出爲零電位，而 A_2 爲正相放大電路，R 電阻爲輸出端之負載，並不影響 A_2 之電壓增益，因

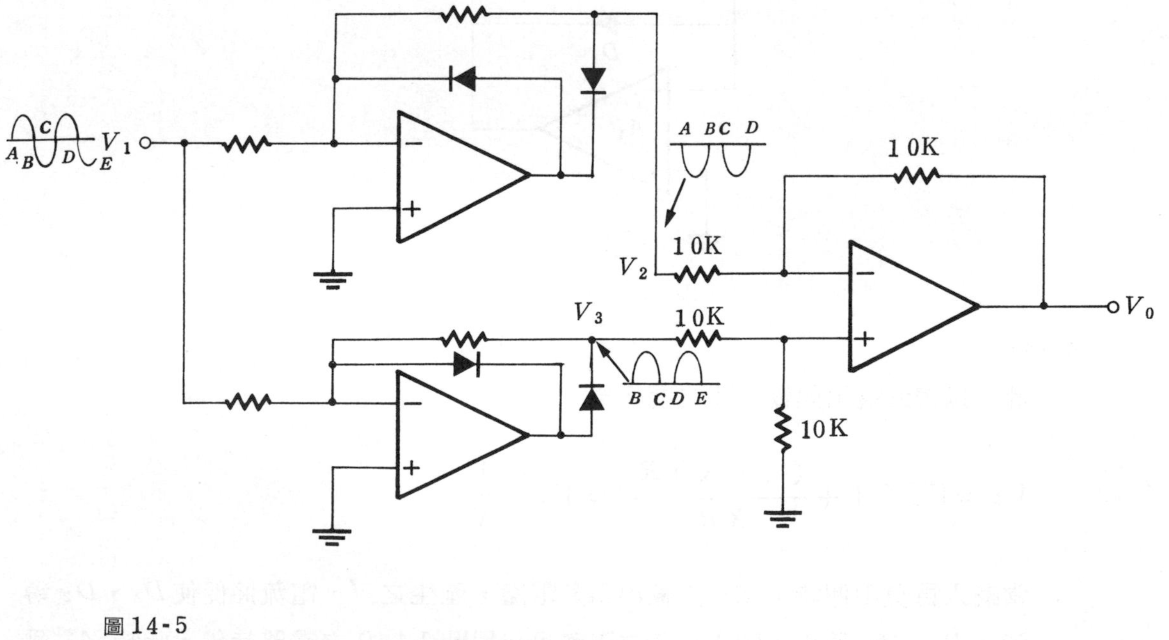

圖 14 - 5

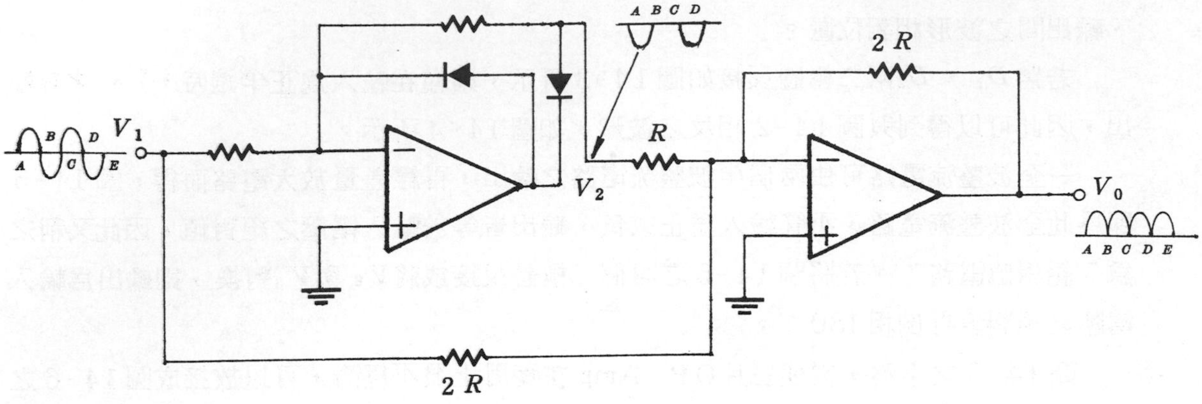

圖 14-6

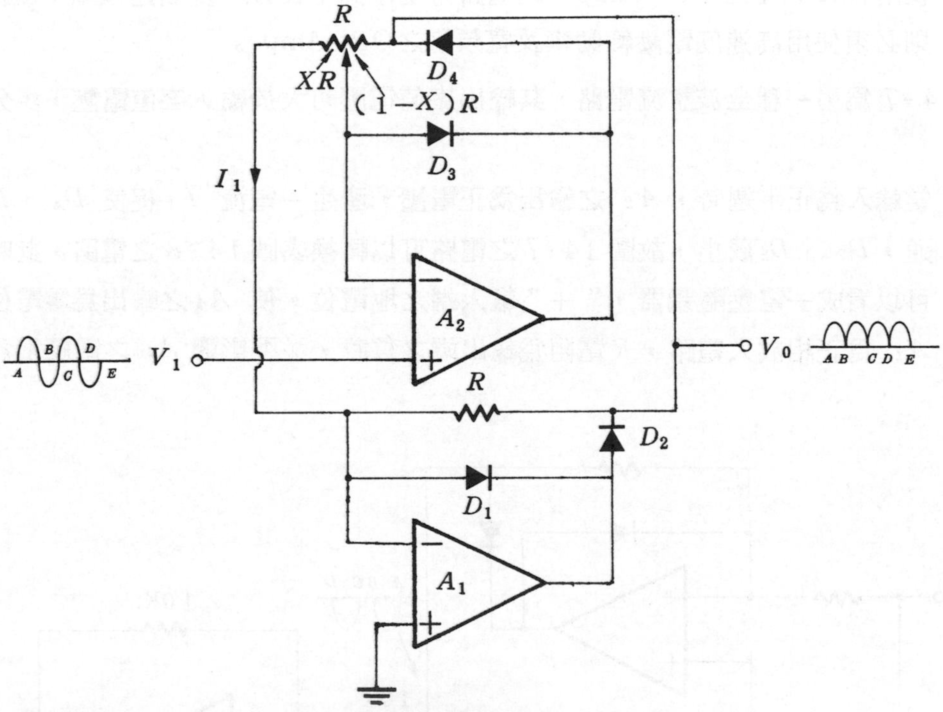

圖 14-7

此可以得到輸出與輸入間之關係為

$$V_0 = V_1\left(1+\frac{(1-X)R}{XR}\right) = V_1 \cdot \frac{1}{X}$$

當輸入為負半週時，A_2 之輸出為負電壓，產生之 I_1 電流將促使 D_3、D_2 導通，D_1、D_4 截止，圖 14-7 之電路可以用圖 14-9 之電路替代，此時 A_2 為一電壓隨耦器，A_2 為一倒相放大電路，則輸出與輸入間之關係為

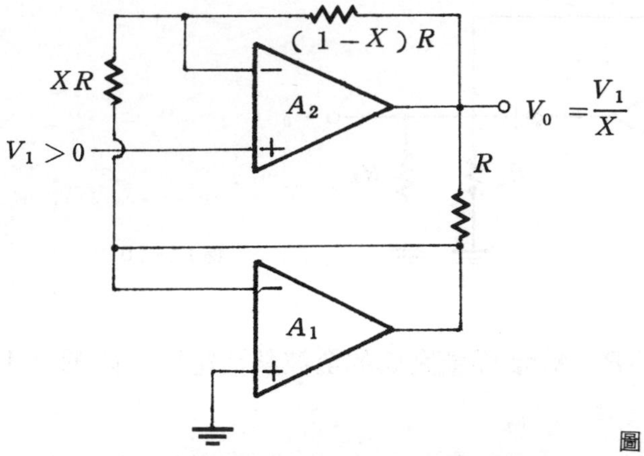

圖 14-8

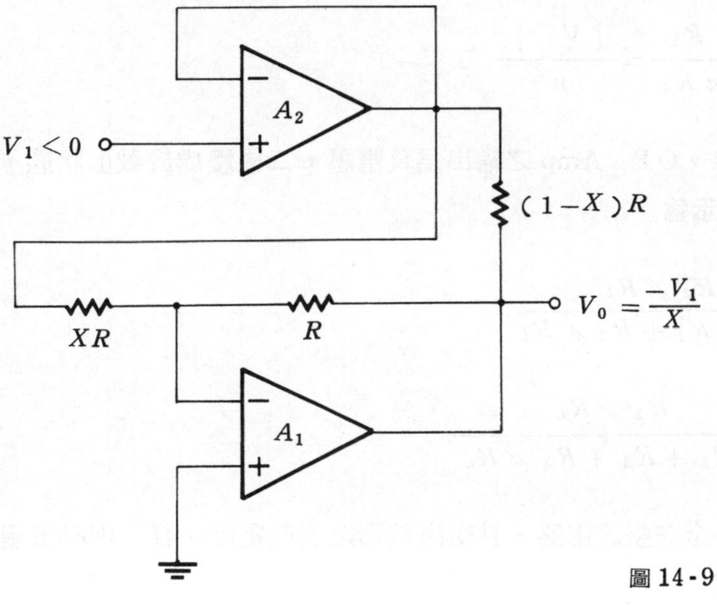

圖 14-9

$$V_0=V_1\left(-\frac{R}{XR}\right)=\frac{-V_1}{X}$$

綜合以上之分析，我們可以發現：無論輸入之電壓爲正或負，其輸出永遠爲正電壓，因此可以表示爲

$$V_0=\frac{|V_1|}{X}$$

其中$X<1$，故經整流後之V_0電壓，必大於V_1電壓。

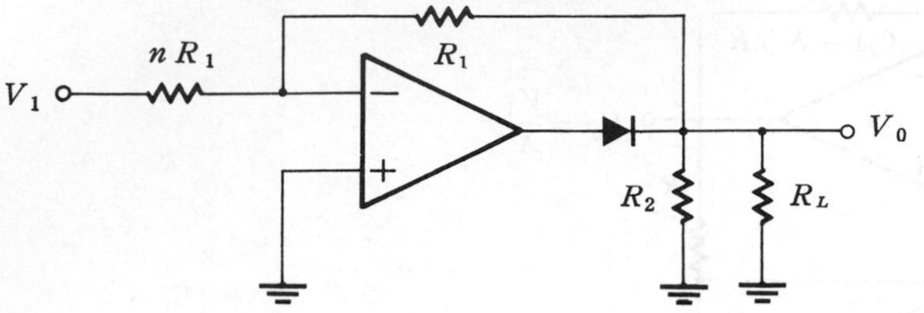

圖 14-10

在此，另外介紹一種只要一片OP Amp 即能完成的全波整流電路，如圖 14-10 所示，現分析如下：

當輸入為負半週時，OP Amp 之輸出為正電壓，二極體處於導通狀態，則 V_0 與 V_1 之關係為

$$V_0 = |V_1| \cdot \frac{R_1}{nR_1} = \frac{|V_1|}{n} \tag{1}$$

當輸入為正半週時，OP Amp 之輸出為負電壓，二極體處於截止狀態，V_0 與 V_1 之關係可表示為

$$V_0 = V_1 \frac{R_2 /\!/ R_L}{nR_1 + R_1 + R_2 /\!/ R_L}$$

$$= |V_1| \frac{R_2 /\!/ R_L}{nR_1 + R_1 + R_2 /\!/ R_L} \tag{2}$$

欲使圖 14-10 為一全波整流電路，且輸出波形之峯值電壓一樣，則必須選擇(2)式等於(1)式，亦即

$$\frac{R_2 /\!/ R_L}{nR_1 + R_1 + R_2 /\!/ R_L} = \frac{1}{n}$$

整理可得

$$n(R_2 /\!/ R_L) = R_1(n+1) + R_2 /\!/ R_L$$

$$(n-1)(R_2 /\!/ R_L) = (n+1)R_1$$

$$(n-1)\frac{R_2 R_L}{R_2 + R_L} = (n+1)R_1$$

$$(n-1)R_2R_L=(n+1)R_1(R_2+R_L)$$

$$(n-1)R_2R_L=(n+1)R_1R_2+(n+1)R_1R_L$$

$$R_2[(n-1)R_L-(n+1)R_1]=(n+1)R_1R_L$$

$$\therefore\quad R_2=\frac{(n+1)R_1R_L}{(n-1)R_L-(n+1)R_1} \tag{3}$$

因 $R_2>0$，故(3)式之分母大於零

$$(n-1)R_L-(n+1)R_1>0$$

亦即

$$R_1<\frac{n-1}{n+1}R_L \tag{4}$$

根據以上之分析，若圖 14-10 之零件符合(3)、(4)兩式之條件，則輸入與輸出間之關係為

$$V_0=\frac{|V_1|}{n}\qquad(n>1)$$

圖 14-10 雖然是一全波整流電路，但是輸出的峯值電壓却為輸入峯值電壓的 $\frac{1}{n}$ 倍，因此在應用上却不實際。

三、實驗步驟

1. 半波整流之測試：

(1) 如圖 14-11 連接線路。

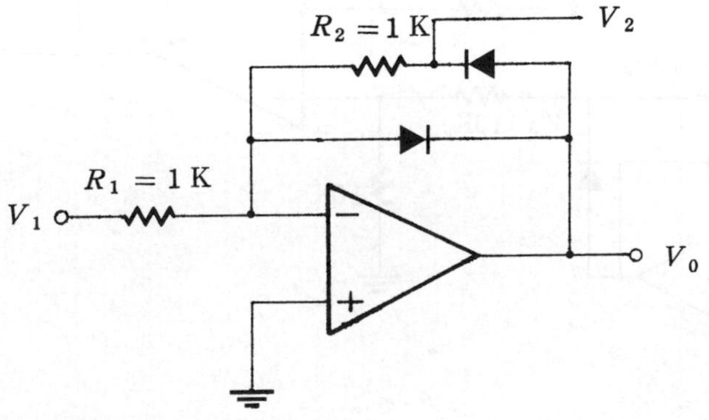

圖 14-11

(2) 置輸入訊號之頻率為 100 Hz 或稍高，振幅為 0.1 V 峯值電壓。

(3) 以示波器 DC 檔觀測 V_1、V_2 及 V_0 之相對波形位置，並繪其波形於表 14-1 中。

(4) 改變 V_1 電壓如表 14-1 所示，重覆(3)之步驟，並繪其波形於表 14-1 中。

(5) 改變 R_2 電阻如表 14-1 所示，重覆(2)～(4)之步驟，並繪其波形於表 14-1 中。

(6) 將圖 14-11 電路中之兩個二極體反接，重覆(2)～(5)之步驟，並繪其波形於表 14-2 中。

2. 全波整流之測試：

(1) 如圖 14-12 連接線路。

(2) 置輸入訊號之頻率為 100 Hz 或稍高，振幅為 0.1 V 峯值電壓。

(3) 以示波器 DC 檔觀測 V_1、V_2、V_3 及 V_0 之相對波形位置，並繪其波形於表 14-3 中。

(4) 改變 V_1 電壓如表 14-3 所示，重覆(3)之步驟，並繪其波形於表 14-3 中。

(5) 改變 R_2 電阻如表 14-3 所示，重覆(2)～(4)之步驟，並繪其波形於表 14-3 中。

(6) 將 V_2 與 V_3 之兩接線點互換(即 V_2 接"＋"輸入端，V_3 接"－"輸入端)，重覆(2)～(5)之步驟，並繪其波形於表 14-4 中。

(7) 如圖 14-13 連接線路。

(8) 置輸入訊號之頻率為 100 Hz 或稍高，振幅為 0.1 V 峯值電壓。

(9) 以示波器 DC 檔觀測 V_1、V_2 及 V_0 之相對波形位置，並繪其波形於表 14-5 中。

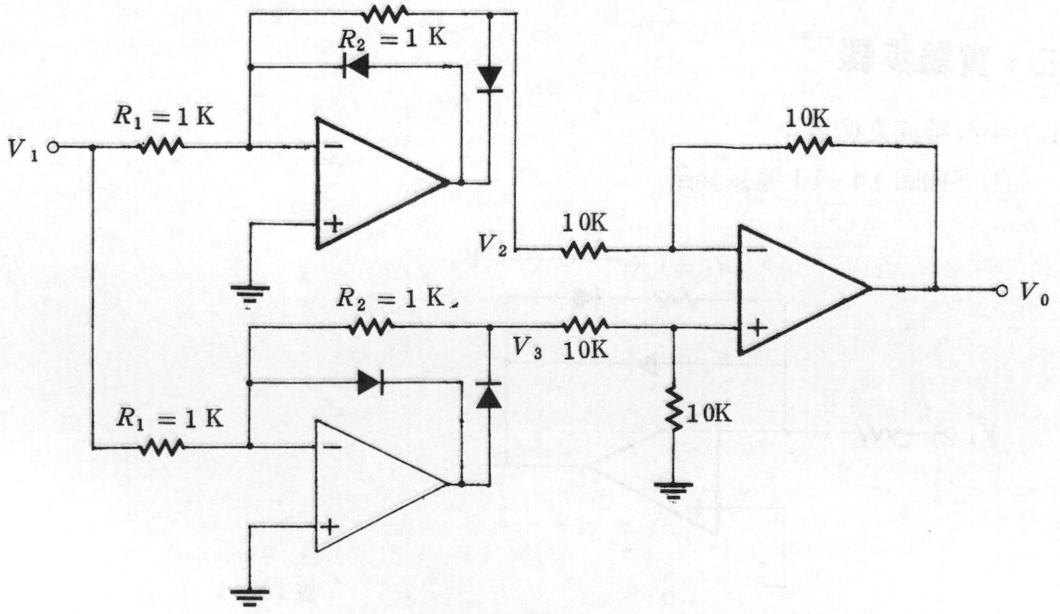

圖14-12

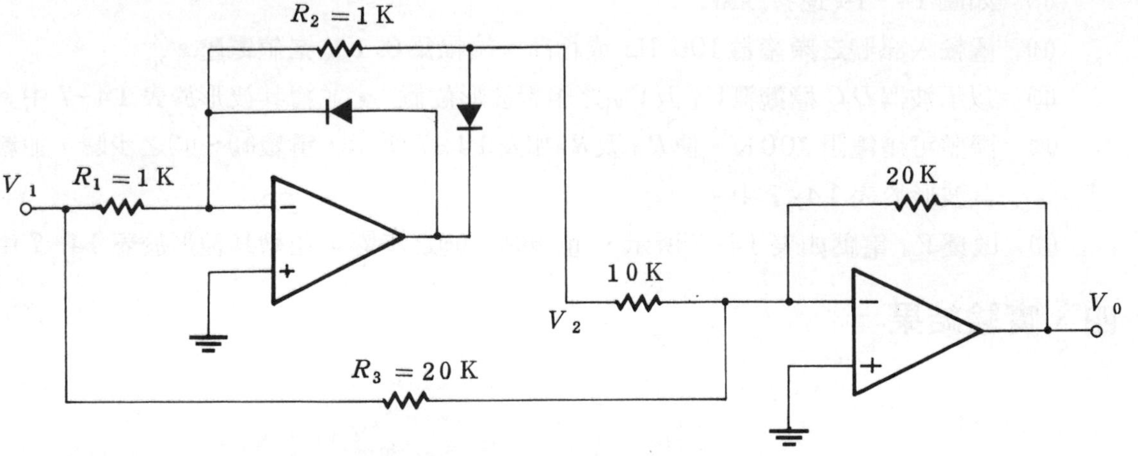

圖 14-13

⑽　改變V_1電壓如表 14-5 所示，重覆⑼之步驟，並繪其波形於表 14-5 中。

⑾　改變R_2及R_3電阻如表 14-5 所示，重覆⑻～⑽之步驟，並繪其波形於表 14-5 中。

⑿　將圖 14-13 電路之兩個二極體反接，重覆⑻～⑾之步驟，並繪其波形於表 14-6 中。

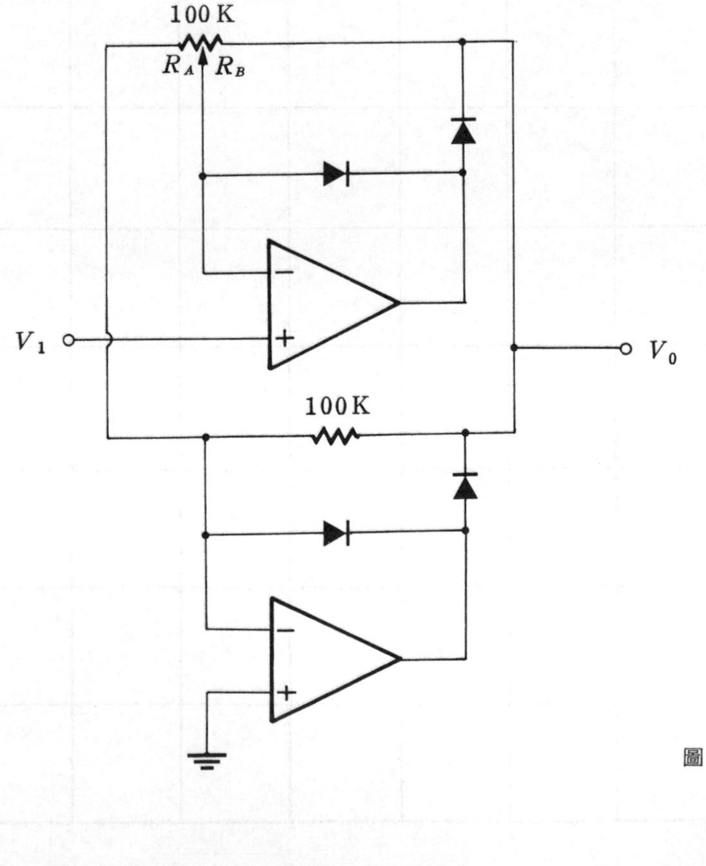

圖 14-14

⒀ 如圖 14-14 連接線路。

⒁ 置輸入訊號之頻率為 100 Hz 或稍高，振幅為 0.1 V 峯值電壓。

⒂ 以示波器 DC 檔觀測 V_1 及 V_0 之相對波形位置，並繪其波形於表 14-7 中。

⒃ 調整可變電阻 100K，使 R_A 及 R_B 如表 14-7 所示，重覆⒁～⒂之步驟，並繪其波形於表 14-7 中。

⒄ 改變 V_1 電壓如表 14-7 所示，重覆⒁～⒃之步驟，並繪其波形於表 14-7 中。

四、實驗結果

表 14-1

R_2	輸入電壓 \ 波形	0.1 V	0.2 V	0.5 V	1 V	2 V	3 V	5 V
1 K	V_1							
	V_2							
	V_0							
5 K	V_1							
	V_2							
	V_0							
10 K	V_1							
	V_2							
	V_0							

表 14-2

R_2	波形＼輸入電壓	0.1 V	0.2 V	0.5 V	1 V	2 V	3 V	5 V
1 K	V_1							
	V_2							
	V_0							
5 K	V_1							
	V_2							
	V_0							
10 K	V_1							
	V_2							
	V_0							

表14-3

R_2	波形＼輸入電壓	0.1 V	0.2 V	0.5 V	1 V	2 V	3 V	5 V
1 K	V_1							
	V_2							
	V_3							
	V_0							
5 K	V_1							
	V_2							
	V_3							
	V_0							

表14-4

R_2	輸入電壓 / 波形	0.1 V	0.2 V	0.5V	1 V	2 V	3 V	5 V
1 K	V_1							
	V_2							
	V_3							
	V_0							
5 K	V_1							
	V_2							
	V_3							
	V_0							

表 14-5

R_2	R_3	波形＼輸入電壓	0.1 V	0.2 V	0.5V	1 V	2 V	5 V
1 K	20 K	V_1						
		V_2						
		V_0						
5 K	20 K	V_1						
		V_2						
		V_0						
1 K	10 K	V_1						
		V_2						
		V_0						

表 14-6

R_2	R_3	波形＼輸入電壓	0.1 V	0.2 V	0.5 V	1V	2 V	5 V
1K	20K	V_1						
		V_2						
		V_0						
5 K	20K	V_1						
		V_2						
		V_0						
1 K	10 K	V_1						
		V_2						
		V_0						

表 14-7

V_1	波形 R_A	50 K	60 K	70 K	80 K	90 K	40 K	30 K
	R_B	50 K	40 K	30 K	20 K	10 K	60 K	70 K
0.1 V	V_1							
	V_0							
0.5 V	V_1							
	V_0							
1 V	V_1							
	V_0							
5 V	V_1							
	V_0							

五、問題討論

(1) 圖 14-11 之電路，V_2 與 V_0 兩端點之波形有何異同？

(2) 實驗中，圖 14-11電路之 R_2 電阻的改變對 V_2 及 V_0 有何影響？

(3) 圖 14-12 之電路，若四個二極體皆反接，其輸出波形與表 14-4之波形有何異同？

(4) 圖 14-13之電路，R_3 電阻的改變對輸出波形有何影響？

(5) 圖 14-14之電路，R_4 電阻之增加，對輸出波形有何影響？

15

定電流源電路

一、實驗目的

(1)　探討定電流源在電路上之應用。

(2)　瞭解各種定電流源電路的基本原理及應用。

二、實驗原理

定電流源乃是對一負載提供一幾乎為定值的直流電流，而與此負載電阻之大小無關，如圖 15 - 1 所示，為一理想的電流源，提供負載電阻 R_L 一輸出電流，無論負載電阻為 10 K Ω或 100 KΩ ，其流過負載之電流恒等。對於任一電流源，其僅能提供限制於某範圍下之負載流過一等值的電流，此乃因電流源本身具有一輸出電阻。

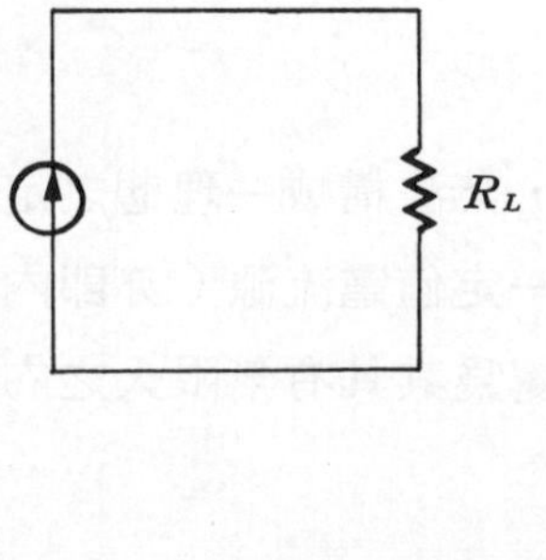

圖 15 - 1

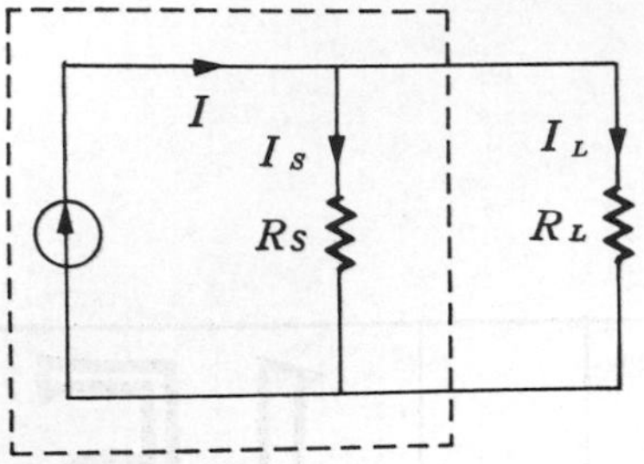

圖 15-2

圖 15-2 所示為一實用的電流源，由理想的電流源與輸出電阻並聯所組成，理想之電流源所供給之電流即為輸出電阻與負載電阻兩電流之和，若電流源之輸出電阻大大於負載電阻，則大部份之電流將流過負載，構成一定電流源，現分析如下：

由克希荷夫定理知，

$$I_L \cdot R_L = I_S \cdot R_S = I \cdot R_T \qquad (R_T = R_L /\!/ R_S)$$

$$I_L = \frac{I \cdot R_T}{R_L} = \frac{I \cdot \frac{R_L \cdot R_S}{R_L + R_S}}{R_L}$$

$$\therefore \quad I_L = \frac{R_S}{R_L + R_S} \cdot I$$

假使 1 A之電流源，其輸出電阻為 100 K，則流過 1 K 及 10 K 之負載電阻為

$$I_{1K} = \frac{100}{100+1} \cdot (1\text{ A}) = 0.99\text{ A}$$

$$I_{10K} = \frac{100}{100+10} \cdot (1\text{ A}) = 0.909\text{ A}$$

此二支電流近乎相等，但是若負載改為 100K，則

$$I_{100K} = \frac{100}{100+100} \cdot (1\text{ A}) = 0.5\text{ A}$$

此電流僅為原來電流源的一半，此即證明，負載電阻若太大，無法構成一理想之定電流源。因此只要負載電阻甚小於電流源的輸出電阻，即可視為一定值電流源（亦即內阻愈大之電流源愈接近於理想之電流源），而理想之電流源即被認為其具有無限大之內阻或為開路電阻。

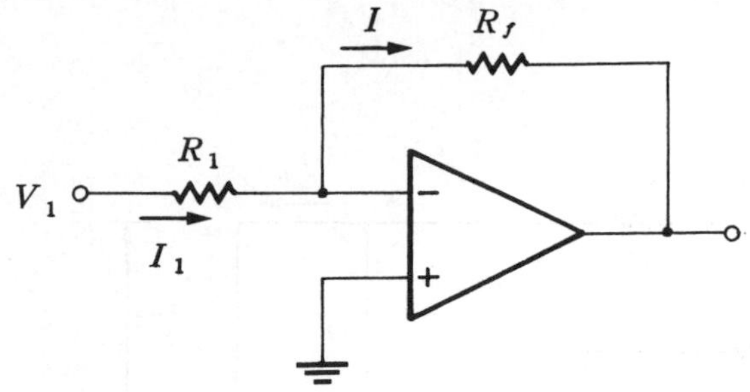

圖 15-3

利用OP　Amp來組成定電流源電路的型式很多，現分析如下：

圖 15-3 爲基本的OP　Amp電路，在倒相電路中，已明白指出流過回授電阻之電流與輸入電流相等，而"－"輸入端爲虛接地點，因此輸入電流 I_1 乃決定於輸入電壓 V_1 及輸入電阻 R_1 之比值，亦即

$$I_1=\frac{V_1}{R_1}$$

因此流過回授電阻之電流不論此回授電阻之值爲多少，其值必爲 $\frac{V_1}{R_1}$。（回授電阻值雖然爲任意值，但其值若已使輸出電壓達到飽和狀態，則流過回授電阻之電流不等於流過輸入電阻之電流）

若置輸入電壓爲定值，則輸入電流亦爲定值，可以使流過回授電阻上之電流亦爲定值，在圖 15-4 中，輸入電壓由稽納二極體提供一固定參考電壓，在OP　Amp之正常工作下，可以流過一固定之電流 $\frac{V_Z}{R_1}$ 於回授電阻（即負載電阻）。

圖 15-5 爲另一種定電流源電路，利用二片OP　Amp提供一近乎定值之電流流過負載電阻（圖 15-4 之負載電阻爲浮動負載，而圖 15-5爲一端接地之負載電阻），圖中，A_1 爲一加法器，而 A_2 爲一倒相器，因此可得

$$V_c=-V_s-V_b$$

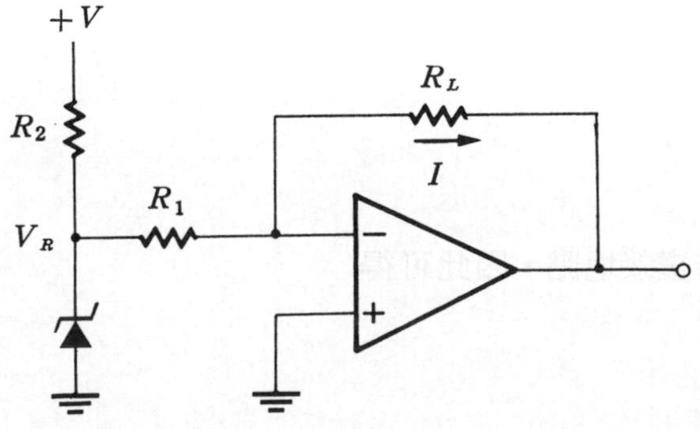

圖 15-4

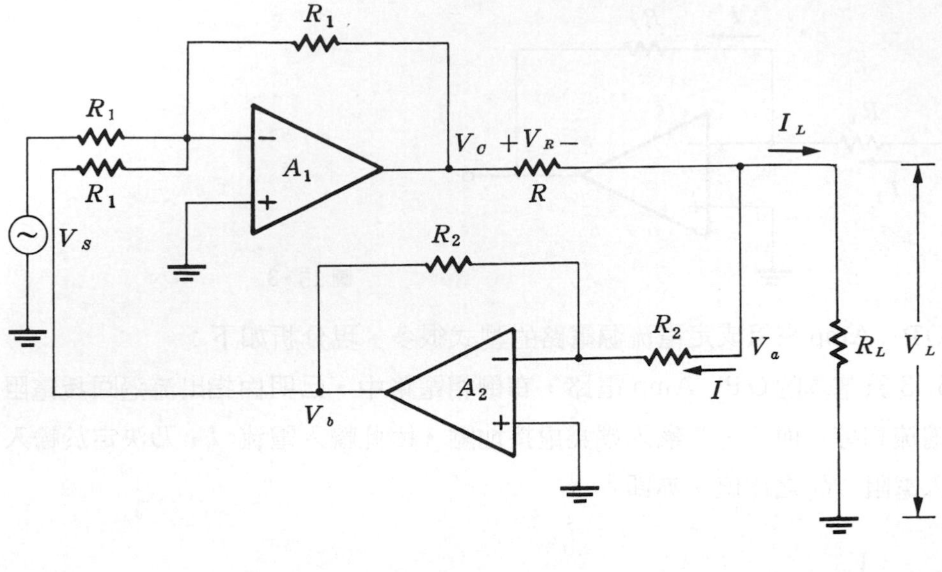

圖 15-5

$$V_b = -V_a = -V_L$$ (1)

$$\therefore \quad V_C = -V_S + V_L$$

而R電阻之壓降V_R為 (2)

$$V_R = V_C - V_L$$

由上(1)、(2)兩式，可知

$$V_R = -V_S$$

因此流過R電阻上之電流I_R為

$$I_R = \frac{V_R}{R} = -\frac{V_S}{R}$$

由圖中，可以看出

$$I_R = I_L + I$$

由於A_2為一倒相器，其"－"輸入端為虛接地點，因此可得

$$I \cong \frac{V_a}{R_2} = \frac{V_L}{R_2}$$

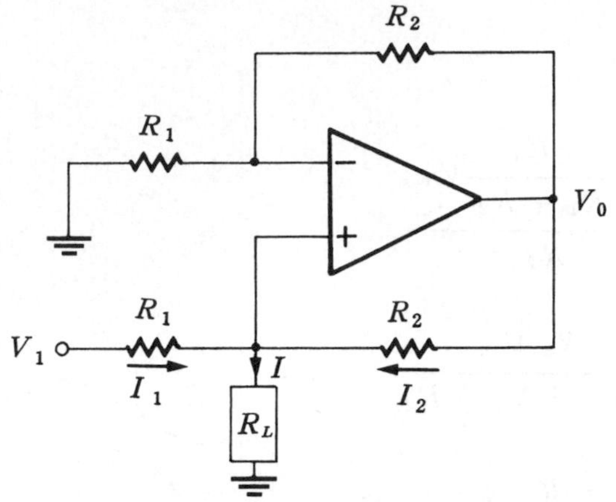

圖 15-6

若電路選用較大之R_2值，則$I \cong 0$，故

$$I_R = I_L + I \cong I_L$$

而I_R電流又由V_S及R電阻決定，因此固定的V_S與R值，可使負載電阻R_L近乎流過一定電流，此電流值爲

$$I_L = -\frac{V_S}{R}$$

上式之負載代表電流的方向與圖 15-5 中之假設方向相反。

圖 15-6 爲另一種定電流源電路，輸入電壓從"＋"端輸入，由 OP Amp 之特性知，"＋""－"兩端點之電壓近似相等，在"－"輸入端之電壓$V_{(-)}$爲

$$V_{(-)} = \frac{R_1}{R_1 + R_2} V_0$$

因此流過R_1及R_2之電流分別爲

$$I_1 = \frac{V_1 - \dfrac{R_1}{R_1 + R_2} V_0}{R_1}$$

$$I_2 = \frac{V_0 - \dfrac{R_1}{R_1 + R_2} V_0}{R_2}$$

由於 OP Amp "＋"輸入端沒有電流流進去（其值很小，近乎爲零），因此流過R_L

負載之電流為

$$I = I_1 + I_2$$

$$= \frac{V_1 - \dfrac{R_1}{R_1 + R_2} V_0}{R_1} + \frac{V_0 - \dfrac{R_1}{R_1 + R_2} V_0}{R_2}$$

$$= \frac{V_1}{R_1} - \frac{V_0}{R_1 + R_2} + \frac{V_0}{R_2} - \frac{R_1 V_0}{(R_1 + R_2) R_2}$$

$$= \frac{V_1}{R_1} + \frac{-R_2 + (R_1 + R_2) - R_1}{(R_1 + R_2) R_2} V_0$$

$$= \frac{V_1}{R_1}$$

在固定的V_1及R_1值之下，流過負載電阻 R_L之電流不受負載電阻大小之影響。在此必須注意的是：R_2值必須甚大於R_L，以避免較大的正回授量，引起非線性失真。

圖15-7電路與圖15-6之電路類似，輸入電壓改由負端輸入，將正端電阻接地，利用重疊原理，可以求出“－”輸入端對地之電壓$V_{(-)}$與V_2及V_0之關係為

$$V_{(-)} = \frac{R_2}{R_1 + R_2} V_2 + \frac{R_1}{R_1 + R_2} V_0 = \frac{R_2 V_2 + R_1 V_0}{R_1 + R_2}$$

而OP　Amp之“＋”“－”兩端之電壓近似相等，故

$$V_{(+)} \cong V_{(-)} = \frac{R_2 V_2 + R_1 V_0}{R_1 + R_2}$$

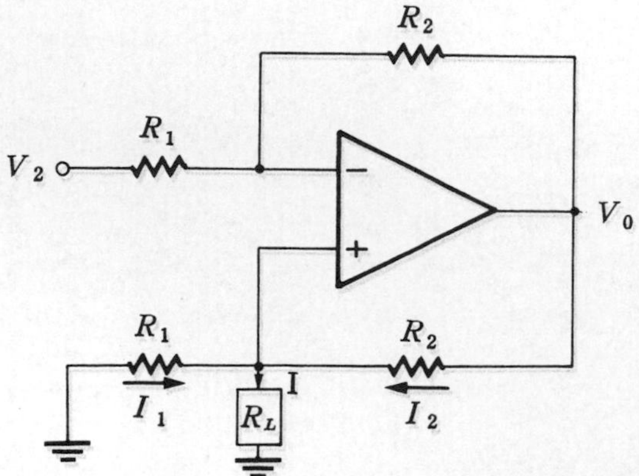

圖15-7

因此可以分別求出I_1及I_2之電流為

$$I_1=\frac{0-V_{(+)}}{R_1}=\frac{-\dfrac{R_2V_2+R_1V_0}{R_1+R_2}}{R_1}$$

$$I_2=\frac{V_0-V_{(+)}}{R_2}=\frac{V_0-\dfrac{R_2V_2+R_1V_0}{R_1+R_2}}{R_2}$$

流過負載電阻R_L之電流為

$$I=I_1+I_2$$

$$=\frac{-\dfrac{R_2V_2+R_1V_0}{R_1+R_2}}{R_1}+\frac{V_0-\dfrac{R_2V_2+R_1V_0}{R_1+R_2}}{R_2}$$

$$=-\frac{R_2V_2+R_1V_0}{(R_1+R_2)R_1}+\frac{V_0}{R_2}-\frac{R_2V_2+R_1V_0}{(R_1+R_2)R_2}$$

$$=\frac{-R_2R_2V_2-R_1R_2V_0+V_0R_1R_1+V_0R_2R_1-R_1R_2V_2-R_1R_1V_0}{(R_1+R_2)R_1R_2}$$

$$=\frac{-R_2R_2V_2-R_1R_2V_2}{(R_1+R_2)R_1R_2}$$

$$=\frac{-V_2R_2(R_1+R_2)}{(R_1+R_2)R_1R_2}$$

$$=-\frac{V_2}{R_1}$$

由上式可以看出，流過負載電阻 R_L之電流由 V_2及R_1 決定之，而其電流之方向可由上式之負號看出，與圖15-7中所假設之方向相反，同時 R_2值亦必須甚大於R_L之值。

假使V_1及V_2兩電壓同時加到正、負端，如圖15-8所示，則根據重疊原理及上面所求，可以曉得流過R_L負載電阻之電流為

$$I=\frac{V_1}{R_1}-\frac{V_2}{R_1}$$

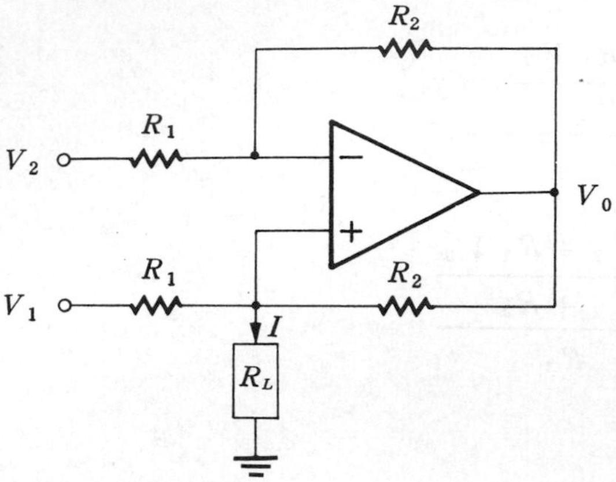

圖15-8

$$=\frac{V_1 - V_2}{R_1}$$

此時流過 R_L 之電流方向由 V_1 及 V_2 之大小決定，若 V_1 大於 V_2，則電流方向向下；反之，則向上。

圖15-9爲另一種差動輸入之定電流源電路，對於 A_2 而言，其爲一阻抗轉換器，因此 A_2 之輸出電壓爲 V_L，根據重疊原理，可以分別求出 A_1 "＋""－"兩端之電壓爲

$$V_{(+)}=\frac{R}{R+R}V_1+\frac{R}{R+R}V_L$$

$$=\frac{V_1}{2}+\frac{V_L}{2}$$

$$V_{(-)}=\frac{R}{R+R}V_2+\frac{R}{K+R}V_0$$

$$=\frac{V_2}{2}+\frac{V_0}{2}$$

由OP　Amp之特性可知

$$V_{(+)}=V_{(-)}$$

$$\frac{V_1}{2}+\frac{V_L}{2}=\frac{V_2}{2}+\frac{V_0}{2}$$

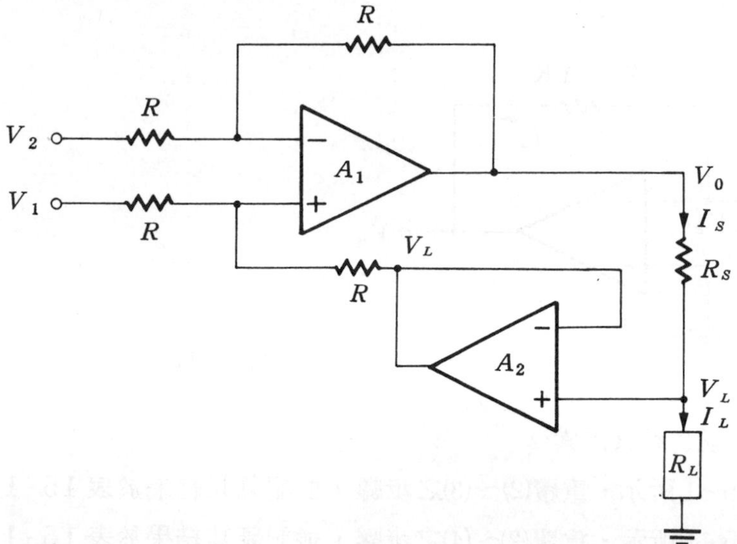

圖 15-9

$$\therefore \quad V_1 + V_L = V_2 + V_0$$

$$V_1 - V_2 = V_0 - V_L$$

流過R_S電阻之電流為

$$I_S = \frac{V_0 - V_L}{R_S}$$

此電流由於OP　Amp之特性，全部流進負載電阻R_L，因此負載電阻上之電流I_L為

$$I_L = I_S = \frac{V_0 - V_L}{R_S} = \frac{V_1 - V_2}{R_S}$$

上式與圖15-8之電路所得到的結果相似，若V_1大於V_2，則電流方向向下；反之，則向上。

定電流源電路可以將電壓轉換成需要的電流，以供給特殊測試之用，例如：電晶體特性曲線循跡器中之基極階梯電流，即可利用定電流電路，將階梯電壓波形轉換成電流波形以加入電晶體之基極端，來測試電晶體之特性。

三、實驗步驟

(1) 如圖15-10連接線路。

(2) 以示波器DC檔或三用表測量V_A、V_B及V_0電壓，並記錄其結果於表15-1中。

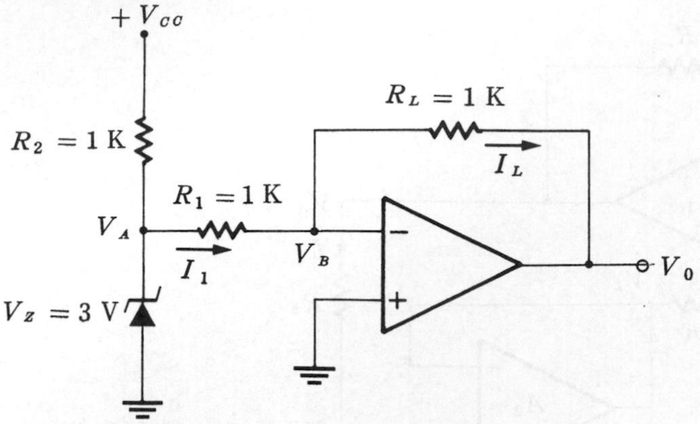

圖 15-10

(3) 計算 I_1 與 I_L 電流，並比較其差異。

(4) 改變 R_L 電阻如表 15-1 所示，重覆(2)～(3)之步驟，並記錄其結果於表 15-1 中。

(5) 改變 R_1 電阻如表 15-1 所示，重覆(2)～(4)之步驟，並記錄其結果於表 15-1 中。

(6) 如圖 15-11 連接綫路。

(7) 以示波器 DC 檔或三用表測量 V_A 及 V_0 電壓，並記錄其結果於表 15-2 中。(此時 V_S 置於 $+1$ V)

(8) 計算 I_R 及 I_L 電流，並比較差異。

(9) 改變 R 及 R_L 電阻如表 15-2 所示，重覆(7)～(8)之步驟，並記錄其結果於表 15-2 中。

(10) 改變 V_S 電壓如表 15-2 所示，重覆(7)～(9)之步驟，並記錄其結果於表 15-2 中。

(11) 如圖 15-12 連接綫路。

(12) 置 V_S 電壓爲 $+1$ V。

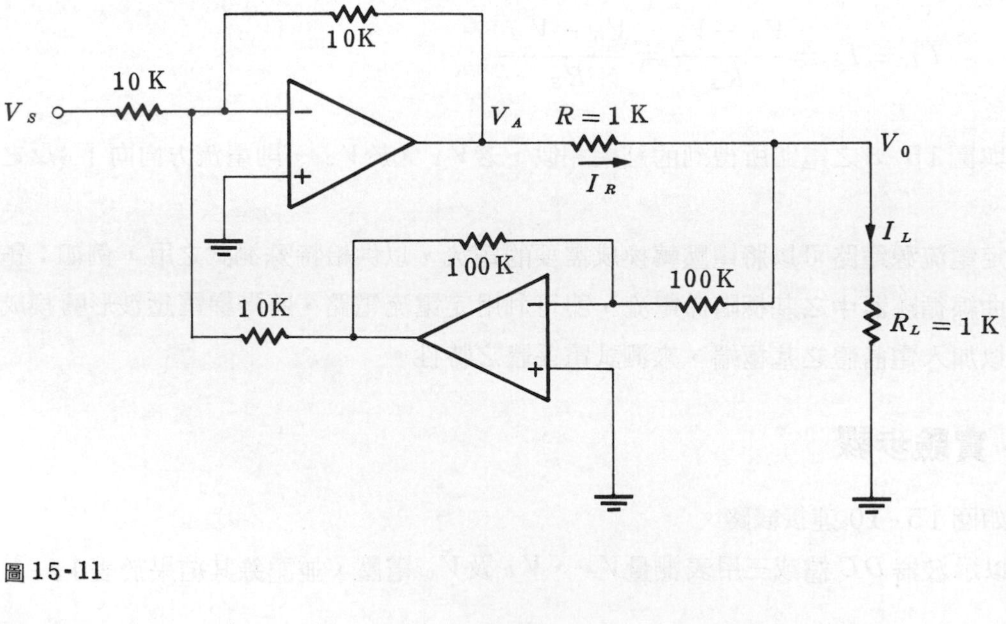

圖 15-11

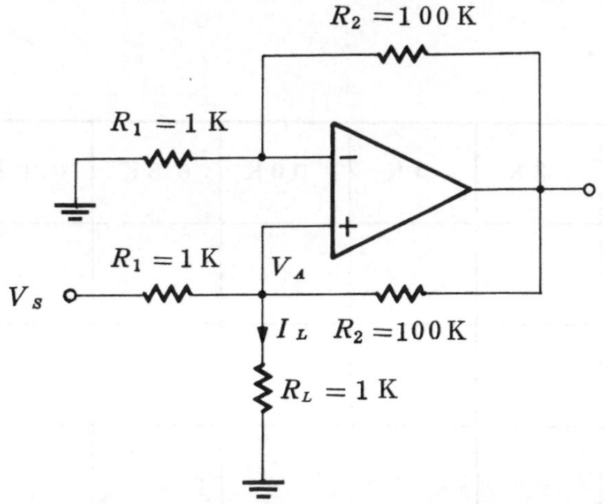

圖 15-12

⒀ 以示波器 DC 檔或三用表測量 V_A 電壓，並記錄其結果於表 15-3 中。

⒁ 計算 I_L 電流並與理論值相比較。

⒂ 改變 R_1 及 R_L 電阻如表 15-3 所示，重覆⒀、⒁之步驟，並記錄其結果於表 15-3 中。

⒃ 改變 V_S 電壓如表 15-3 所示，重覆⒀～⒂之步驟，並記錄其結果於表 15-3 中。

⒄ 將 V_S 電壓改接“－”輸入端，而“＋”輸入端接地如圖 15-7 所示，重覆⑿～⒃之步驟，並記錄其結果於表 15-4 中。

四、實驗結果

表15-1

R_1	電壓及數據 \ R_L	1 K	2 K	5 K	10 K	0.5 K	0.1 K
1 K	V_A						
	V_B						
	V_0						
	$I_1=\frac{V_A-V_B}{R_1}$						
	$I_L=\frac{V_B-V_0}{R_L}$						
2 K	V_A						
	V_B						
	V_0						
	$I_1=\frac{V_A-V_B}{R_1}$						
	$I_L=\frac{V_B-V_0}{R_L}$						
0.5 K	V_A						
	V_B						
	V_0						
	$I_1=\frac{V_A-V_B}{R_1}$						
	$I_L=\frac{V_B-V_0}{R_L}$						

表 15-2

V_S	電壓及數據 ＼ R / R_L	R = 1 K, R_L = 1 K	R = 1 K, R_L = 5 K	R = 1 K, R_L = 10 K	R = 0.5 K, R_L = 1 K	R = 5 K, R_L = 5 K	R = 10 K, R_L = 10 K
+1 V	V_A						
	V_0						
	$I_R=\frac{V_A-V_0}{R}$						
	$I_L=\frac{V_L}{R_L}$						
	$I_L=-\frac{V_S}{R}$（理論值）						
+5 V	V_A						
	V_0						
	$I_R=\frac{V_A-V_0}{R}$						
	$I_L=\frac{V_L}{R_L}$						
	$I_L=-\frac{V_S}{R}$（理論值）						
−3 V	V_A						
	V_0						
	$I_R=\frac{V_A-V_0}{R}$						
	$I_L=\frac{V_L}{R_L}$						
	$I_L=-\frac{V_S}{R}$（理論值）						

表 15-3

V_S	電壓及數據 \ R_1 / R_L	1 K / 1 K	1 K / 2 K	1 K / 5 K	1 K / 10 K	2 K / 2 K	0.5 K / 2 K
+1 V	V_A						
	$I_L=\frac{V_A}{R_L}$						
	$I_L=\frac{V_S}{R_1}$ (理論值)						
+2 V	V_A						
	$I_L=\frac{V_A}{R_L}$						
	$I_L=\frac{V_S}{R_1}$ (理論值)						
+5 V	V_A						
	$I_L=\frac{V_A}{R_L}$						
	$I_L=\frac{V_S}{R_1}$ (理論值)						
−2 V	V_A						
	$I_L=\frac{V_A}{R_L}$						
	$I_L=\frac{V_S}{R_1}$ (理論值)						

表15-4

V_S	R_1 \ R_L 電壓及數據	1 K / 1 K	1 K / 2 K	1 K / 5 K	1 K / 10 K	2 K / 2 K	0.5 K / 2 K
+1 V	V_A						
	$I_L = \frac{V_A}{R_L}$						
	$I_L = \frac{V_S}{R_1}$ (理論值)						
+2 V	V_A						
	$I_L = \frac{V_A}{R_L}$						
	$I_L = \frac{V_S}{R_1}$ (理論值)						
+5 V	V_A						
	$I_L = \frac{V_A}{R_L}$						
	$I_L = \frac{V_S}{R_1}$ (理論值)						
−2 V	V_A						
	$I_L = \frac{V_A}{R_L}$						
	$I_L = \frac{V_S}{R_1}$ (理論值)						

五、問題討論

(1) 在圖 15-10 之電路，R_L負載的電阻範圍有何限制，才能使定電流電路正常工作？

(2) 同上題，R_2 電阻的改變是否會影響到定電流電路的正常工作？

(3) 在圖 15-11 之電路中，若將 100 K 改為 1 K，則是否會影響到定電流電路的工作狀況？

(4) 討論圖 15-11 之電路中，在固定R及R_L之情況下，V_0與V_S 之關係為何？何故？

(5) 在圖 15-12 之電路中，若R_1改用 100 K ，則對電路的正常工作有何影響？何故？

16

相位移調整電路

一、實驗目的

(1) 產生各種同頻率之相位角。

(2) 探討相位移產生電路之原理。

二、實驗原理

一基本的 RC 相移網路如圖 16 - 1 所示，輸出與輸入間之關係可表示爲

$$V_0 = V_i \frac{\dfrac{1}{j\omega C}}{R + \dfrac{1}{j\omega C}}$$

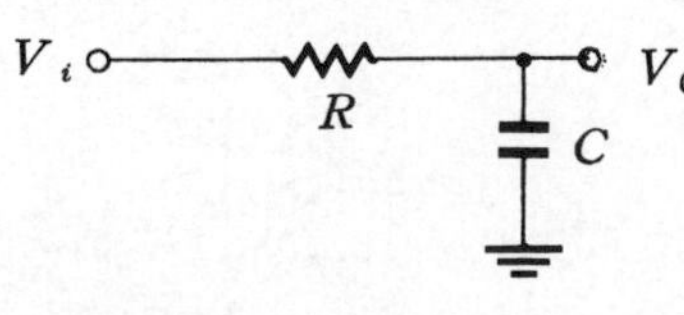

圖 16 - 1

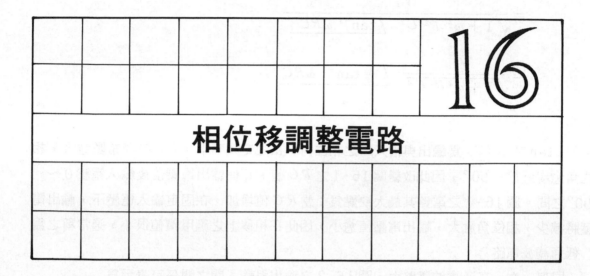

$$= V_i \frac{1}{1 + j\omega RC}$$

$$= \frac{V_i}{\sqrt{1+\omega^2 R^2 C^2} \angle \tan^{-1} \omega RC}$$

$$= \frac{V_i}{\sqrt{1+\omega^2 R^2 C^2}} \angle -\tan^{-1} \omega RC$$

$\theta = -\tan^{-1} \omega RC$ 為輸出與輸入間之相位角，在固定頻率下，RC時間常數愈大，相位角愈趨近於$-90°$，因此改變圖16-1之RC值，可使輸出電壓落後輸入電壓0～90°之間。圖16-1之電路其最大缺點為：當RC值增加，在固定輸入電壓下，輸出電壓將減少，相位角愈大，輸出電壓值愈小，因此在相移上之應用價值很小，通常稱之為“低通濾波電路”。

同理，在一高通濾波電路中，圖16-2之輸出與輸入間之關係可表示為

$$V_0 = V_i \frac{\omega RC}{\sqrt{1+\omega^2 R^2 C^2}} \angle \tan^{-1} \frac{1}{\omega RC}$$

其特性與低通濾波電路正好相反，輸出電壓領前輸入電壓一相位角，RC值愈小，相位角愈趨近於90°，且RC值愈小，輸出電壓值愈低。

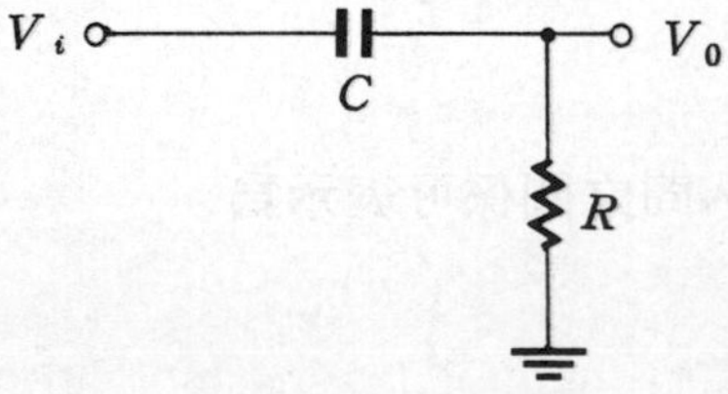

圖16-2

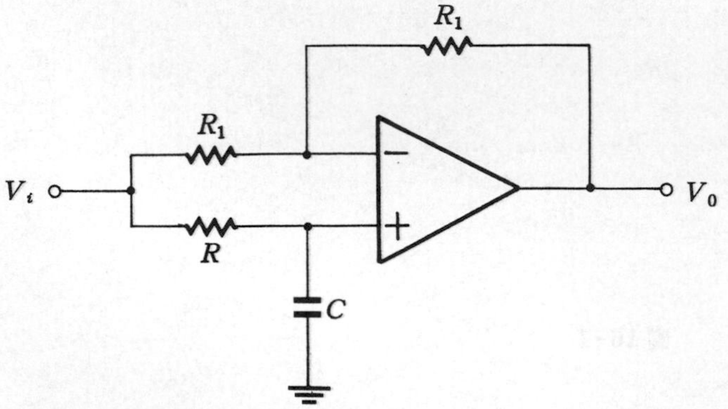

圖16-3

理想的相位移轉電路在傳送一信號時，不改變其振幅而只改變其輸出與輸入之間之相位角，現就圖16-3之電路來討論之。

圖16-3中，輸出與輸入之關係可表示爲

$$V_0 = V_i\left(-\frac{R_1}{R_1}\right) + V_i\,\frac{\dfrac{1}{j\omega C}}{R+\dfrac{1}{j\omega C}}\cdot\left(1+\frac{R_1}{R_1}\right)$$

$$= -V_i + 2V_i\,\frac{1}{1+j\omega RC}$$

$$= V_i\left(\frac{2}{1+j\omega RC}-1\right)$$

$$= V_i\,\frac{1-j\omega RC}{1+j\omega RC}$$

$$= V_i\,\frac{1-\omega^2R^2C^2-j2\omega RC}{1+\omega^2R^2C^2}$$

$$= V_i\cdot\gamma\,\angle\theta$$

其中γ值爲

$$\gamma = \sqrt{\left(\frac{1-\omega^2R^2C^2}{1+\omega^2R^2C^2}\right)^2+\left(\frac{2\omega RC}{1+\omega^2R^2C^2}\right)^2}$$

$$= \frac{\sqrt{(1-\omega^2R^2C^2)^2+(2\omega RC)^2}}{1+\omega^2R^2C^2}$$

$$= \frac{\sqrt{1-2\omega^2R^2C^2+\omega^4R^4C^4+4\omega^2R^2C^2}}{1+\omega^2R^2C^2}$$

$$= \frac{\sqrt{(1+\omega^2R^2C^2)^2}}{1+\omega^2R^2C^2}$$

$$= 1$$

而θ值爲

$$\theta = \tan^{-1}\frac{\dfrac{-2\omega RC}{1+\omega^2R^2C^2}}{\dfrac{1-\omega^2R^2C^2}{1+\omega^2R^2C^2}}$$

$$= \tan^{-1}\frac{-2\omega RC}{1-\omega^2R^2C^2}$$

$$= -2\tan^{-1}\omega RC \qquad \left(\tan^{-1}T_1+\tan^{-1}T_2=\tan^{-1}\frac{T_1+T_2}{1-T_1T_2}\right)$$

因此可以得到V_0與V_i之關係為

$$V_0 = V_i \angle -2\tan^{-1}\omega RC$$

由上式可以看出輸出與輸入的電壓相等，在固定頻率下，改變RC值可以改變輸出、入間之相位角，而相位角之範圍為0～－180° 之間。若R和C的位置互換，則相位角將為正值。

三、實驗步驟

(1) 如圖16-4連接線路。

(2) 置輸入訊號之頻率為1 KHz ，振幅為5 V峯值電壓。

(3) 以示波器AC檔同時觀測V_i及V_0波形，記錄兩波形之相位差及 V_0峯值電壓於表16-1中。

(4) 計算理論之相位角，並與測試值相比較。

(5) 改變C值如表16-1所示，重覆(3)、(4)之步驟，並記錄其結果於表16-1中。

(6) 改變R值如表16-1 所示，重覆(3)～(5)之步驟，並記錄其結果於表16-1中。

(7) 將R，C兩零件互換，重覆(2)～(6)之步驟，並記錄其結果於表16-2中。

四、實驗結果

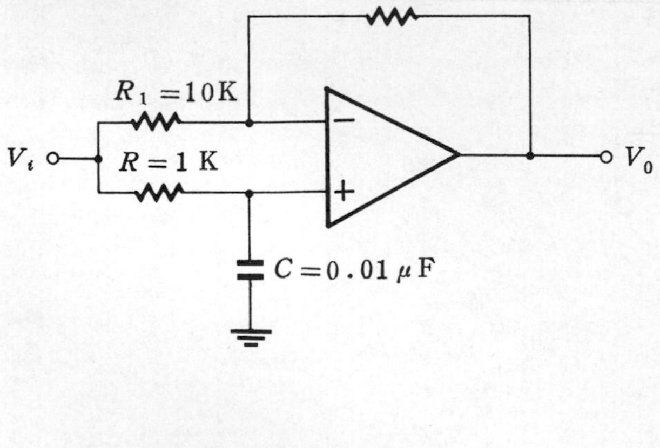

圖16-4

表 16-1

R	電壓及相位角 \ C	0.01 μF	0.001 μF	100 PF	0.1 μF	1 μF
1 K	V_0 峯值電壓					
	相　位　角					
	$\theta=-2\tan^{-1}\omega RC$					
2 K	V_0 峯值電壓					
	相　位　角					
	$\theta=-2\tan^{-1}\omega RC$					
5 K	V_0 峯值電壓					
	相　位　角					
	$\theta=-2\tan^{-1}\omega RC$					
10 K	V_0 峯值電壓					
	相　位　角					
	$\theta=-2\tan^{-1}\omega RC$					

表 16-2

R	電壓及相位角 \ C	0.01 μF	0.001 μF	100 PF	0.1 μF	1 μF
1 K	V_0 峯值電壓					
	相　位　角					
	$\theta=2\tan^{-1}\omega RC$					
2 K	V_0 峯值電壓					
	相　位　角					
	$\theta=2\tan^{-1}\omega RC$					
5 K	V_0 峯值電壓					
	相　位　角					
	$\theta=2\tan^{-1}\omega RC$					
10 K	V_0 峯值電壓					
	相　位　角					
	$\theta=2\tan^{-1}\omega RC$					

五、問題討論

(1) 在圖 16-3 之電路中，試討論輸出、輸入之相位差與輸入頻率之關係？

(2) 下圖之電路，試討論輸出與輸入間之關係？

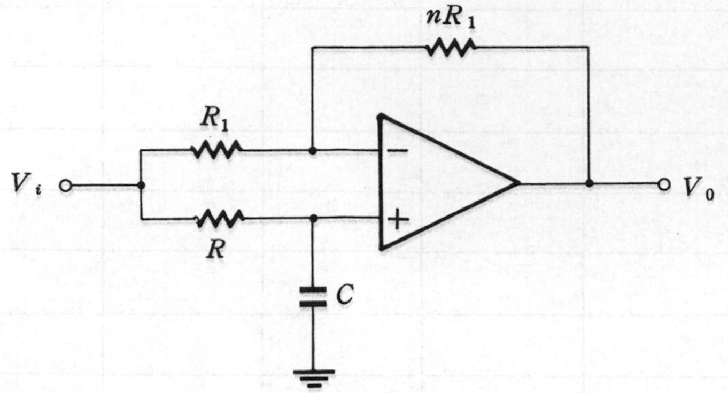

(3) 同上圖，若 R、C 兩零件互換，則 V_0 與 V_i 之關係為何？

17

無穩態多諧振盪器

一、實驗目的

(1) 瞭解無穩態多諧振盪電路的工作原理。

(2) 探討振盪頻率與零件值相互間之關係。

(3) 探討無穩態多諧振盪器在電路上之應用。

二、實驗原理

無穩態多諧振盪電路，不需外來的觸發信號，即能不斷地轉變於兩個工作狀態，以

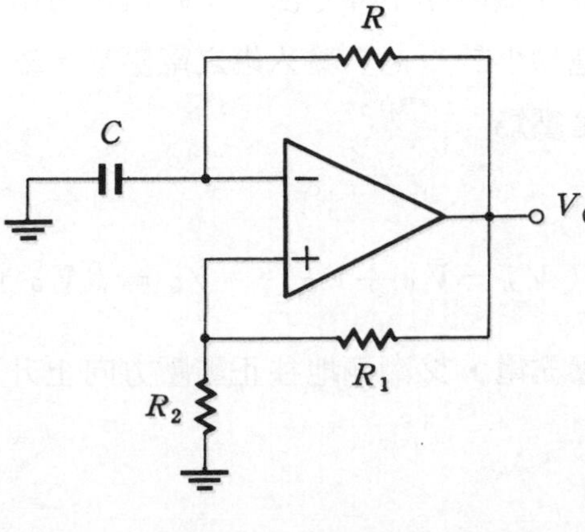

圖17-1

提供系統中部份電路操作時所需的時控信號。圖17-1爲基本的無穩態多諧振盪電路，輸出電壓經由R_1及R_2兩電阻提供"＋"輸入端一參考電壓，當"－"輸入端電壓大於或小於此參考電壓，即能改變輸出的飽和狀態，基本上OP Amp在電路上所擔任的工作乃是一比較電路，現分析其工作原理如下：

圖17-1中，當電源接上後，假設輸出電壓爲正飽和，而電容器在電源接上之瞬間，沒有貯存任何電荷，故"－"輸入端之電壓爲零，此時"＋"輸入端之電壓由輸出電壓V_0經R_1及R_2回授，其值爲

$$V_{(+)}=+\frac{R_2}{R_1+R_2}V_0=\beta V_0$$

"＋"輸入端之電壓爲正，大於"－"輸入端之電壓（其值在瞬間時爲零），因此可以確保輸出電壓維持在正飽和狀態。然後，輸出之正飽和電壓經R電阻向電容器C充電，則電容器對地之電壓爲

$$V_C=+V_0\left(1-e^{-\frac{t}{RC}}\right)$$

上式表示，當時間經過某一段時間後，V_C之電壓必然會大於βV_0電壓（βV_0電壓小於V_0電壓，而V_C電壓在經過一段時間後，必等於V_0電壓），則"－"輸入端之電壓大於"＋"輸入端之電壓，將促使OP Amp之輸出端由正飽和轉換成負飽和。

當輸出端呈現負飽和狀態後，經由R_1及R_2兩電阻，可使"＋"輸入端之電壓變爲

$$V'_{(+)}=-\frac{R_2}{R_1+R_2}V_0=-\beta V_0 \tag{1}$$

其值爲負，而電容器上之電壓在OP Amp瞬間轉態時，其電壓維持βV_0不變，仍然爲正電壓，因此可以確保輸出端維持著負飽和狀態。

此時電容器上之V_C正電壓經R，－V_0，地電位至電容器C開始放電，由於$-V_0$電壓的存在，電容器上之電壓放到零以後，繼續往負電壓下降（即－V_0電壓向電容器充電），當電容器上之電壓使"－"輸入端之電壓小於"＋"輸入端之電壓時，輸出將由負飽和轉變爲正飽和，在此瞬間電容器上之電壓爲

$$-V_C=-V_L\left(1-e^{-\frac{t_1}{RC}}\right)+V_C \tag{2}$$

$$(V_L=V_0+V_C \qquad V_C=\beta V_0)$$

隨後，電容器上之負電壓被輸出端之正飽和電壓充電，又漸漸地往正電壓方向上升，此時"＋"輸入端之電壓爲

$$V''_{(+)} = \frac{R_2}{R_1 + R_2} V_0 = \beta V_0 \tag{3}$$

當“－”輸入端之電壓大於“＋”輸入端之電壓（即 βV_0 電壓），輸出將由正飽和轉變為負飽和，此時瞬間電容器上之電壓為

$$V_C = V_L\left(1 - e^{-\frac{t_2}{RC}}\right) - V_C \tag{4}$$

圖17-2為多諧振盪電路中，輸出端及電容器上之電壓波形兩者間之相對位置，根據(1)、(2)兩式，可以解出 t_1 為

$$-2V_C = -V_L\left(1 - e^{-\frac{t_1}{RC}}\right)$$

$$1 - e^{-\frac{t_1}{RC}} = \frac{2V_C}{V_L} = \frac{2V_C}{V_0 + V_C}$$

$$e^{-\frac{t_1}{RC}} = 1 - \frac{2V_C}{V_0 + V_C} = \frac{V_0 - V_C}{V_0 + V_C}$$

$$-\frac{t_1}{RC} = ln\frac{V_0 - V_C}{V_0 + V_C}$$

$$\therefore \quad t_1 = -RC \quad ln\frac{V_0 - V_C}{V_0 + V_C}$$

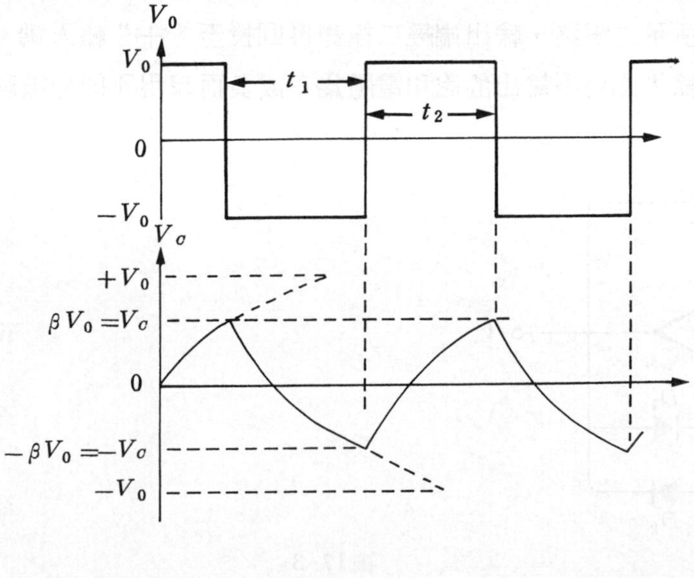

圖17-2

$$=RC \quad ln\frac{V_0+V_C}{V_0-V_C}$$

同理 t_2 爲

$$t_2=RC \quad ln\frac{V_0+V_C}{V_0-V_C}$$

以 $V_C=\beta V_0=\frac{R_2}{R_1+R_2}V_0$ 代入 t_1，t_2 得

$$t_1=RC \quad ln(1+\frac{2R_2}{R_1}) \tag{5}$$

$$t_2=RC \quad ln(1+\frac{2R_2}{R_1}) \tag{6}$$

因此可以得到多諧振盪電路之振盪頻率爲

$$f=\frac{1}{2RC \quad ln(1+\frac{2R_2}{R_1})} \tag{7}$$

由(7)式知，無穩態多諧振盪器之輸出頻率不僅與 RC 時間常數有關，且與 R_1 及 R_2 的分壓電阻有關，在固定的零件下，可以產生固定的輸出頻率。

假使我們接成圖 17-3 所示之電路，輸出端經二極體再回授至“＋”輸入端，由於二極體的極性限制，“＋”輸入端將視輸出的飽和電壓爲正或負而呈現不同的電壓值，

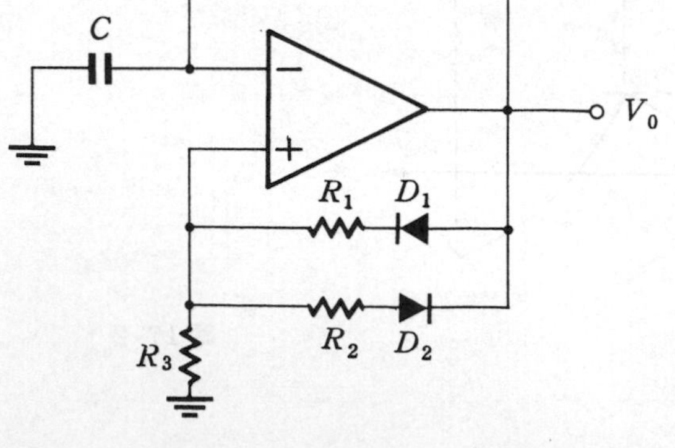

圖 17-3

如圖17-4所示，當輸出爲正飽和時，"＋"輸入端之電壓爲

$$V'_{(+)}=\frac{R_3}{R_1+R_3}V_0=\beta_1 V_0 \qquad \text{（忽略二極體之順向電壓）}$$

"－"輸入端之電容器必須被充電至大於 $\beta_1 V_0$ 之電壓後，才能使輸出由正飽和轉變爲負飽和，當輸出爲負飽和時，"＋"輸入端之電壓爲

$$V''_{(+)}=-\frac{R_3}{R_2+R_3}V_0=-\beta_2 V_0 \qquad \text{（忽略二極體之順向電壓）}$$

此時"－"輸入端之電容器必須放電至小於 $-\beta_2 V_0$ 之電壓後，才能使輸出由負飽和轉變爲正飽和電壓。

根據圖17-4，我們可得到與(2)、(4)兩式相類似之充、放電公式，其公式爲

$$-\beta_2 V_0=-(V_0+\beta_1 V_0)(1-e^{-\frac{t_1}{RC}})+\beta_1 V_0 \tag{8}$$

$$\beta_1 V_0=(V_0+\beta_2 V_0)(1-e^{-\frac{t_2}{RC}})-\beta_2 V_0 \tag{9}$$

由(8)式可得

$$-(\beta_2+\beta_1)V_0=-V_0(1+\beta_1)(1-e^{-\frac{t_1}{RC}})$$

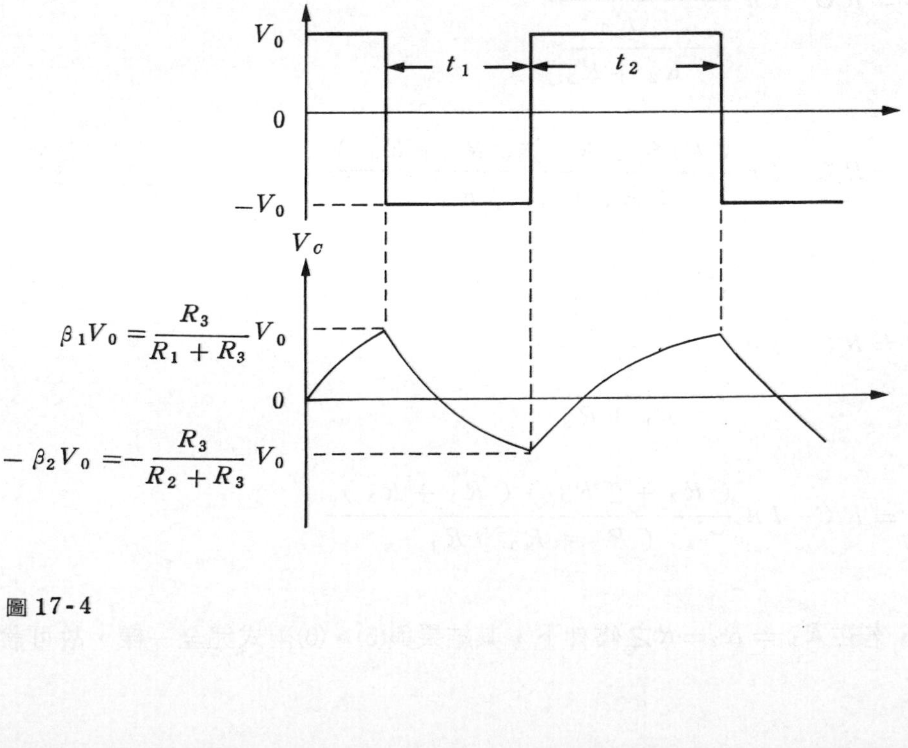

圖17-4

$$1-e^{-\frac{t_1}{RC}}=\frac{\beta_2+\beta_1}{1+\beta_1}$$

$$e^{-\frac{t_1}{RC}}=1-\frac{\beta_2+\beta_1}{1+\beta_1}=\frac{1-\beta_2}{1+\beta_1}$$

$$-\frac{t_1}{RC}=ln\frac{1-\beta_2}{1+\beta_1}$$

$$\therefore\quad t_1=-RC\quad ln\frac{1-\beta_2}{1+\beta_1}$$

$$=RC\quad ln\frac{1+\beta_1}{1-\beta_2} \tag{10}$$

同理 t_2 為

$$t_2=RC\quad ln\frac{1+\beta_2}{1-\beta_1} \tag{11}$$

將 β_1 ，β_2 代入⑽、⑾兩式，可得

$$t_1=RC\quad ln\frac{1+\frac{R_3}{R_1+R_3}}{1-\frac{R_3}{R_2+R_3}}$$

$$=RC\quad ln\frac{(R_1+2R_3)(R_2+R_3)}{(R_1+R_3)R_2} \tag{12}$$

$$t_2=RC\quad ln\frac{1+\frac{R_3}{R_2+R_3}}{1-\frac{R_3}{R_1+R_3}}$$

$$=RC\quad ln\frac{(R_2+2R_3)(R_1+R_3)}{(R_2+R_3)R_1} \tag{13}$$

⑿，⒀兩式，若在 $R_1=R_2=R$ 之條件下，其結果與⑸、⑹兩式完全一樣，故可證明其

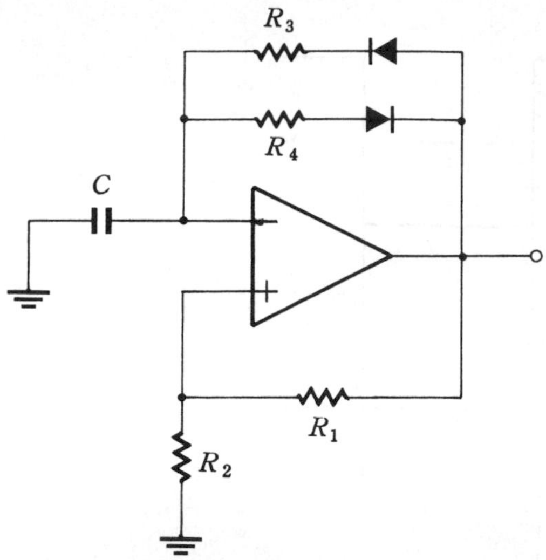

圖 17-5

為正確的。由(12)、(13)兩式可以發覺：若$R_1 \neq R_2$，則$t_1 \neq t_2$，因此輸出為不對稱之方波，而電路之振盪週期為

$$T = t_1 + t_2$$

$$= RC \quad ln \frac{(R_1 + 2R_3)(R_2 + R_3)}{(R_1 + R_3)R_2}$$

$$+ RC \quad ln \frac{(R_2 + 2R_3)(R_1 + R_3)}{(R_2 + R_3)R_1}$$

$$= RC \quad ln \frac{(R_1 + 2R_3)(R_2 + 2R_3)}{R_1 R_2}$$

若電路接成圖17-5之型式，其"＋"輸入端之電壓與圖17-1一樣，只是RC充放電時間常數隨輸出飽和電壓之正、負而改變，當輸出為正飽和電壓，其充電時間常數為 R_3C；當輸出為負飽和電壓，其放電時間常數為 R_4C，因此可以得到圖17-6所示，輸出電壓波形與電容器上電壓波形的相對位置圖。

圖17-6中，t_1及t_2之值與(5)、(6)兩式一樣，分別為

$$t_1 = R_4 C \quad ln \left(1 + \frac{2R_2}{R_1} \right)$$

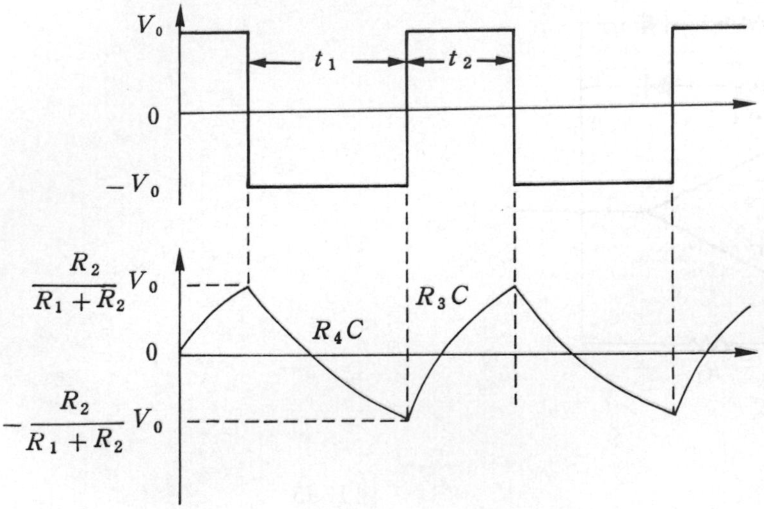

圖 17-6

$$t_2 = R_3 C \quad ln\left(1 + \frac{2R_2}{R_1}\right)$$

而電路之振盪週期為

$$T = t_1 + t_2 = R_4 C\, ln\left(1 + \frac{2R_2}{R_1}\right) + R_3 C\, ln\left(1 + \frac{2R_2}{R_1}\right)$$

$$= (R_4 + R_3) C\, ln\left(1 + \frac{2R_2}{R_1}\right)$$

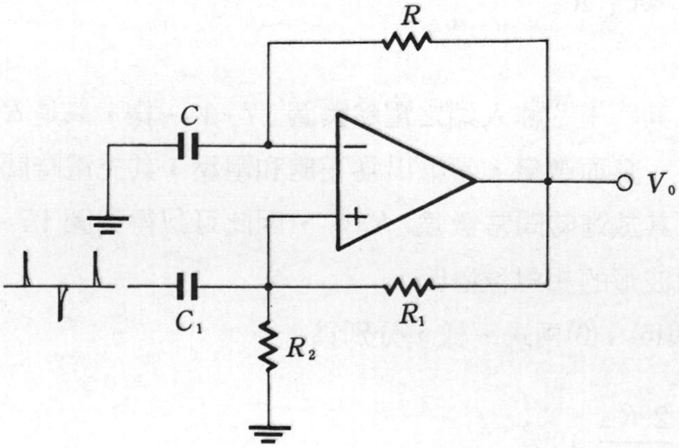

圖 17-7

非穩態多諧振盪器亦可由外加觸發同步訊號來控制振盪器之振盪頻率與同步訊號之頻率一樣（此時振盪器之基本振盪頻率要低於同步訊號之頻率），圖17-7爲其基本電路，當輸出爲正飽和時，必須適時加入一負脈衝至"＋"輸入端，使"＋"輸入端之電壓低於"－"輸入端之電壓，則輸出將由正飽和轉變爲負飽和電壓；當輸出爲負飽和時，必須適時加入一正脈衝至"＋"輸入端，使"＋"輸入端之電壓高於"－"輸入端之電壓，則輸出將由負飽和轉變爲正飽和電壓。圖17-8爲輸入觸發同步脈衝與輸出及電容器間電壓波形之相對位置圖。

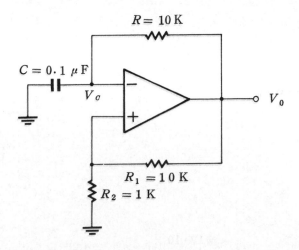

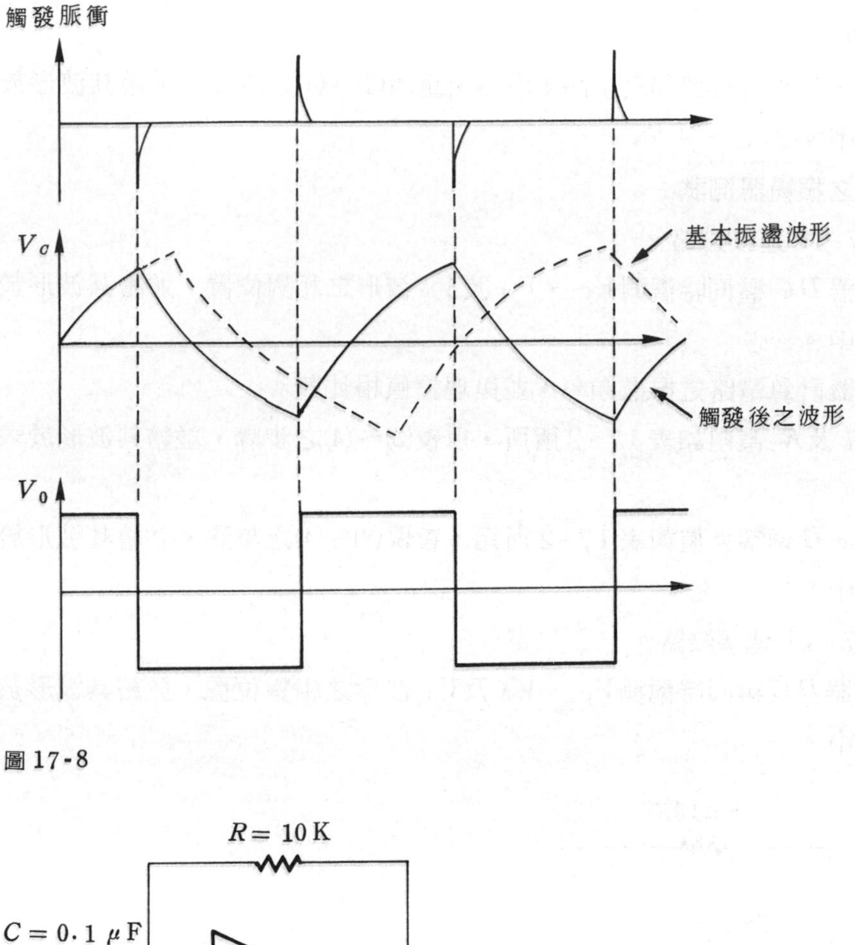

圖17-8

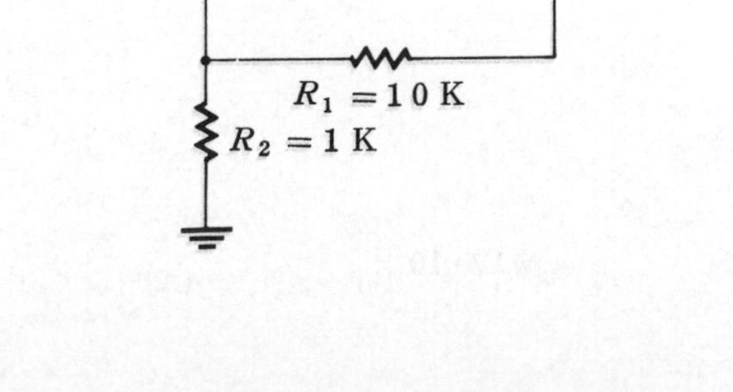

圖17-9

三、實驗步驟

1. 對稱方波之振盪器測試：
   (1) 如圖17-9連接線路。
   (2) 以示波器DC檔同時觀測V_C及V_0波形之相對位置，並繪其波形於表17-1中。
   (3) 由示波器計算電路之振盪頻率，並與理論值相比較。
   (4) 改變R_1及R_2電阻如表17-1所示，重覆(2)、(3)之步驟，並繪其波形於表17-1中。
   (5) 改變R、C兩零件值如表17-1所示，重覆(2)～(4)之步驟，並繪其波形於表17-1中。
2, 不對稱方波之振盪器測試：
   (1) 如圖17-10連接線路。
   (2) 以示波器DC檔同時觀測V_C、V_A及V_0波形之相對位置，並繪其波形於表17-2中。
   (3) 由示波器計算電路之振盪頻率，並與理論值相比較。
   (4) 改變R_1及R_2電阻如表17-2所所，重覆(2)～(4)之步驟，並繪其波形於表17-2中。
   (5) 改變R、C兩零件值如表17-2所示，重覆(2)～(4)之步驟，並繪其波形於表17-2中。
   (6) 如圖17-11連接線路。
   (7) 以示波器DC檔同時觀測V_C、V_A及V_0波形之相對位置，並繪其波形於表17-3中。

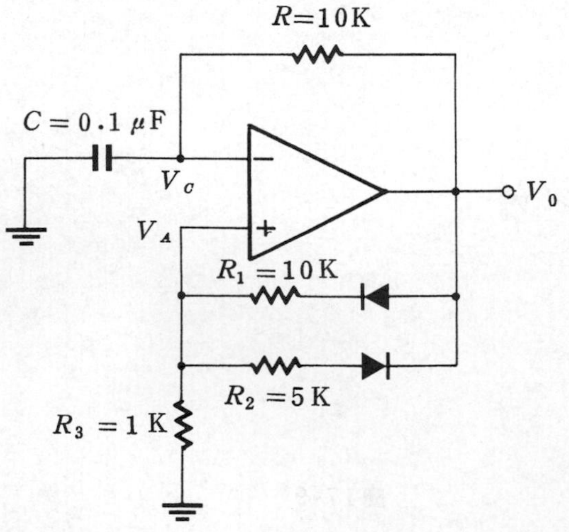

圖17-10

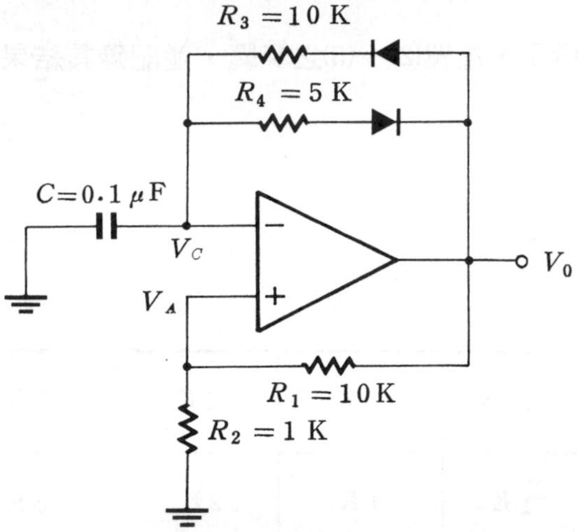

圖 17-11

⑻　由示波器計算電路之振盪頻率，並與理論值相比較。

⑼　改變R_3及R_4電阻如表 17-3 所示，重覆⑺、⑻之步驟，並繪其波形於表 17-3 中。

⑽　改變R_1及R_2電阻如表 17-3 所示，重覆⑺～⑼之步驟，並繪其波形於表 17-3 中。

3, 外加觸發同步訊號之振盪器測試：

⑴　如圖 17-12 連接綫路。

⑵　由表 17-1 可查出電路之基本振盪頻率，適當地調整輸入方波頻率使其大於基本振盪頻率。（C_1 值視頻率而定，其與R_2 構成微分電路）

⑶　以示波器 DC 檔同時觀測輸入及輸出波形之相對位置，適當地調整輸入頻率，使輸出波形皆能穩定。

⑷　觀測輸入頻率之範圍並記錄於表 17-4 中，且與基本振盪頻率相比較。

⑸　改變R_1及R_2值如表 17-4 所示，重覆⑵～⑷之步驟，並記錄其結果於表 17-

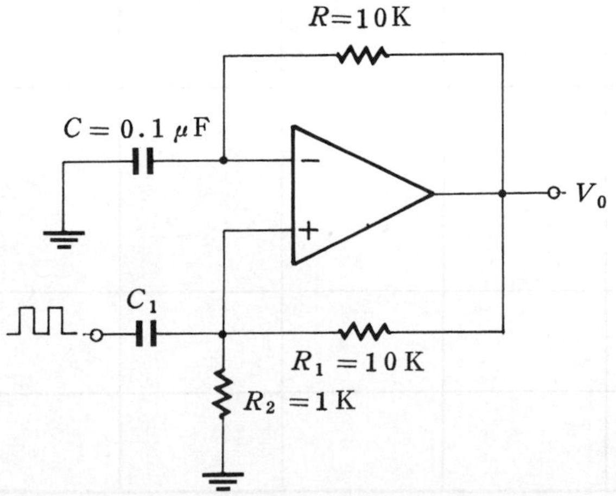

圖 17-12

4中。

(6) 改變R、C兩零件值如表17-4所示，重覆(2)～(5)之步驟，並記錄其結果於表17-4中。

四、實驗結果

表 17-1

R	C	波形及數據 \ R_1 / R_2	10 K / 1 K	5 K / 1 K	5 K / 2 K	5 K / 5 K
10K	0.1 μF	V_C				
		V_0				
		f				
		f(理論值)				
1K	0.1 μF	V_C				
		V_0				
		f				
		f(理論值)				

表17-2

R	C	波形數據 \ R_1 / R_2	10K / 5K	5K / 10K	5K / 5K	3K / 2K
10K	0.1 μF	V_C				
		V_A				
		V_0				
		f				
		f（理論值）				
1K	0.01 μF	V_C				
		V_A				
		V_0				
		f				
		f（理論值）				

表17-3

R_1	R_2	波形及數據 \ R_3 / R_4	R_3 10 K / R_4 5 K	R_3 5 K / R_4 10 K	R_3 5 K / R_4 5 K	R_3 3 K / R_4 2 K
10 K	1 K	V_C				
		V_A				
		V_0				
		f				
		f(理論值)				
10 K	10 K	V_C				
		V_A				
		V_0				
		f				
		f(理論值)				

表 17-4

R	C	R_1 / R_2 / 頻率	10 K / 1 K	10 K / 2 K	5 K / 3 K	10 K / 20 K
10 K	0.1 μF	基本頻率				
		輸入頻率範圍				
1 K	0.1 μF	基本頻率				
		輸入頻率範圍				
1 K	0.01 μF	基本頻率				
		輸入頻率範圍				
1 K	0.001 μF	基本頻率				
		輸入頻率範圍				

五、問題討論

(1) 非穩態多諧振盪電路中，OP Amp所加的電源電壓是否會影響到電路之振盪頻率？何故？

(2) 試討論圖17-13電路之振盪頻率與各個零件之關係。

(3) 外加觸發同步之振盪器，其輸入頻率有何限制？

(4) 自行設計一振盪電路，其正飽和電壓之工作週期爲負飽和電壓之工作週期的五倍。

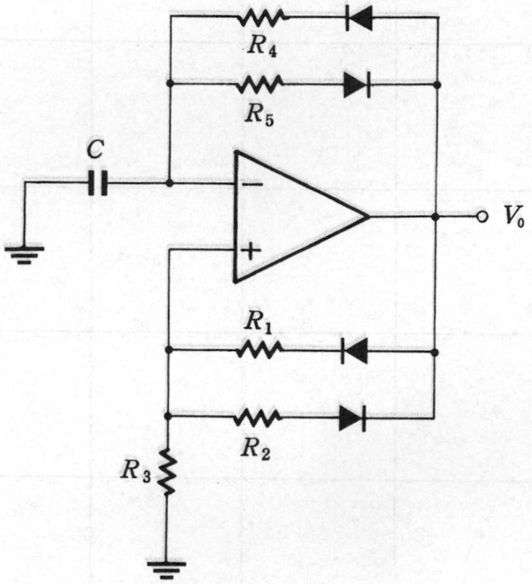

圖17-13

18 雙穩態多諧振盪器

一、實驗目的

(1) 瞭解雙穩態多諧振盪器之原理。

(2) 探討雙穩態多諧振盪器在電路上之應用。

二、實驗原理

雙穩態多諧振盪器不同於無穩態多諧振盪器，必須靠外來的觸發信號，才能使輸出端改變狀態。輸出端具有兩種工作電壓狀態，而每一種電壓狀態皆爲穩定狀態，因之名爲" 雙穩態電路 "。

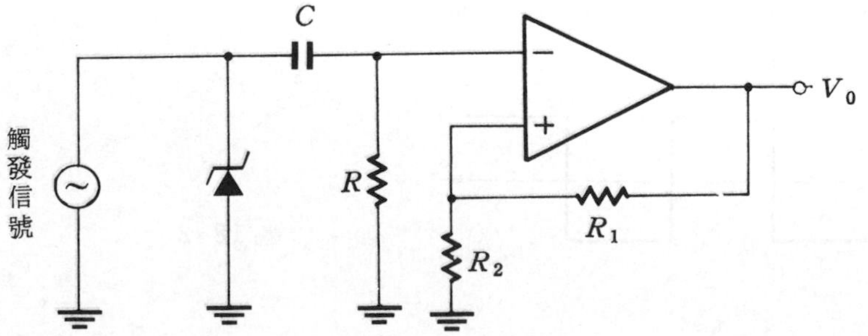

圖 18-1

圖 18-1 爲一利用 OP Amp 組成之雙穩態多諧振盪電路，任何觸發信號先經由稽納二極體的剪截電路變成方波後，再經由微分電路產生正、負脈衝。此時，若假設輸出電壓爲正飽和，其經由 R_1 及 R_2 之分壓，回授到"＋"輸入端，將使"＋"輸入端呈現一正電壓，此電壓必須很小，以便輸入脈衝能促使輸出電壓轉態，因此必須選用 $R_1 \gg R_2$。

若輸入先爲正脈衝，則此脈衝送到"－"輸入端，其值大於"＋"輸入端之電壓，將促使輸出端由正飽和轉變爲負飽和，而"＋"輸入端之正電壓將瞬間轉換爲負電壓；其後送至"－"輸入端之負脈衝，其值又低於"＋"輸入端之負電壓，又將使輸出端由負飽和轉變爲正飽和，因此一連串的正、負脈衝輸入，將產生一連串之方波輸出。

若輸入先爲負脈衝，此脈衝送到"－"輸入端，其值小於"＋"輸入端之正電壓，因此輸出電壓不轉態；其後送入之正脈衝，將依照前面所敍，促使輸出轉態。所以，無論輸出端爲正或負飽和，只要輸入一連續性之訊號，輸出端將依電路功能，產生一連續之方波輸出，如圖 18-2 所示。

假使輸入爲非連續之觸發脈衝，則輸出端之電壓維持在正飽和或負飽和將決定於其先前之電壓狀態。

三、實驗步驟

(1) 如圖 18-3 連接線路。

(2) 置輸入訊號之頻率爲 1KHz，振幅爲 5 V 峯值電壓之方波，選擇 $R = 1$ K，$C =$

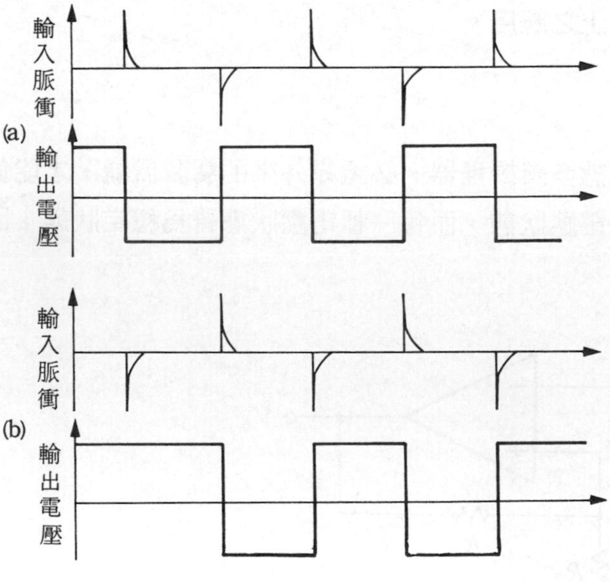

圖 18-2

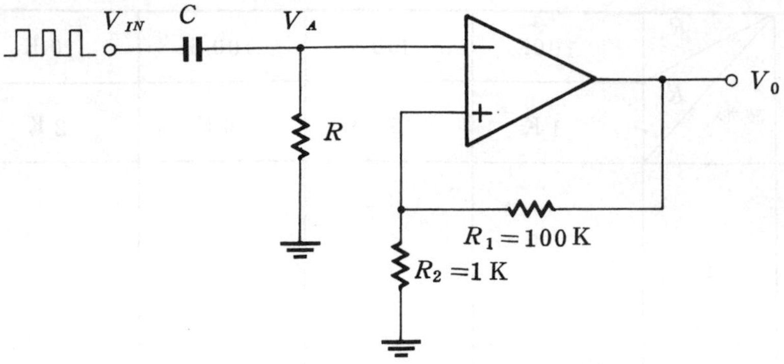

圖 18-3

0.01 μF。

(3) 以示波器 DC 檔同時觀測 V_A 與 V_0 波形之相對位置，並繪其波形於表 18-1 中。

(4) 改變 R_1 及 R_2 電阻如表 18-1 所示，重覆(2)、(3)之步驟，並繪其結果於表 18-1 之中。

(5) 改變輸入頻率 f 及 R、C 兩零件值如表 18-1 所示，重覆(3)、(4)之步驟，並繪其波形於表 18-1 中。

四、實驗結果

表 18-1

f	R	C	波形 \ R_1 / R_2	100K / 1K	100K / 5 K	100K / 10K	10K / 2K
1 KHz	1 K	0.01 μF	V_A				
			V_0				
2 KHz	1 K	0.01 μF	V_A				
			V_0				
500 Hz	1 K	0.001 μF	V_A				
			V_0				

五、問題討論

(1) 雙穩態多諧振盪器與史密特觸發電路有何異同？

(2) 在圖 18-1 之電路中，R_2 電阻之增加，對電路之正常工作有何影響？

(3) 雙穩態多諧振盪器之輸入頻率的改變，對電路之正常工作有何影響？

19 單穩態多諧振盪器

一、實驗目的

(1) 瞭解單穩態多諧振盪器之原理。

(2) 探討單穩態多諧電路與無穩態多諧電路之異同。

(3) 探討單穩態多諧振盪器在電路上之應用。

二、實驗原理

單穩態多諧振盪器為一種只有一個穩定狀態的觸發電路，其電路結構類似無穩態多諧振盪器，如圖 19 - 1 所示，有一外加觸發電路及二極體 D_1 以構成單穩態多諧電路。現分析如下：

在沒有外加輸入觸發信號進來之前，電路必須穩定在某一狀態，假設電源接上後，其輸出為正飽和，經由 R_2 、R_3 回授到“ + ”輸入端，使“ + ”輸入端之電壓為

$$V_{(+)} = +\frac{R_3}{R_2 + R_3} V_{sat}$$

此時，輸出之正飽和電壓亦經由 R 電阻向電容器 C 充電，當“ - ”輸入端之電容器電壓大於“ + ”輸入端之電壓時，輸出將由正飽和轉變為負飽和，此負飽和電壓經由 R_2 、

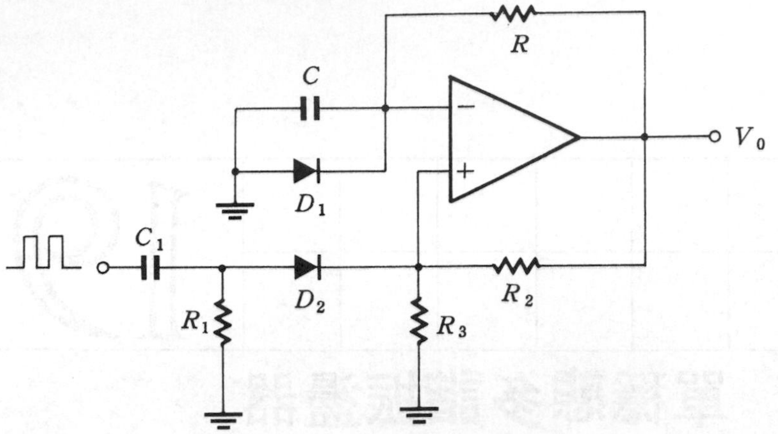

圖 19-1

R_3 回授到"＋"輸入端，則"＋"輸入端之電壓將變為

$$V_{(+)}=-\frac{R_3}{R_2+R_3}V_{sat}$$

由於輸出為負飽和，因此電容器上之正電壓（其值為 $\frac{R_3}{R_2+R_3}V_{sat}$ ）將開始放電，當電容器上之電壓放至零後，由於輸出負飽和的存在，電容器繼續往負電壓放電（亦即負飽和電壓向電容器充電）。而電容器兩端並聯一二極體 D_1 ，限制電容器之負電壓不能低於 $-V_D$ 電壓（ V_D 為二極體之順向飽和電壓），此時，將出現兩種狀況：

(1) R_2 及 R_3 的選擇使

$$-\frac{R_3}{R_2+R_3}V_{sat}>-V_D$$

則當電容器上之負電壓充至 $-\frac{R_3}{R_2+R_3}V_{sat}$ 時，"－"輸入端之電壓將小於"＋"輸入端之電壓，促使輸出端由負飽和轉變為正飽和，電路的功能就如同無穩態多諧振盪電路，無需外來觸發信號，即能起振盪作用。

(2) 若要使電路能穩定在某一狀態，則必須選用 R_2 、 R_3 值，使

$$-\frac{R_3}{R_2+R_3}V_{sat}<-V_D$$

則當電容器上之負電壓充至 $-V_D$ 時，其值仍大於"＋"輸入端之負電壓，輸出仍然為負飽和，此時若無外加觸發信號輸入，電路將維持負飽和輸出且永遠穩定在此

一狀態。

電路穩定後，此時若由輸入端送入一連串之方波，經由 C_1 、R_1之微分電路，D_2 之剪截作用，將正脈衝加至“＋”輸入端，此正脈衝之峯值電壓與 $-\dfrac{R_3}{R_2+R_3}V_{sat}$ 電壓之合成電壓必須大於 $-V_D$，若其合成電壓小於 $-V_D$，則輸出還是維持在負飽和，電路不發生任何作用；只有在合成電壓大於 $-V_D$ 時，輸出端會由負飽和轉變爲正飽和，則“＋”輸入端之電壓轉變爲 $\dfrac{R_3}{R_2+R_3}V_{sat}$，且正飽和電壓亦開始向電容器充電，對於下一個正脈衝而言，電路將出現兩種狀況：

(1) 輸入觸發頻率過高，第二個以後之正脈衝輸入時，輸出仍維持正飽和狀態，亦即“＋”輸入端電壓仍大於“－”輸入端之電壓，則這些觸發脈波對電路不發生任何影響。

(2) 若第二個觸發脈衝輸入之前，電容器上之電壓已被充至大於 $\dfrac{R_3}{R_2+R_3}V_{sat}$ 電壓，輸出由正飽和轉變爲負飽和，此時電容器開始放電；第二個觸發脈衝送至“＋”輸入端，與“＋”輸入端 $-\dfrac{R_3}{R_2+R_3}V_{sat}$ 電壓之合成電壓若小於“－”輸入端之

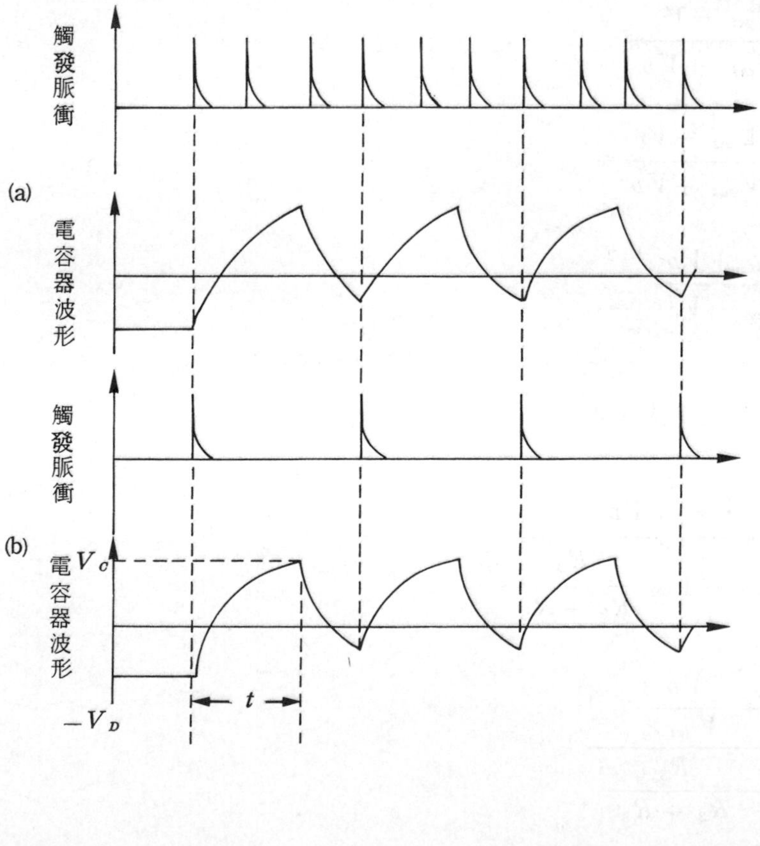

圖 19 - 2

電壓，輸出仍維持負飽和狀態，若合成電壓大於"－"輸入端之電壓，輸出將由負飽和電壓轉變為正飽和電壓，則對下一個輸入脈衝而言，電路又將呈現兩種狀況。圖19-2為輸入觸發脈衝與電容器電壓波形之間的相對位置。

圖19-2中，電容器充電電壓之公式如下所示，

$$V_C=(V_{sat}+V_D)(1-e^{-\frac{t}{RC}})-V_D$$

當V_C電壓超過

$$V_C=V_{sat}\frac{R_2}{R_2+R_3}$$

時，振盪電路之輸出將由正飽和轉變為負飽和。由上式可求出電容器充電之時間為

$$1-e^{-\frac{t}{RC}}=\frac{V_C+V_D}{V_{sat}+V_D}$$

$$e^{-\frac{t}{RC}}=1-\frac{V_C+V_D}{V_{sat}+V_D}=\frac{V_{sat}-V_C}{V_{sat}+V_D}$$

$$-\frac{t}{RC}=ln\frac{V_{sat}-V_C}{V_{sat}+V_D}$$

$$\therefore\quad t=-RC\ ln\frac{V_{sat}-V_C}{V_{sat}+V_D}$$

$$=RC\,ln\frac{V_{sat}+V_D}{V_{sat}-V_C}$$

將$V_C=V_{sat}\frac{R_3}{R_2+R_3}$代入上式，得

$$t=RC\ ln\frac{V_{sat}+V_D}{V_{sat}-V_{sat}\frac{R_3}{R_2+R_3}}$$

$$=RC\,ln\frac{1+\frac{V_D}{V_{sat}}}{1-\frac{R_3}{R_2+R_3}}$$

$$= RC\, ln\left(1+\frac{V_D}{V_{sat}}\right)\left(1+\frac{R_3}{R_2}\right)$$

對輸入觸發方波而言，每兩個正脈衝之間的時間寬度，通常大於上式之 t 時間，才能穩定地觸發單穩態多諧振盪電路。

圖 19-3 爲另一種觸發電路，其工作原理如同圖 19-1 之電路，而穩定狀態時，輸出端爲正飽和電壓。

三、實驗步驟

(1) 如圖 19-4 連接綫路。

(2) 由(1)式計算電容器從 $-V_D$ 充至 $V_{sat}\ \dfrac{R_4}{R_3+R_4}$ 所需之時間 t，並記錄於表 19-1 中，調整輸入方波之頻率，使其週期大於 t 時間，而方波之振幅爲 2 V 峯值電壓。

(3) 適當地選擇 R_1 及 C_1 之零件值，使 R_1C_1 之時間常數等於 $\dfrac{T}{20}$，其中 T 爲輸入方波之週期，並記錄 R_1、C_1 於表 19-1 中。

(4) 以示波器 DC 檔同時觀測 V_A、V_B 及 V_0 波形之相對位置，並繪其波形於表 19-1 中。

(5) 適當地調整輸入方波之頻率，使輸出波形皆能穩定地受每一正脈衝觸發，計算此輸入頻率之範圍於表 19-1 中。

(6) 改變 R_2 及 C_2 之零件值如表 19-1 所示，重覆(2)～(5)之步驟，並記錄其結果於表 19-1 中。

(7) 將圖 19-4 電路之兩個二極體之極性反接，重覆(2)～(6)之步驟，並記錄其結果於表

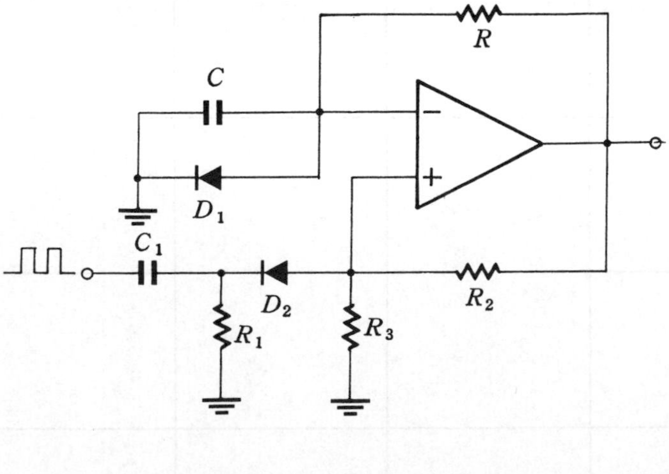

圖 19-3

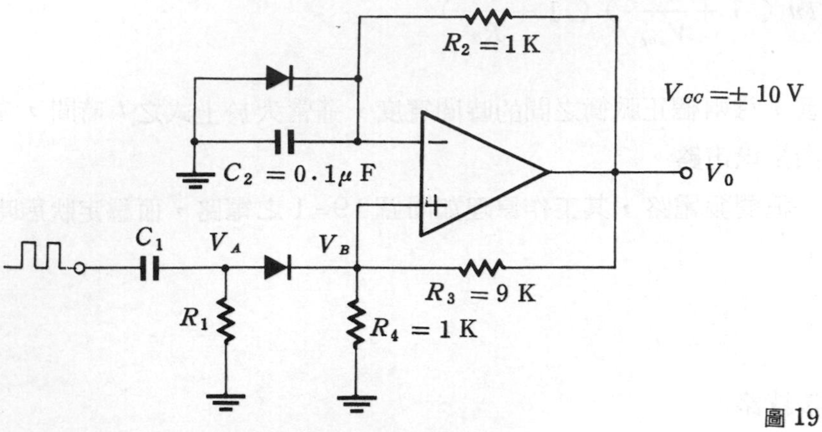

圖 19-4

19-2中。

四、實驗結果

表19-1

波形及數據 \ R_2 / C_2	1 K 0.1 μ F	10K 0.1 μ F	1 K 0.01 μ F	10 K 0.01 μ F
t				
R_1				
C_1				
V_A				
V_B				
V_0				
輸入頻率範圍				

表19-2

波形及數據 \ R_2 / C_2	1 K / 0.1 μF	10K / 0.1 μF	1 K / 0.01 μF	10K / 0.01 μF
t				
R_1				
C_1				
V_A				
V_B				
V_0				
輸入頻率範圍				

五、問題討論

(1) 討論圖 19-1 之電路中，兩個二極體之作用為何？若將 D_1（或是 D_2）反接，則對電路之正常工作有何影響？

(2) 在實驗中，若 R_1 及 C_1 維持不變，當輸入方波之頻率逐漸增加時，對電路之工作有何影響？

(3) 試討論輸入方波之週期為何必須大於電容器正向充電之時間？

(4) 簡述單穩態多諧振盪器在電路上之應用。

(5) 圖 19-1 之電路中，若不接 D_1 二極體，則電路的工作情況有何改變？試詳述之。

(6) 圖 19-4 之電路，若 R_4 改接 3 K，則電路之工作情況為何？

20

三角波產生器

一、實驗目的

(1) 探討比較器與積分器在電路上之應用。

(2) 瞭解三角波產生器的基本原理。

二、實驗原理

前面所談到的比較器及積分器，若將其接成如圖20-1所示之電路，則可產生三角波及方波輸出，現分析如下：

圖中，比較器之輸出作爲積分器之輸入電壓，而比較器之輸出端僅有正、負飽和兩

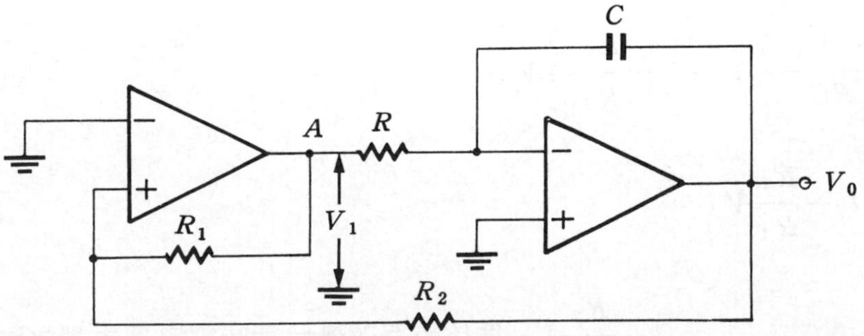

圖20-1

種狀態，若當電源接上之後，比較器之輸出爲正飽和，則積分器之輸出端將依下列公式充至負飽和電壓

$$V_0 = -\frac{V_1}{RC} \cdot t \qquad (V_1 \text{ 爲比較器之飽和電壓})$$

當積分器之輸出端往負電壓變化時，其經由 R_2 電阻回授到比較器之"＋"輸入端，與 V_1 電壓經由 R_1 電阻回授到"＋"輸入端，產生一合成電壓，其值可依重疊原理求出爲

$$V'_{(+)} = \frac{R_2}{R_1 + R_2} V_1 + \frac{R_1}{R_1 + R_2} V_0 \tag{1}$$

V_1 電壓爲正，而 V_0 電壓向負電壓變化，因此經過一段時間後，$V_{(+)}$ 電壓將由大於零而逐漸趨近於等於零，當 $V'_{(+)}$ 等於零時，(1)式變爲

$$0 = \frac{R_2}{R_1 + R_2} V_1 + \frac{R_1}{R_1 + R_2} V_0$$

$$\frac{R_1}{R_1 + R_2} V_0 = -\frac{R_2}{R_1 + R_2} V_1$$

$$V_0 = -\frac{R_2}{R_1} V_1 \tag{2}$$

亦即 V_0 電壓若繼續往負壓充電，而小於(2)式時，$V_{(+)}$ 電壓將小於零，而促使比較器之輸出端由正飽和轉變爲負飽和，此時積分器之輸入電壓改爲負電壓，其輸出端將向正電壓充電。

由於積分器之電容器在比較器改變狀態時，瞬間維持不變，因此積分器輸出端將由負電壓經由零電位向正電壓充電，其充電公式爲

$$V_0 = -\frac{(-V_1)}{RC} t + \left(-\frac{R_2}{R_1}\right) V_1$$

$$= \frac{V_1}{RC} t - \frac{R_2}{R_1} V_1$$

$(-\frac{R_2}{R_1} V_1$ 爲比較器改變狀態時電容器兩端之電壓)

此時比較器之"＋"輸入端電壓$V''_{(+)}$為

$$V''_{(+)}=\frac{R_2}{R_1+R_2}(-V_1)+\frac{R_1}{R_1+R_2}V_0 \tag{3}$$

(3)式中之V_0將由負電壓經由零電位往正電壓上升。當V_0電壓為

$$V_0=\frac{R_2}{R_1}V_1 \tag{4}$$

時，$V''_{(+)}$電壓為零，若 V_0大於(4)式，比較器之輸出又將由負飽和轉變為正飽和，回復到原先的假設狀態。如此循環下去，將在比較器之輸出端A得到一方波輸出，在積分器之輸出端得到一三角波輸出。圖20-2 為電路上A點及V_0之波形 ，注意其起始狀態。

若電路改接成圖 20-3 所示之電路，比較器之輸出端由稽納二極體來限制其電壓，因此可以確保輸出波形的穩定，A點及 V_0之波形如圖 20-4 所示，而其振盪週期為

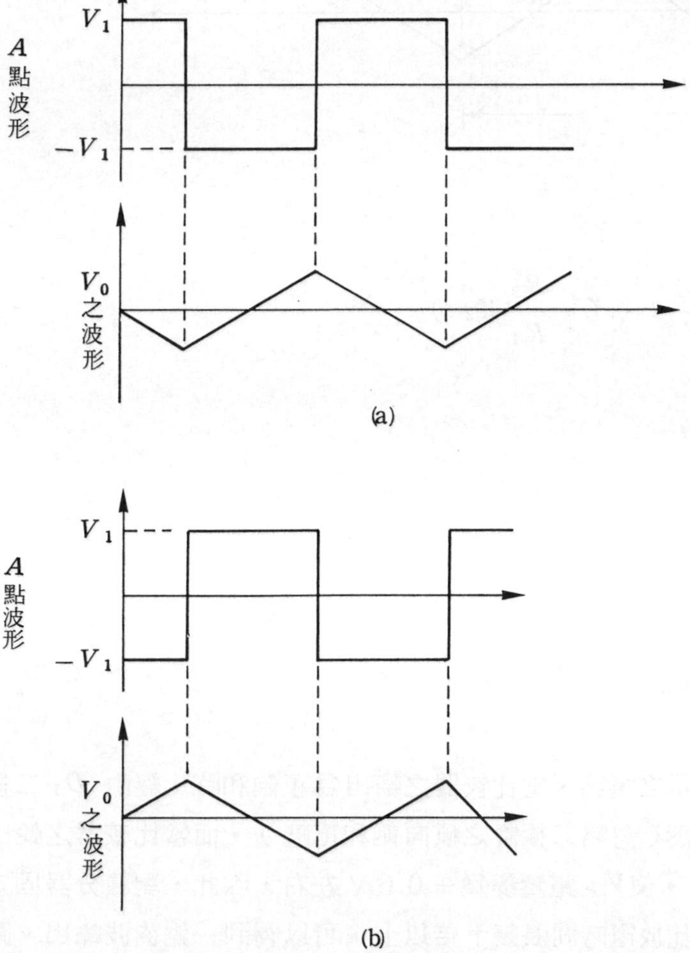

圖 20-2

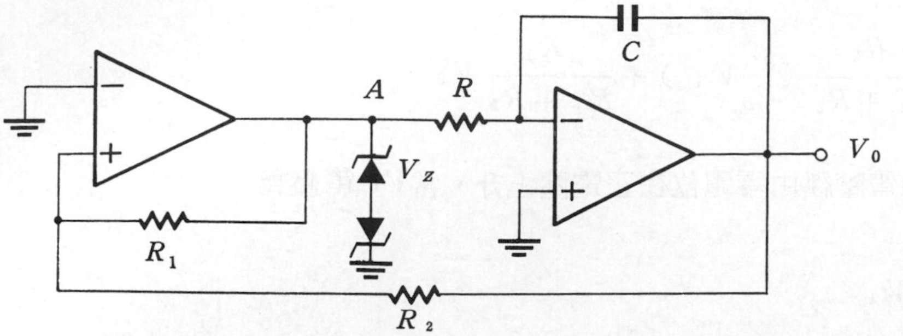

圖 20-3

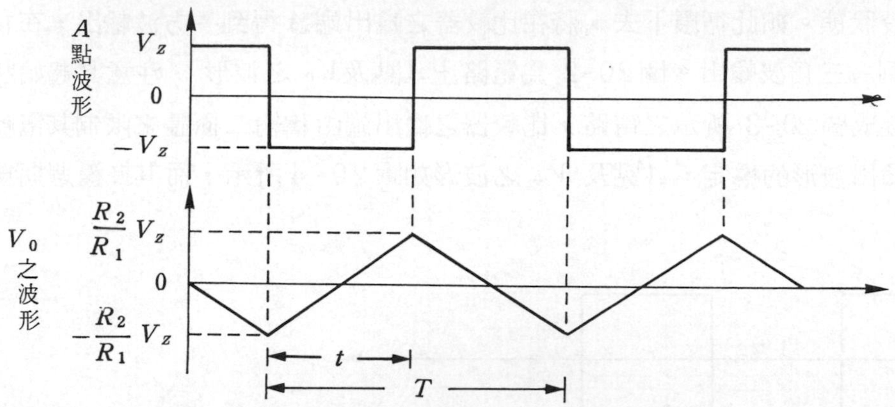

圖 20-4

$$\frac{R_2}{R_1}V_Z=-\frac{(-V_Z)}{RC}t+(-\frac{R_2}{R_1}V_Z)$$

$$2\frac{R_2}{R_1}V_Z=\frac{V_Z}{RC}t$$

$$t=2\frac{R_2}{R_1}\cdot RC$$

$$\therefore \quad T=2t=4\frac{R_2}{R_1}\cdot RC$$

若電路改接成圖20-5所示之電路，當比較器之輸出為正飽和時，經由 D_1 二極體進入積分器，V_P 為正飽和電壓（忽略二極體之順向飽和電壓），而當比較器之輸出轉變為負飽和時，經由R_3、D_2，使V_P電壓變為－0.6 V左右，因此，對積分器固定的RC時間常數而言，充電時間比放電時間長幾十倍以上，可以得到一鋸齒波輸出。圖

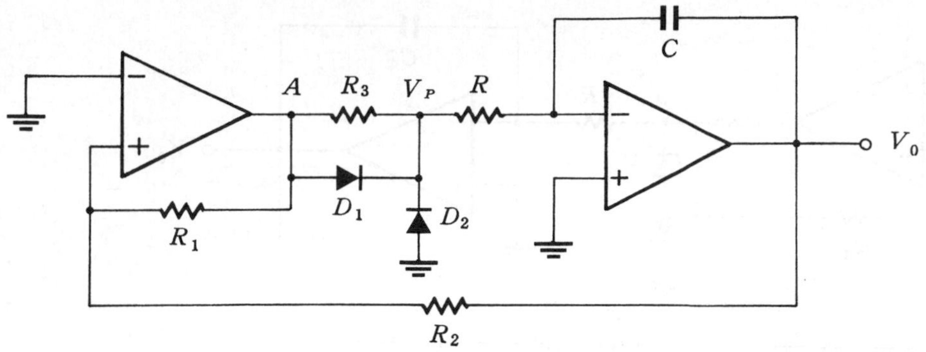

圖 20-5

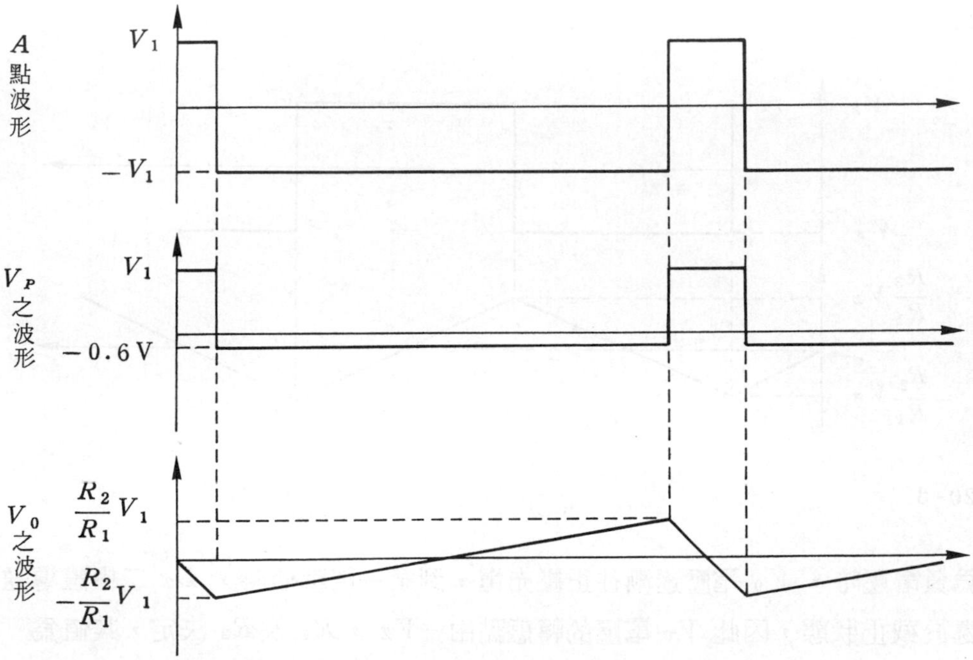

圖 20-6

20-6所示，爲電路上各點之電壓波形。

若電路接成圖20-7所示之電路，其工作原理與圖20-3之電路類似，只是在輸出回授到比較器"＋"輸入端之間，接上兩個二極體及R_2、R_3電阻，由於二極體之極性，當A點爲正電壓時，V_0電壓逐漸往負壓放電，到某一電壓值（此值可正、可負）時，D_1 二極體導通，此時 D_2 已處於截止狀態，因此 V_0 電壓之轉態點由V_Z、R_1 及 R_2 決定，其值爲

$$V_0=-\frac{R_2}{R_1}V_Z \qquad （忽略二極體之順向電壓）$$

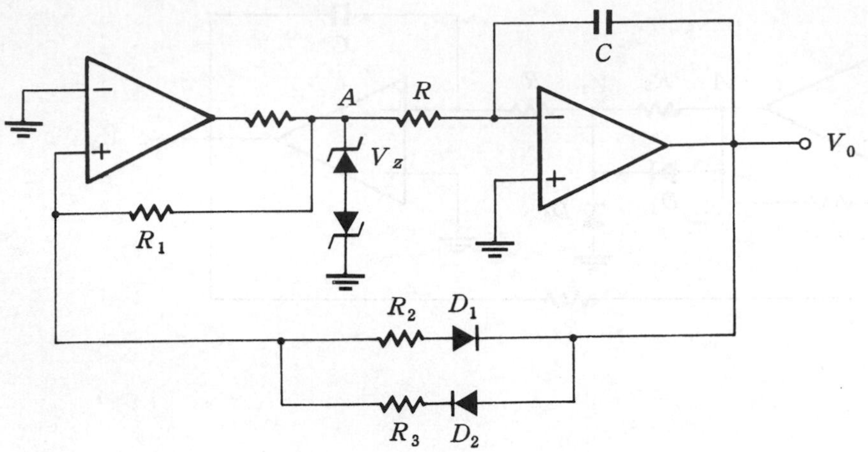

圖20-7

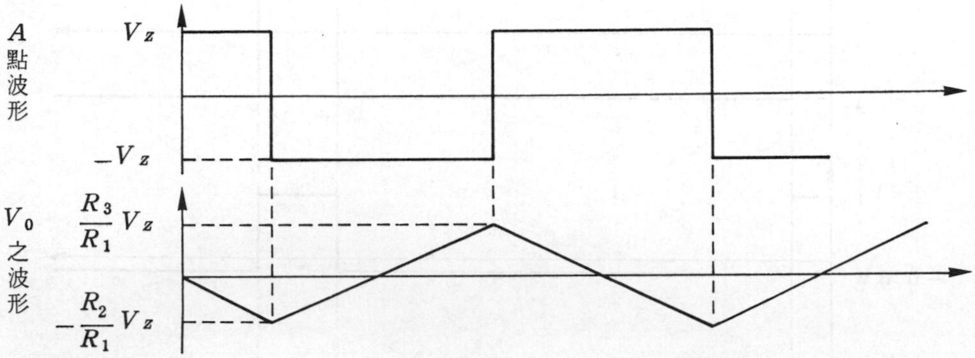

圖20-8

當A點為負電壓時，V_0電壓逐漸往正壓充電，到某一電壓值時，D_2二極體導通，而D_1已處於截止狀態，因此V_0電壓的轉態點由$-V_Z$，R_1及R_3決定，其值為

$$V_0=\frac{R_3}{R_1}V_Z \qquad \text{(忽略二極體之順向電壓)}$$

圖20-8為圖20-7電路各點之電壓波形。

若圖20-7之電路於積分器之輸入端接二極體，以控制輸入電阻之變化，如圖20-9所示。當A點電壓為正電壓時，積分器之時間常數為R_5C，若A點為負電壓時，時間常數則為R_4C，因此可以得到圖20-10所示，電路各點之電壓波形。由此電壓波形我們可以選擇適當的零件值，以求得自己所需之振盪波形。

三、實驗步驟

(1) 如圖20-11連接綫路。

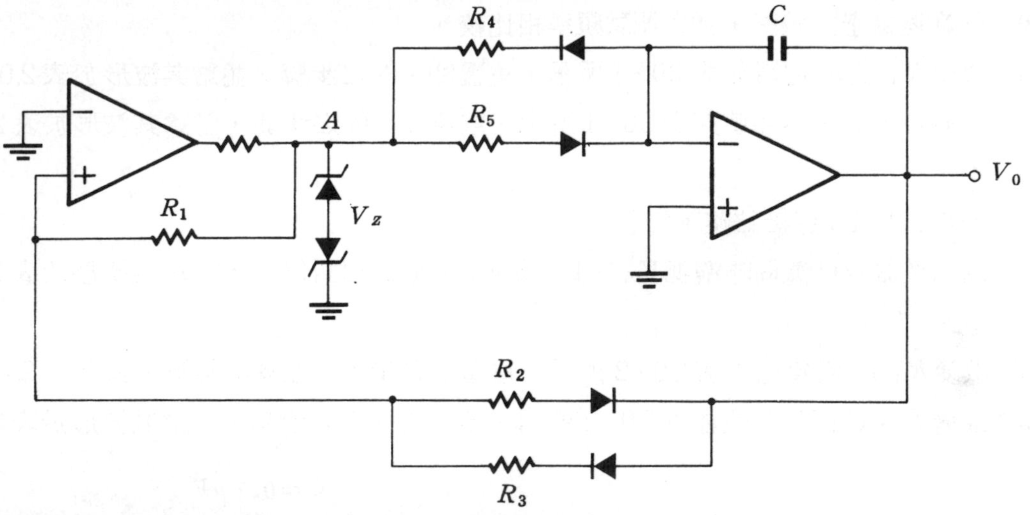

圖 20-9

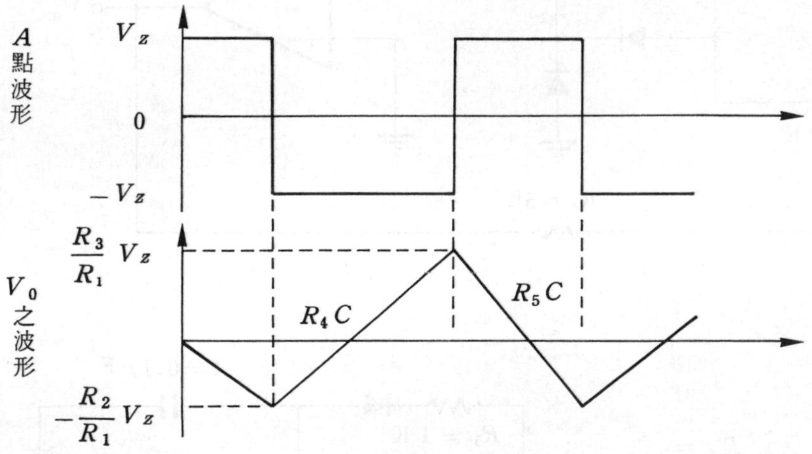

圖 20-10

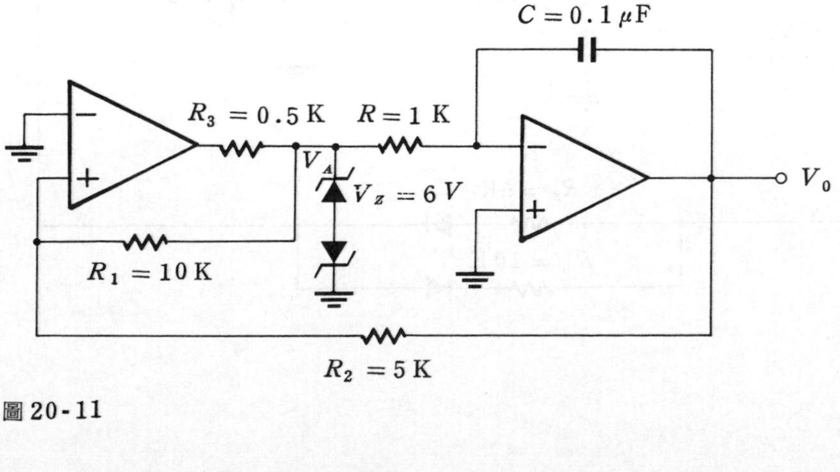

圖 20-11

(2) 以示波器 DC 檔同時觀測 V_A 及 V_0 波形之相對位置，並繪其波形於表 20-1 中。

(3) 計算理論上之頻率，並與測試頻率相比較。

(4) 改變 R_1 及 R_2 電阻如表 20-1 所示，重覆(2)、(3)之步驟，並繪其波形於表 20-1 中。

(5) 改變 R、C 兩零件值如表 20-1 所示，重覆(2)～(4)之步驟，並繪其波形於表 20-1 中。

(6) 如圖 20-12 連接綫路。

(7) 以示波器 DC 檔同時觀測 V_A、V_P 及 V_0 波形之相對位置，並繪其波形於表 20-2 中。

(8) 改變 R_1 及 R_2 電阻如表 20-2 所示，重覆(7)之步驟，並繪其波形於表 20-2 中。

(9) 改變 R、C 兩零件值如表 20-2 所示，重覆(7)、(8)之步驟，並繪其波形於表 20-2

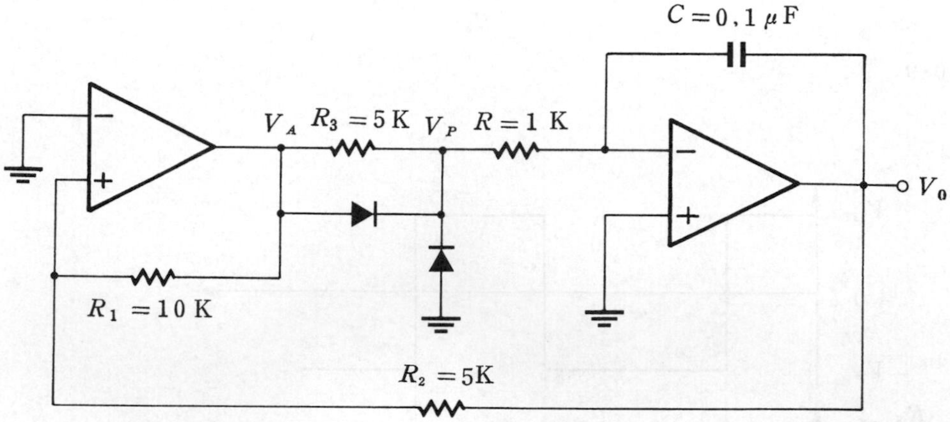

圖 20-12

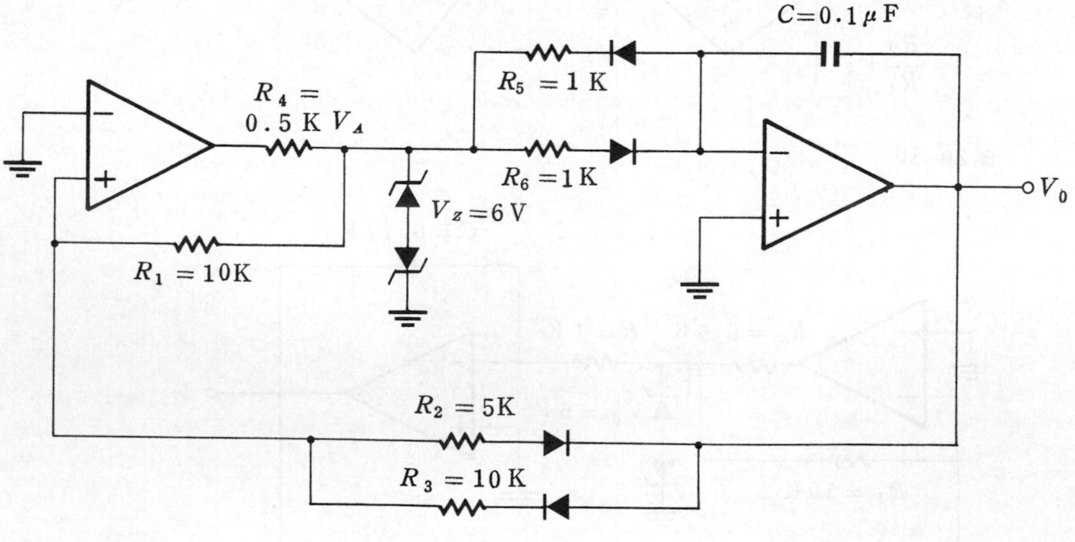

圖 20-13

中。

⑽ 如圖20-13連接綫路。

⑾ 以示波器DC檔同時觀測V_A及V_0波形之相對位置，並繪其波形於表20-3中。

⑿ 改變R_2及R_3電阻如表20-3所示，重覆⑾之步驟，並繪其波形於表20-3中。

⒀ 改變R_5及R_6電阻如表20-3所示，重覆⑾、⑿之步驟，並繪其波形於表20-3之中。

四、實驗結果

表20-1

<table>
<tr><td rowspan="2">R</td><td rowspan="2">C</td><td rowspan="2">R_1 / R_2 / 波形及數據</td><td>10 K</td><td>10 K</td><td>5K</td><td>5 K</td></tr>
<tr><td>5 K</td><td>10 K</td><td>10 K</td><td>3 K</td></tr>
<tr><td rowspan="4">1 K</td><td rowspan="4">0.1 μF</td><td>V_A</td><td></td><td></td><td></td><td></td></tr>
<tr><td>V_0</td><td></td><td></td><td></td><td></td></tr>
<tr><td>測試頻率</td><td></td><td></td><td></td><td></td></tr>
<tr><td>理論頻率</td><td></td><td></td><td></td><td></td></tr>
<tr><td rowspan="4">10 K</td><td rowspan="4">0.1 μF</td><td>V_A</td><td></td><td></td><td></td><td></td></tr>
<tr><td>V_0</td><td></td><td></td><td></td><td></td></tr>
<tr><td>測試頻率</td><td></td><td></td><td></td><td></td></tr>
<tr><td>理論頻率</td><td></td><td></td><td></td><td></td></tr>
</table>

表20-2

R	C	R_1	10 K	10 K	5K	5K
		R_2	5 K	10 K	10K	3K
		波形				
1 K	0.1 μF	V_A				
		V_P				
		V_0				
10 K	0.1 μF	V_A				
		V_P				
		V_0				
1K	0.01 μF	V_A				
		V_P				
		V_0				

表20-3

R_5	R_6	波形 \ R_2 / R_3	1 K / 10 K	10 K / 5 K	20 K / 10 K	20 K / 15 K
1 K	5 K	V_A				
		V_0				
2 K	5 K	V_A				
		V_0				
5 K	10 K	V_A				
		V_0				
10 K	5 K	V_A				
		V_0				

五、問題討論

(1) 在圖20-1之電路中，若於比較器之"－"輸入端加一鋸齒波波形，則對輸出振盪波形有何影響？

(2) 自行設計一三角波產生器，頻率為1 KHz ，電壓為6 V峯對峯值。

(3) 圖20-13之電路中，稽納二極體對振盪頻率有何影響？何故？

(4) 同上題，稽納二極體影響輸出波形的那一部份？

21

鋸齒波產生器

一、實驗目的

(1) 瞭解鋸齒波產生器之工作原理。

(2) 探討鋸齒波產生器電壓、頻率間之關係。

(3) 探討鋸齒波產生器在電路上之應用。

二、實驗原理

一積分器若於輸入端接一直流電壓，則視輸入電壓之正、負可在輸出端得到負或正向之單斜坡波形。假使在電容器兩端接一開關如圖21-1所示，當開關S被打開時，

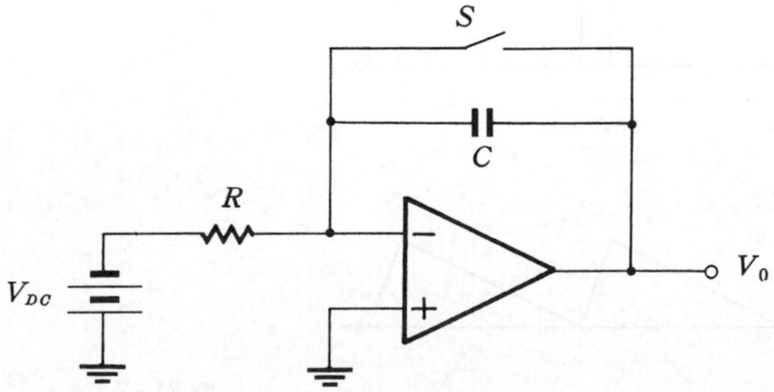

圖21-1

V_0 與 V_{DC} 之關係為

$$V_0 = -\frac{V_{DC}}{RC} \cdot t$$

t 為時間，隨開關 S 打開之長短而定。而輸出電壓之上升率為

$$\frac{V_0}{t} = -\frac{V_{DC}}{RC}$$

經過一段時間（輸出尚未到達飽和電壓）後，開關 S 接上，則電容器兩端之電壓將經由短路綫迅速放電，在瞬間 V_0 電壓降至為零伏；此時若開關 S 再打開，電容器被充電，而以相同的上升率使 V_0 電壓增加（假使 V_{DC} 為負值）。因此適當地控制開關 S 的開、閉，可以在輸出端得到一鋸齒波波形，此鋸齒波之頻率與控制開關 S 的頻率相同。

圖 21-2 為開關 S 開、閉時，輸出所得到之波形，鋸齒波之峯值電壓 V_D 可表示為

$$V_P = -\frac{V_{DC}}{RC} \cdot t = \frac{|V_{DC}|}{RC} \cdot \frac{1}{f}$$

f 為控制 S 開關的頻率；通常 S 開關閉合的時間必須很短（電容器放電之時間常數 RC 值很小），否則無法得到標準的鋸齒波，而要得到如此短的脈衝時間，無論用人手控制或振盪器控制 S 開關，其脈衝時間或電路之複雜性皆非吾人所需要的，因此可以利用一廉價之零件——可規劃單接點電晶體（Programmable unijunction transistor 簡稱 PUT）來完成上述之工作。

PUT為與SCS極為類似之PNPN矽交換器，兩者之主要區別為PUT在極低之電流位準（通常小於 1 μA）下工作，且僅能經由陽極控制PUT之觸發，其陽極特性曲綫與電路符號如圖 21-3 所示，當陽極電壓小於使電晶體啟開所需之電壓時，陽極

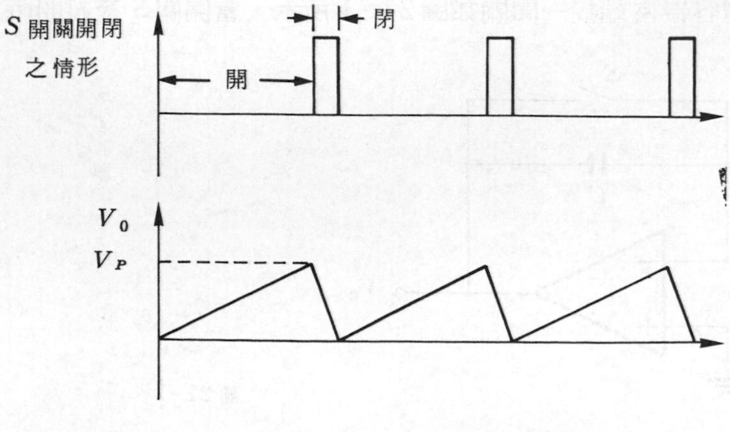

圖 21-2

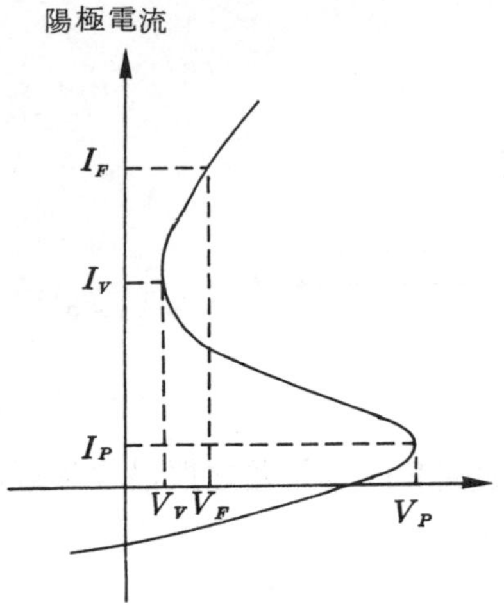

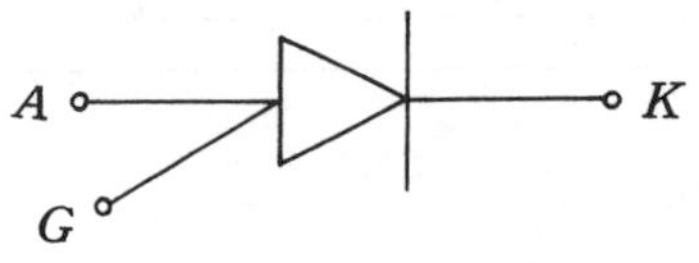

圖 21-3

電流極小，一旦導通後，陽極電流僅受陽極電路中之外加電阻所限制，此時陽極與陰極成為短路，此短路狀況之保留與閘極端無關，直到陽極至陰極電流降至低於ＰＵＴ之保留電流，則陽極和陰極很快地變成開路。由圖 21-3 可知，在ＰＵＴ導通期間，陽極至陰極之順向電壓為V_V（約為１Ｖ）而非０Ｖ。

利用ＰＵＴ所完成的鋸齒波產生電路如圖 21-4 所示，ＰＵＴ之陽極與陰極各接於電容器的兩端，而ＰＵＴ之閘極接一直流電壓V_P。當電路之電源接上後，V_0 以$\frac{|V_i|}{RC}$之速率直線上升，當 V_0 之電壓超過 V_P 電壓約 0.5V 時，ＰＵＴ之陽極與陰極成短路而將電容器放電至約為１Ｖ；當電容器之放電電流低於ＰＵＴ之保留電流時，陽極與陰極又變成開路狀態，而 V_0 又以同樣的速率上升，因此可以在輸出端得到圖 21-5 之波形。

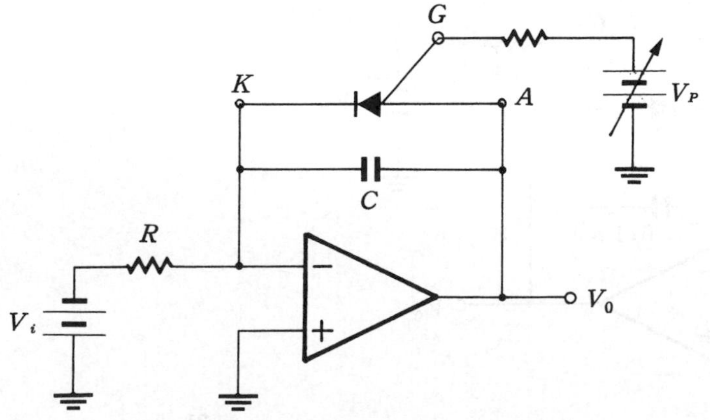

圖 21-4

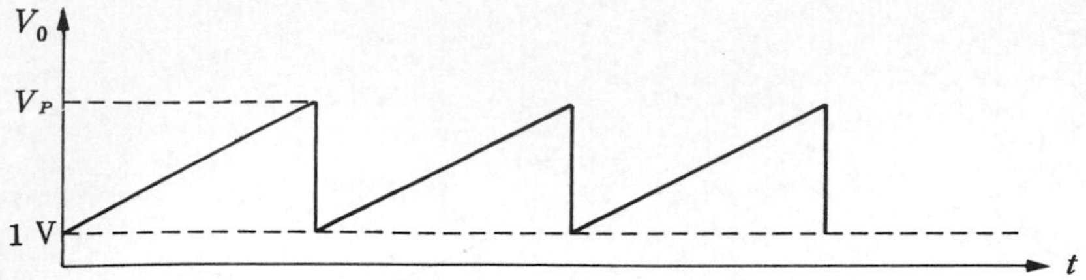

圖 21-5

根據圖 21-5 之波形，V_0 在 V_P 與 1 V 間改變，故圖 21-4 電路之振盪頻率可表示為

$$f = \frac{|V_i|}{RC} \times \frac{1}{V_P - 1\,V}$$

由上式可以發現電路之振盪頻率受輸入電壓 V_i 及閘極電壓 V_P 之影響，改變 V_i 或 V_P，振盪頻率跟著改變，因此我們可以利用圖 21-4 電路改變 V_i 電壓而作成一電壓頻率轉換器。

三、實驗步驟

(1) 如圖 21-6 連接線路。

(2) 調整 V_B 電壓為 -1 V，V_P 電壓為 $+5$ V。

(3) 以示波器 DC 檔觀測 V_0 之波形，並繪其波形於表 21-1 中。

(4) 計算理論上之頻率，並與測試頻率相比較。

(5) 改變 V_P 電壓如表 21-1 所示，重覆(3)、(4)之步驟，並繪其波形於表 21-1 中。

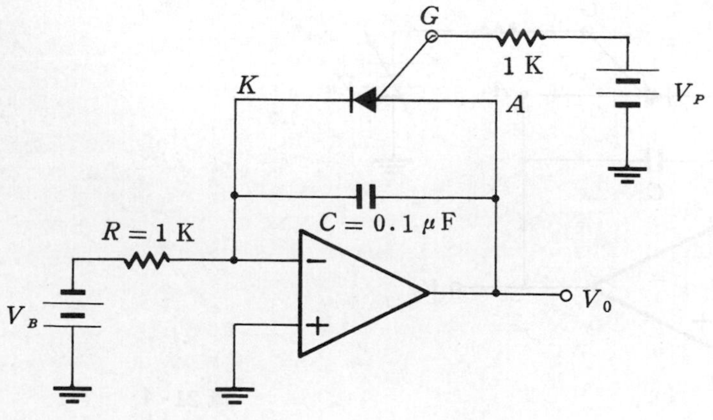

圖 21-6

(6)　改變 R、C 兩零件值如表 21-1 所示，重覆(3)～(5)之步驟，並繪其波形於表 21-1 中。

(7)　改變 V_B 電壓為 -5 V，重覆(3)、(4)之步驟，並繪其波形於表 21-2 中。

(8)　改變 R、C 兩零件值如表 21-2 所示，重覆(3)、(4)、(7)之步驟，並繪其波形於表 21-2 中。

四、實驗結果

表 21-1

R	C	波形及數據 \ V_P	+5 V	+10 V	+15 V	+2 V
1 K	0.1 μF	V_0				
		測試頻率				
		理論頻率				
1 K	0.01 μF	V_0				
		測試頻率				
		理論頻率				
10 K	0.1 μF	V_0				
		測試頻率				
		理論頻率				

表 21-2

R	C	波形及數據 \ V_P	+5 V	+8 V	+10 V	+20 V
1 K	0.1 μF	V_0				
		測試頻率				
		理論頻率				
1 K	0.01 μF	V_0				
		測試頻率				
		理論頻率				
1 K	0.001 μF	V_0				
		測試頻率				
		理論頻率				

五、問題討論

(1) 圖 21-6 之電路 V_P 電壓的增加，對輸出頻率及振幅有何影響？

(2) 圖 21-6 之電路，若將 V_P 之直流電壓改為 5 V 峯值電壓之正弦波（頻率約為 400 Hz），且 V_B 為 -5 V，RC 時間常數為 10^{-4} 秒，試討論輸出所呈現之波形為何？

(3) 同上題，若 V_P 改為方波，又應出現何種波形？

(4) 圖 21-6 之電路，若 V_P 為直流電壓，而 V_B 改用正弦波輸入，則輸出波形為何？

22

韋恩電橋振盪器

一、實驗目的

(1) 瞭解振盪電路之基本原理。

(2) 探討振盪器振盪頻率與零件間之關係。

二、實驗原理

一基本放大電路加上回授網路如圖22-1所示，可以產生兩種情況：

(1) 若爲負回授，則整個回授放大之增益 A_f 爲

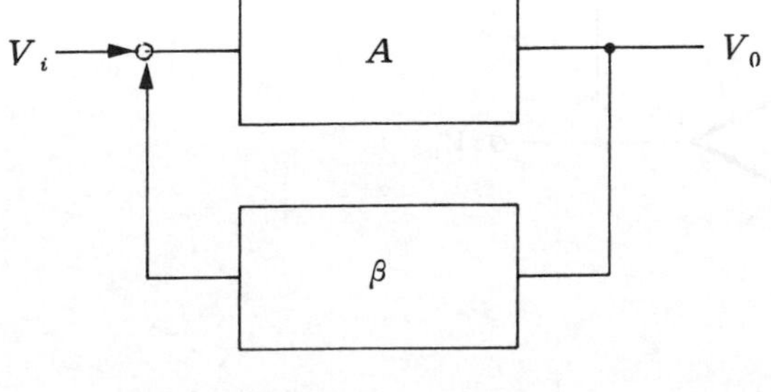

圖22-1

$$A_f = \frac{A}{1+\beta A}$$

由於 $1+\beta A>1$，故 $A_f < A$，而使電路趨於穩定。

⑵ 若為正回授，則整個回授放大之增益 A_f 為

$$A_f = \frac{A}{1-\beta A}$$

假使 $1-\beta A=0$，則增益趨於無限大，將導致電路在無輸入訊號之情況下，產生振盪波形。

一回授放大電路欲作成正弦波振盪電路，必須符合下列三個條件：

⑴ 電路為正回授。

⑵ 有足夠的增益。

⑶ 放大器之增益與回授衰減網路之衰減倍數的乘積等於 1，且相位移為0，亦即

$$A(j\omega)\beta(j\omega)=1\angle 0^\circ$$

因此用OP　Amp 來完成正弦波振盪電路，必須符合以上之三個條件；若電路有正、負兩種回授，則必須使正回授大於負回授，才能產生振盪波形。

圖22-2為韋恩電橋振盪器之基本型態，輸出經由 R_3、R_4 之分壓網路，提供放大器負回授電壓，經由 C_1、R_1、C_2、R_2 之串、並聯網路，提供放大器正回授電壓，則 V_1、V_2 與 V_0 之關係為

$$V_1 = V_0\frac{R_4}{R_3+R_4} \qquad (1)$$

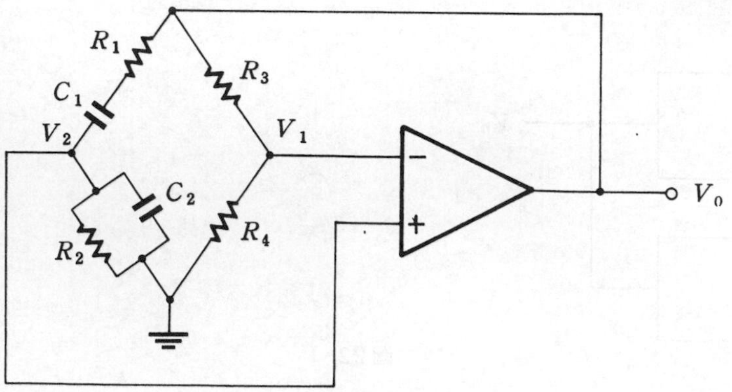

圖 22-2

$$V_2 = V_0 \frac{\dfrac{R_2 \cdot \dfrac{1}{j\omega C_2}}{R_2 + \dfrac{1}{j\omega C_2}}}{R_1 + \dfrac{1}{j\omega C_1} + \dfrac{R_2 \cdot \dfrac{1}{j\omega C_2}}{R_2 + \dfrac{1}{j\omega C_2}}} \tag{2}$$

假設韋恩電橋網路處於平衡狀態，亦即$V_1 = V_2$，則解(1)、(2)兩式，可得下列平衡條件：

$$\omega_0^2 = \frac{1}{R_1 R_2 C_1 C_2} \tag{3}$$

$$\frac{R_3}{R_4} = \frac{R_1}{R_2} + \frac{C_2}{C_1} \tag{4}$$

若選擇$R_1 = R_2 = R$，$C_1 = C_2 = C$，則(3)式變為

$$\omega_0^2 = \frac{1}{R^2 C^2}$$

$$\therefore \qquad f_0 = \frac{1}{2\pi RC}$$

當電路之頻率等於 f_0 時，V_2 與V_0 之關係為（見拙作″大專電子實習（Ⅱ）〃，P. 210）

$$V_2 = \frac{1}{3} V_0$$

而(4)式將變為

$$\frac{R_3}{R_4} = \frac{R}{R} + \frac{C}{C} = 1 + 1 = 2$$

因此在電橋平衡時，$V_1 = V_2 = \frac{1}{3} V_0$，$R_3 = 2R_4$，$f = f_0 = \frac{1}{2\pi RC}$，此時正回

授等於負回授，圖22-2之電路無法產生振盪。

欲使電路產生振盪，正回授V_2必須大於負回授V_1，且$A\beta = 1\ \angle 0^\circ$；而$V_2$只有在$f = \dfrac{1}{2\pi RC}$之情況下，與$V_0$之相位差為0°，才能得到正回授，故必須選擇

$$\frac{R_3}{R_4} > 2$$

使負回授較小於正回授，電路才能起振盪，而電路之振盪頻率即為

$$f_0 = \frac{1}{2\pi RC}$$

振盪建立後，必須利用自動平衡的方法，來控制負回授量，以穩定其輸出振幅，常用的方法是將R_3改用負溫度係數的電阻，或將R_4改用正溫度係數的電阻。

圖22-3之電路多接了兩個稽納二極體，作為穩定振幅之用，以限制振盪器輸出正弦波之峯值電壓。

圖22-4為韋恩電橋網路衰減因素之特性曲綫，可以看出在振盪頻率點之衰減最小，因此一般RC網路皆接至正回授端。

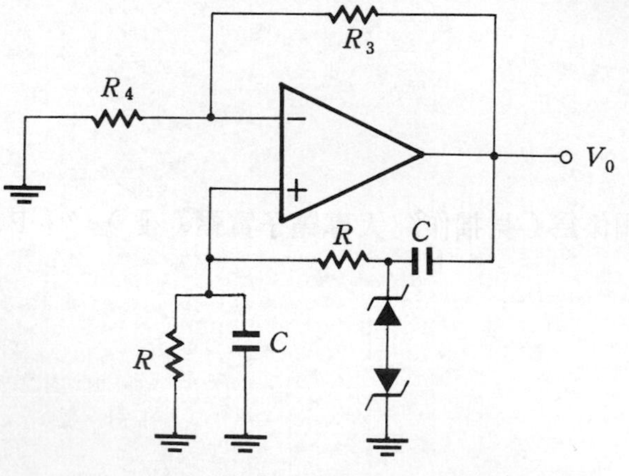

圖22-3

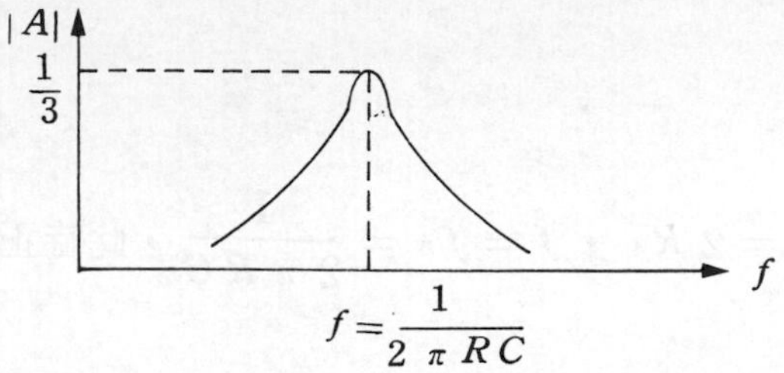

圖22-4

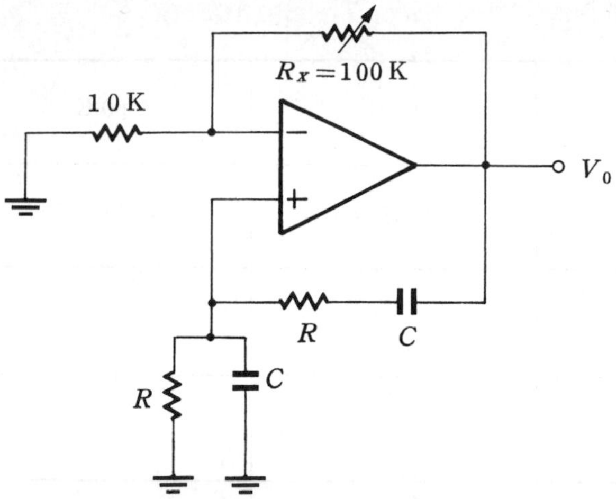

圖22-5

三、實驗步驟

(1) 如圖22-5連接線路。

(2) 選擇$R = 1\text{K}$，$C = 0.1\,\mu\text{F}$。

(3) 以示波器DC檔觀測V_0之波形，若V_0波形有失眞或不出現波形之現象時，適當地調整可變電阻R_X，使V_0爲一不失眞之正弦波。

(4) 觀測正弦波之峯值電壓及頻率，並與理論值上之振盪頻率相比較，記錄其結果於表22-1中。

(5) 以三用表測試R_X電阻，並記錄於表22-1中。

(6) 改變R、C四個零件值如表22-1所示，重覆(3)～(5)之步驟，並記錄其結果於表22-1中。

四、實驗結果

表22-1

數據 \ R / C	1 K 0.1 μF	1 K 0.01 μF	10K 0.01 μF
輸出峯值電壓			
測試頻率			
理論頻率			
R_x 值			

五、問題討論

(1) 在圖22-5中，R、C值的改變，對電路之放大倍數有何影響？

(2) 在圖22-5中，若"＋"、"－"輸入端點反接，則電路能否振盪？何故？

(3) 試簡述電晶體之韋恩電橋振盪器與OP Amp之韋恩電橋振盪器有何不同？

23

T型電橋振盪器

一、實驗目的

(1) 瞭解T型電橋的基本原理。

(2) 探討T型電橋振盪器與韋恩電橋振盪器之不同點。

(3) 探討T型電橋振盪器在電路上之應用。

二、實驗原理

T型電橋RC網路與韋恩電橋RC網路，同為非綫性零件所組成之網路，故對頻率

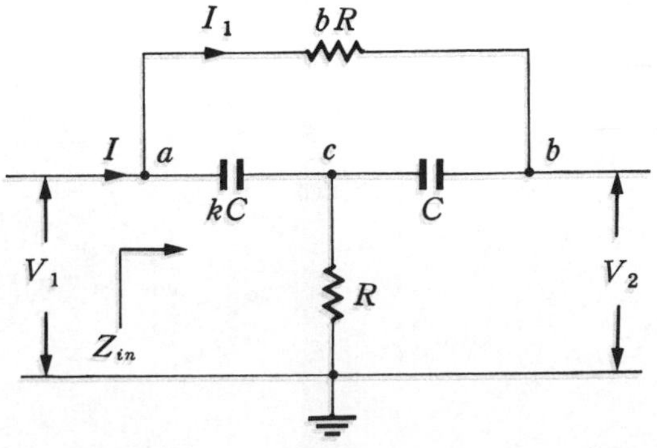

圖 23-1

亦呈非直綫性變化。圖23-1爲T型電橋RC網路，b、k爲任意常數，且b、$k>0$，若輸出端不接負載，則

$$Z_{in}=Z_{ac}+R$$

$$V_1=I\,Z_{in}=I\,(Z_{ac}+R)$$

$$I_1=\frac{V_{ac}}{bR+\frac{1}{j\omega C}}=\frac{I\,Z_{ac}}{bR+\frac{1}{j\omega C}}$$

$$V_{bc}=I_1\cdot\frac{1}{j\omega C}=\frac{I\,Z_{ac}}{bR+\frac{1}{j\omega C}}\cdot\frac{1}{j\omega C}$$

$$V_2=V_{bc}+V_{cd}=\frac{I\,Z_{ac}}{bR+\frac{1}{j\omega C}}\cdot\frac{1}{j\omega C}+I\,R$$

$$\therefore\quad \beta=\frac{V_2}{V_1}=\frac{\dfrac{I\,Z_{ac}}{bR+\frac{1}{j\omega C}}\cdot\dfrac{1}{j\omega C}+I\,R}{I\,(Z_{ac}+R)}$$

$$=\frac{\dfrac{Z_{ac}}{bR+\frac{1}{j\omega C}}\cdot\dfrac{1}{j\omega C}+R}{Z_{ac}+R}\qquad(1)$$

而

$$Z_{ac}=\frac{\left(bR+\frac{1}{j\omega C}\right)\cdot\frac{1}{j\omega kC}}{\left(bR+\frac{1}{j\omega C}\right)+\frac{1}{j\omega kC}}\qquad(2)$$

將(2)式代入(1)式可得

$$\beta=\frac{\dfrac{\dfrac{\left(bR+\dfrac{1}{j\omega C}\right)\cdot\dfrac{1}{j\omega kC}}{bR+\dfrac{1}{j\omega C}}\cdot\dfrac{1}{j\omega C}}{\left(bR+\dfrac{1}{j\omega C}\right)\cdot\dfrac{1}{j\omega kC}}\cdot\dfrac{1}{j\omega C}+R}{\dfrac{\left(bR+\dfrac{1}{j\omega C}\right)\cdot\dfrac{1}{j\omega kC}}{\left(bR+\dfrac{1}{j\omega C}\right)+\dfrac{1}{j\omega kC}}+R}$$

$$=\frac{\dfrac{1}{\left(bR+\dfrac{1}{j\omega C}+\dfrac{1}{j\omega kC}\right)j\omega C}+j\omega kCR}{\dfrac{bR+\dfrac{1}{j\omega C}}{bR+\dfrac{1}{j\omega C}+\dfrac{1}{j\omega kC}}+j\omega kCR}$$

$$=\frac{\dfrac{1}{j\omega C}+j\omega kCR\left(bR+\dfrac{1}{j\omega C}+\dfrac{1}{j\omega kC}\right)}{bR+\dfrac{1}{j\omega C}+j\omega kCR\left(bR+\dfrac{1}{j\omega C}+\dfrac{1}{j\omega kC}\right)}$$

$$=\frac{k-\omega^2k^2C^2R^2b+j\omega k^2CR+j\omega kCR}{j\omega kCRb+k-\omega^2k^2C^2R^2b+j\omega k^2CR+j\omega kCR}$$

$$=\frac{k-\omega^2k^2C^2R^2b+j\omega kCR(1+k)}{k-\omega^2k^2C^2R^2b+j\omega kCR(1+b+k)}$$

$$=\frac{\dfrac{k-\omega^2k^2C^2R^2b}{\omega kCR}+j(1+k)}{\dfrac{k-\omega^2k^2C^2R^2b}{\omega kCR}+j(1+b+k)}$$

$$= \frac{\left(\dfrac{1}{\omega CR} - \omega kCRb\right) + j(1+k)}{\left(\dfrac{1}{\omega CR} - \omega kCRb\right) + j(1+b+k)} \tag{3}$$

設 $\omega_0 = \dfrac{1}{RC\sqrt{bk}}$，亦即 $RC = \dfrac{1}{\omega_0\sqrt{bk}}$ 代入(3)式可得

$$\beta = \frac{\left(\dfrac{\omega_0\sqrt{bk}}{\omega} - \dfrac{\omega kb}{\omega_0\sqrt{bk}}\right) + j(1+k)}{\left(\dfrac{\omega_0\sqrt{bk}}{\omega} - \dfrac{\omega kb}{\omega_0\sqrt{bk}}\right) + j(1+b+k)}$$

$$= \frac{\sqrt{bk}\left(\dfrac{\omega_0}{\omega} - \dfrac{\omega}{\omega_0}\right) + j(1+k)}{\sqrt{bk}\left(\dfrac{\omega_0}{\omega} - \dfrac{\omega}{\omega_0}\right) + j(1+b+k)} \tag{4}$$

若 b 、k 不變，當 $\omega = \omega_0$ 時，β 值最小且相移為零，亦即當輸入頻率

$f = f_0 = \dfrac{1}{2\pi RC\sqrt{bk}}$ 時，輸入電壓受到最大的衰減，此時衰減因素 β 為

$$\beta = \frac{j(1+k)}{j(1+b+k)} = \frac{1+k}{1+b+k}$$

若 $b = k = 1$，則 $f_0 = \dfrac{1}{2\pi RC}$，$\beta = \dfrac{2}{3}$，將 $b = k = 1$ 代入(4)式可得

$$|\beta| = \frac{\sqrt{\left[\left(\dfrac{\omega_0}{\omega} - \dfrac{\omega}{\omega_0}\right)^2 + 6\right]^2 - \left(\dfrac{\omega_0}{\omega} - \dfrac{\omega}{\omega_0}\right)^2}}{\left(\dfrac{\omega_0}{\omega} - \dfrac{\omega}{\omega_0}\right)^2 + 9} \tag{5}$$

$$\theta = -\tan^{-1} \frac{\dfrac{\omega_0}{\omega} - \dfrac{\omega}{\omega_0}}{\left(\dfrac{\omega_0}{\omega} - \dfrac{\omega}{\omega_0}\right)^2 + 6} \tag{6}$$

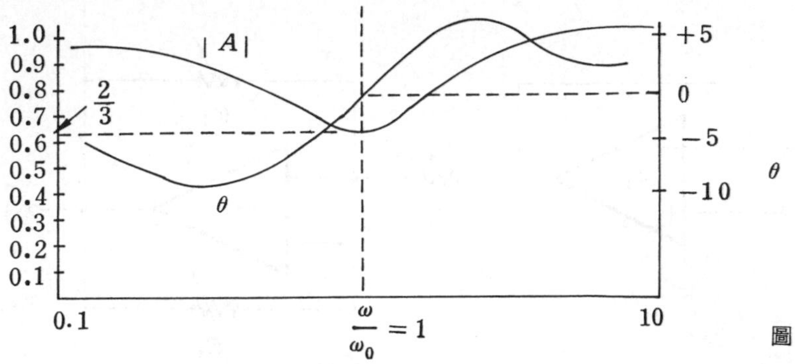

圖 23-2

根據(5)、(6)兩式，可以繪出T型電橋RC網路之衰減因素及相位角如圖23-2所示。

圖23-2 之特性與韋恩電橋之特性正好相反，當工作頻率 $f=f_0=\dfrac{1}{2\pi RC}$ 時，T型電橋之輸出受到最大之衰減，而在韋恩電橋其輸出却衰減最小，因此在振盪電路中，分別作爲負回授網路及正回授網路。

圖23-3爲應用OP　Amp接成的T型電橋振盪器，T型電橋之輸出接至OP　Amp　之負輸入端，而R_1與R_2組成正回授網路，適當調整正回授網路，使正回授略大於負回授（即大於⅔），即能產生振盪。必須注意的是：由於T型電橋之Q值較高，要得到一不失眞之正弦波，必須使用電阻變化較小的可變電阻，且在調整上必須慢慢旋轉可變電阻。

我們亦可接成圖23-4所示之振盪電路，A_1　爲阻抗轉換器，R_3與R_4組成負回授訊號之放大網路，同時對正回授也有放大作用，而R_1與R_2　組成正回授網路，適當地改

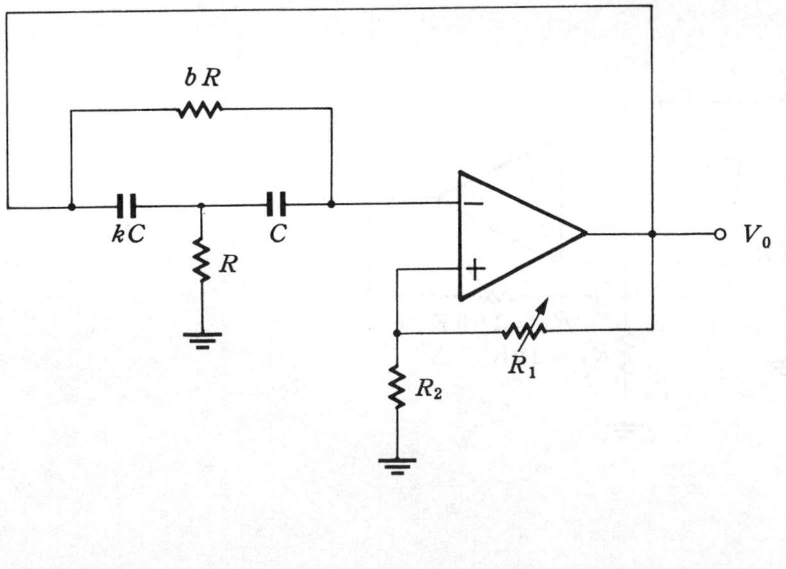

圖 23-3

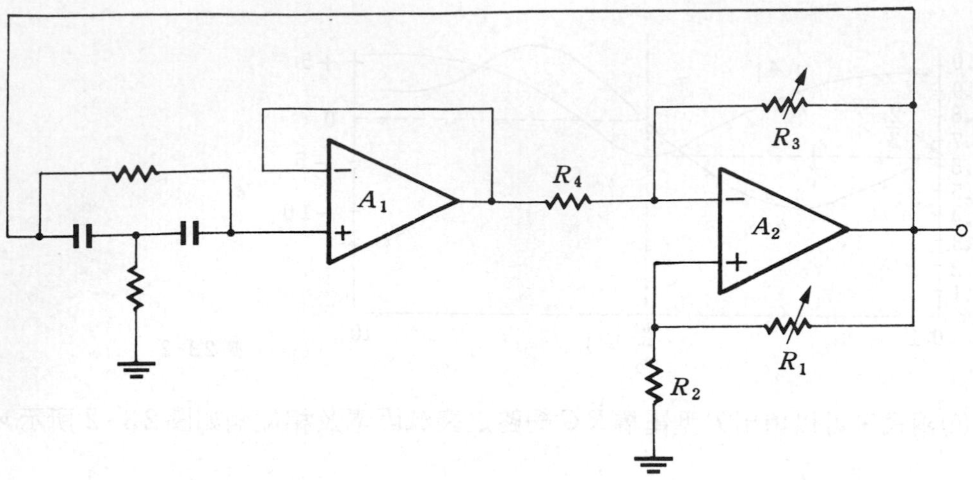

圖 23-4

變R_1及R_3電阻，即可得到不失真的正弦波。

三、實驗步驟

(1) 如圖 23-5 連接線路。

(2) 選擇$R = 10$ K，$C = 0.1\ \mu$ F。

(3) 以示波器DC檔觀測 V_0之波形，若 V_0 波形有失真或不出現波形之現象時，適當地調整可變電阻 R_X，使 V_0 爲一不失眞之正弦波。(若波形不易調整，則可將R_1改爲1 K，R_X改爲 10 K 可變電阻，再重新調整)

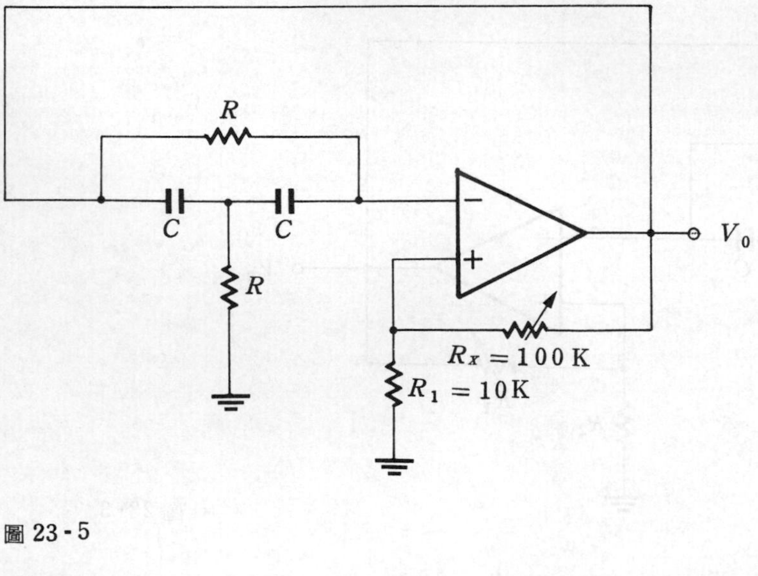

圖 23-5

(4) 觀測正弦波之峯值電壓及頻率，並與理論上之振盪頻率相比較，記錄其結果於表 23-1中。

(5) 以三用表測試R_X電阻，並記錄於表23-1中。

(6) 改變R、C四個零件值如表23-1所示，重覆(3)～(5)之步驟，並記錄其結果於表 23-1中。

(7) 如圖23-6連接綫路。

(8) 選擇$R=1$ K，$C=0.1\ \mu$F。

(9) 以示波器DC檔觀測V_0之波形，若V_0波形有失眞或不出現波形之現象時，適當地調整可變電阻R_1及R_3，使 V_0爲一不失眞之正弦波。（R_3 對輸出振幅有影響，調整時須注意）

(10) 觀測正弦波之峯值電壓及頻率，並與理論上之振盪頻率相比較，記錄其結果於表 23-2中。

(11) 以三用表測試R_1及R_3電阻，並記錄於表23-2中。

(12) 改變R、C四個零件值如表23-2所示，重覆(9)～(11)之步驟，並記錄其結果於表 23-2中。

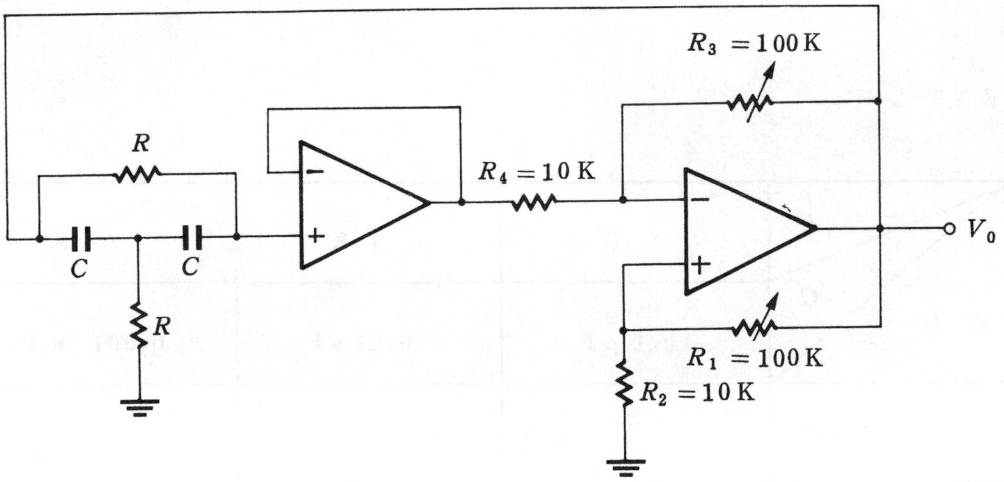

圖23-6

四、實題結果

表 23-1

R / C 數據	10 K / 0.1 μF	1 K / 0.01 μF	1 K / 0.1 μF
輸出峯值電壓			
測試頻率			
理論頻率			
R_X 值			

表 23-2

R / C 數據	1 K / 0.1 μF	1 K / 0.01 μF	10 K / 0.001 μF
輸出峯值電壓			
測試頻率			
理論頻率			
R_1 值			
R_3 值			

五、問題討論

(1) 分析 T 型電橋與韋恩電橋兩者之間不同之特性。

(2) 在圖 23-5 之電路中，若“＋”、“－”輸入端點反接，則電路能否振盪？何故？

(3) 韋恩電橋與 T 型電橋兩者之間，那一種容易產生振盪？何故？

24 相移振盪器

一、實驗目的

(1) 瞭解 RC 相移振盪器的工作原理。

(2) 探討 RC 相移振盪器在電路上的應用。

二、實驗原理

RC 相移振盪器分成相角引前相移振盪器（phase lead phase shift oscillator）與相角滯後相移振盪器（phase lag phase shift oscillator）兩種，圖 24-1 為基本的相角引前相移衰減網路，輸出 V_0 與輸入 V_i 之關係可表示為

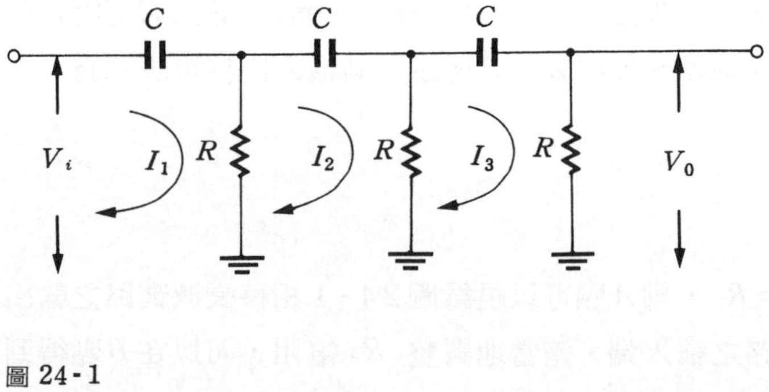

圖 24-1

$$V_0=\frac{V_i\ R^3}{R^3-5RX_C{}^2-j\,(6R^2X_C-X_C{}^3)} \tag{1}$$

欲使V_0與V_i之相位差為0°或180°，則(1)式中，分母之虛數部份應為零，即

$$6R^2X_C-X_C{}^3=0$$

因 $X_C\neq 0$

故
$$6R^2=X_C{}^2=\frac{1}{\omega^2C^2} \tag{2}$$

$$\therefore \quad f=\frac{1}{2\pi\sqrt{6}RC}$$

將(2)式代入(1)式，可得

$$V_0=\frac{V_i\ R^3}{R^3-5R\cdot 6R^2}$$

$$=-\frac{1}{29}V_i$$

由以上討論，當輸入訊號之頻率為$f=\dfrac{1}{2\pi\sqrt{6}RC}$時，輸出與輸入之相位差為180°，且輸出電壓為輸入電壓的$\dfrac{1}{29}$。因此，只要放大器之增益大於29倍以上，且為倒相放大，如圖24-2所示，即可產生正弦波輸出，而其頻率為$f_0=\dfrac{1}{2\pi\sqrt{6}RC}$，電路增益若太大，將得到一失真之波形。

圖24-2中RC衰減網路最後一級之電阻可以用OP Amp之輸入端電阻代替，此乃因OP Amp作為一倒相放大電路，如圖24-3所示，其輸入阻抗可表示為

$$R_i=\frac{V_1}{I_1}=R_1$$

因此在圖24-2中，選定$R_1=R$，則A點可以視為圖24-1相移衰減網路之輸出端，又可視為圖24-3倒相放大電路之輸入端，適當地調整R_2電阻，可以在B點得到一不失真之正弦波。

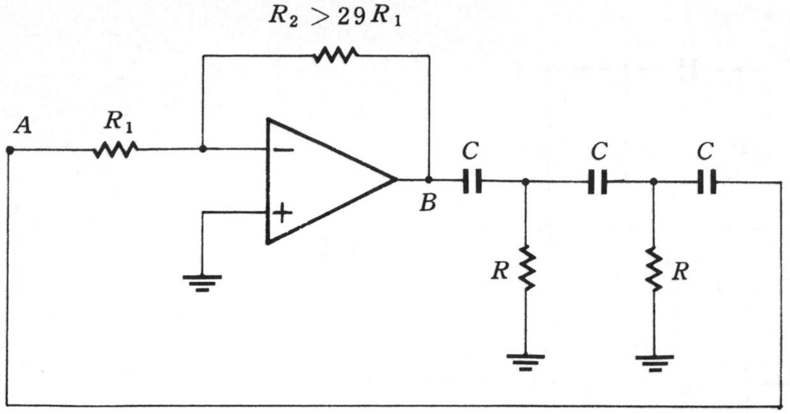

圖 24-2

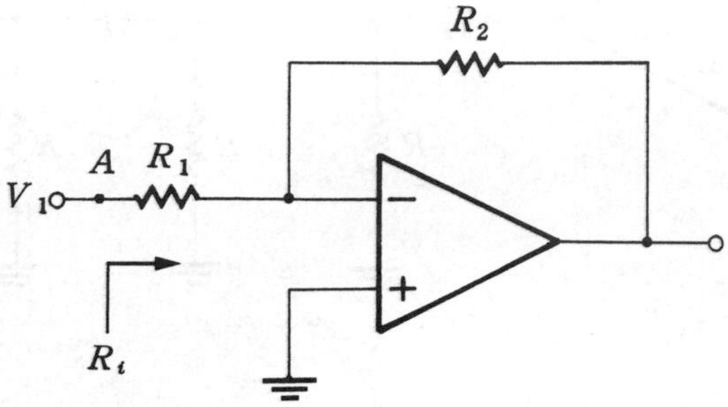

圖 24-3

若電路接成圖 24-4 所示之電路，則此時 RC 相移衰減網路將變爲圖 24-5 所示之電路，其振盪頻率及衰減因素與圖 24-1 之電路大不相同，因此若能調到不失眞的正弦波輸出，振盪頻率及放大倍數必須重新加以計算，否則會產生很大的誤差。

圖 24-2 之電路亦可改接成圖 24-6 之電路，利用 A_1 作爲一阻抗轉換器，以隔絕

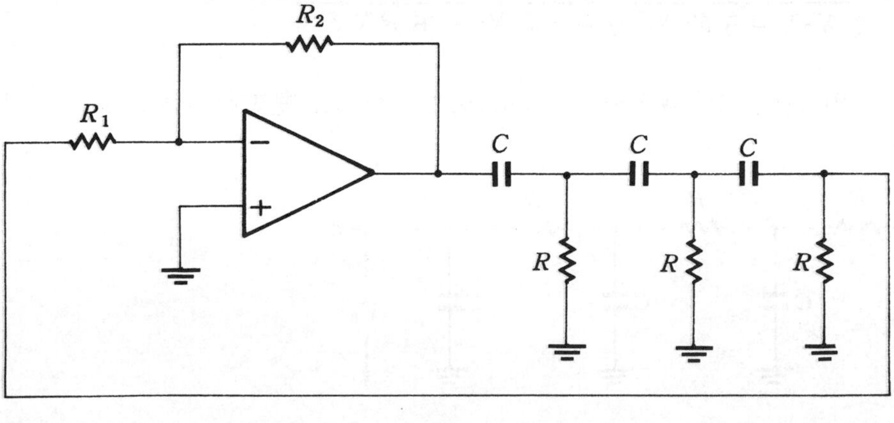

圖 24-4

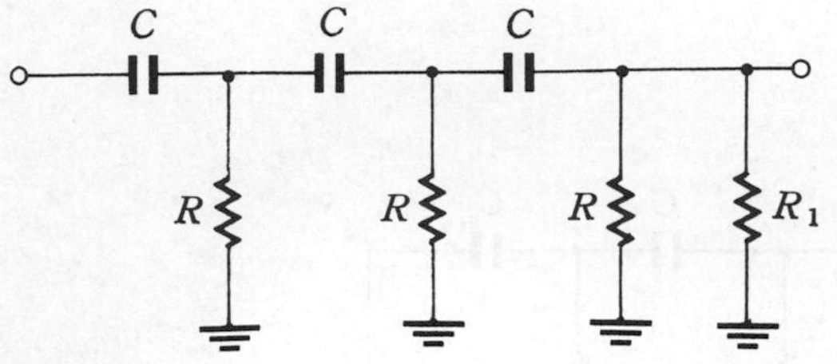

圖 24-5

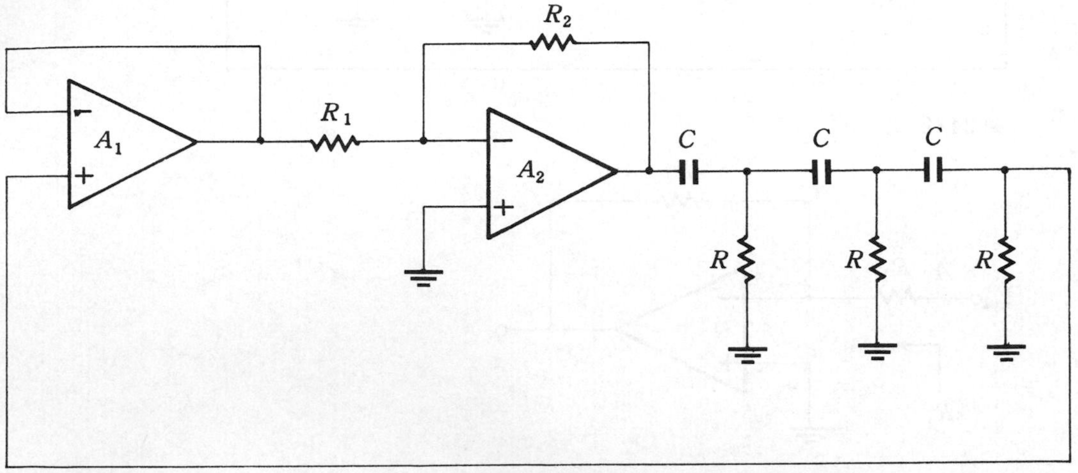

圖 24-6

RC 相移衰減網路與 A_2 放大器輸入端間之負載效應，此時改變 R_2 電阻，使 R_2 略大於 $29R_1$，電路即能產生振盪。

圖 24-7 為基本的相角滯後相移衰減網路，輸出 V_0 與輸入 V_i 之關係可表示為

$$V_0=\frac{V_i\ X_C{}^3}{(X_C{}^3-5R^2X_C)+j(R^3-6RX_C{}^2)} \tag{3}$$

欲使 V_0 與 V_i 之相位差為 $0°$ 或 $180°$，則(3)式中，分母之虛數部份應為零，亦即

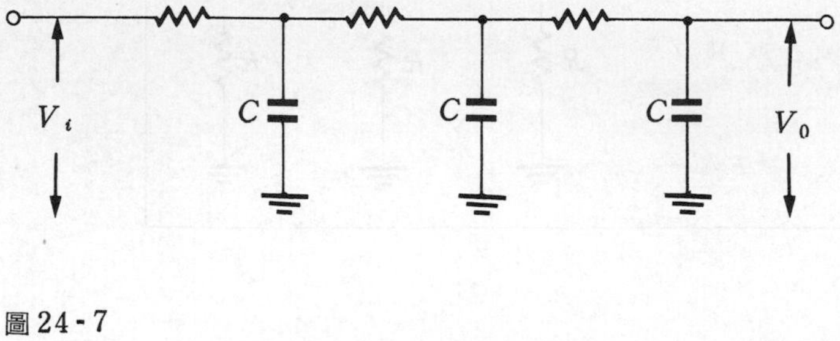

圖 24-7

$$R^3 - 6RX_C{}^2 = 0$$

因　$R \neq 0$

故　$R^2 = 6X_C{}^2$　(4)

$$R^2 = \frac{6}{\omega^2 C^2}$$

$$\therefore \quad f = \frac{\sqrt{6}}{2\pi RC}$$

將(4)式代入(3)式，可得

$$V_0 = \frac{V_i X_C{}^3}{X_C{}^3 - 5X_C \cdot 6X_C{}^2}$$

$$= -\frac{1}{29} V_i$$

因此可以接成圖 24-8 之正弦波振盪器，其振盪頻率爲 $f_0 = \dfrac{\sqrt{6}}{2\pi RC}$。

同時，我們亦可接成圖 24-9 所示之振盪電路，R_1 爲放大器之輸入阻抗，與最後一級之電容器並聯，因此會影響放大器之振盪頻率，欲減少此種影響，可提高 R_1之電阻值。

三、實驗步驟

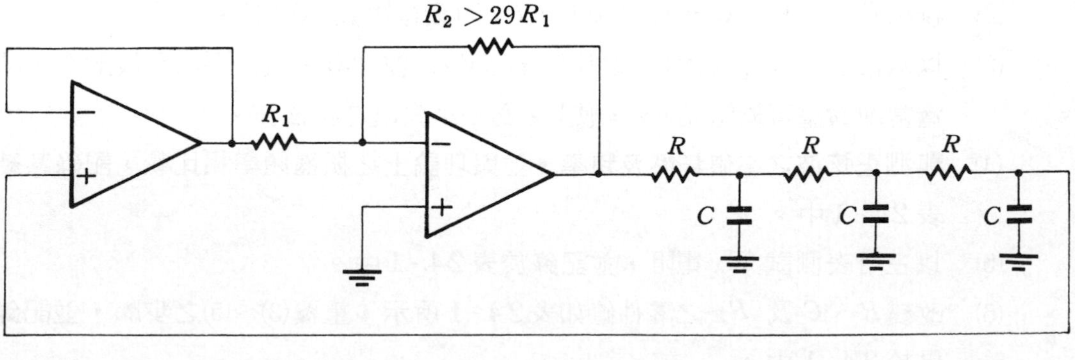

圖 24-8

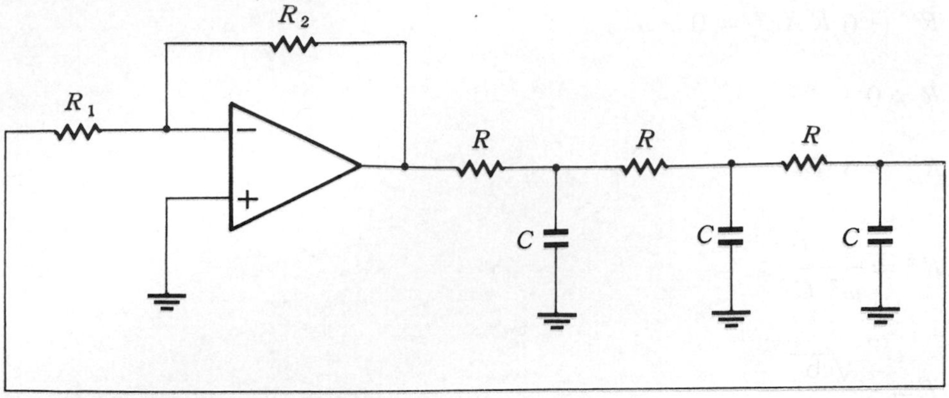

圖 24-9

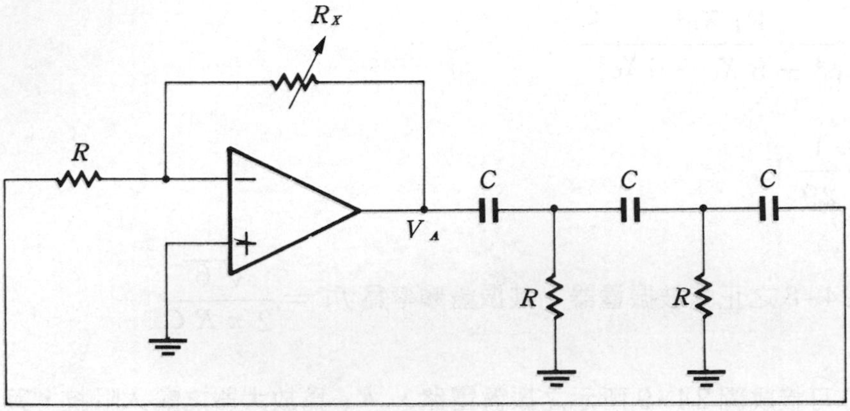

圖 24-10

1. 相角引前振盪器之測試：

(1) 如圖 24-10 連接綫路。

(2) 選擇 $R=1\,\mathrm{K}$，$C=0.1\,\mu\mathrm{F}$，R_X 可變電阻為 100 K。

(3) 以示波器 DC 檔觀測 V_A 之波形，若 V_A 之波形有失眞或不出現波形之現象時，適當地調整可變電阻 R_X，使 V_A 為一不失眞之正弦波。

(4) 觀測正弦波之峯值電壓及頻率，並與理論上之振盪頻率相比較，記錄其結果於表 24-1 中。

(5) 以三用表測試 R_X 電阻，並記錄於表 24-1 中。

(6) 改變 R、C 及 R_X 之零件值如表 24-1 所示，重覆(3)～(5)之步驟，並記錄其結果於 24-1 中。

(7) 如圖 24-11 連接綫路。

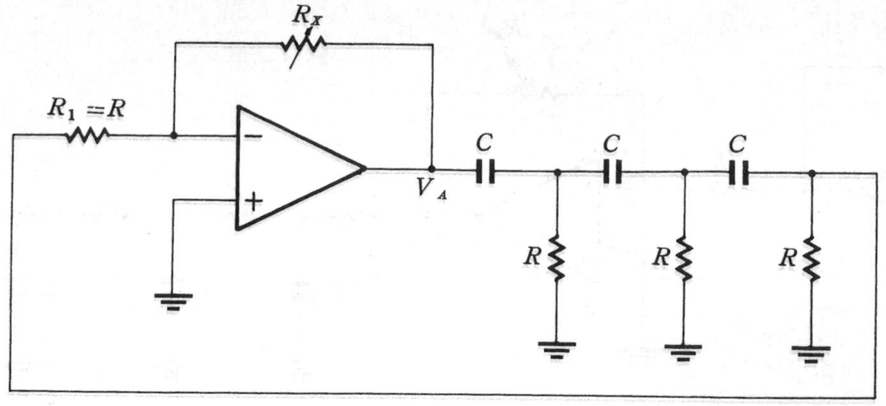

圖 24-11

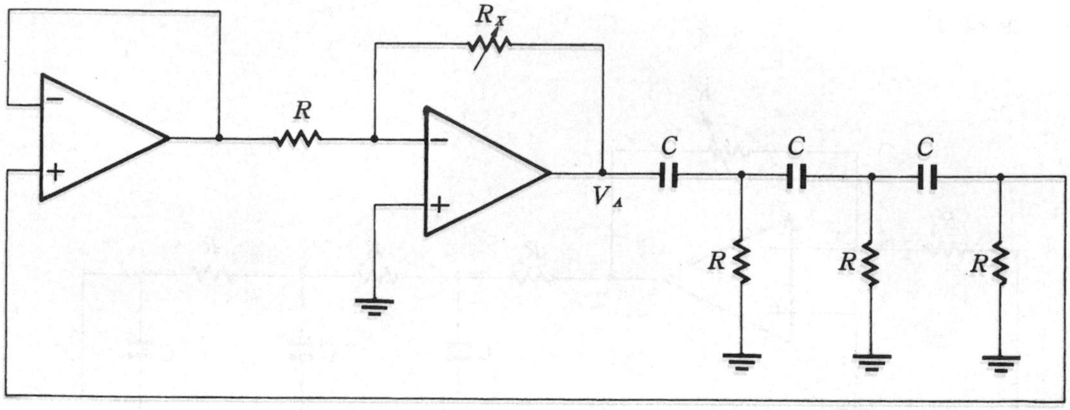

圖 24-12

⑻　重覆⑵～⑹之步驟，記錄其結果於表 24-2 中，並與表 24-1 相比較。

⑼　如圖 24-12 連接線路。

⑽　重覆⑵～⑹之步驟，記錄其結果於表 24-3 中，並與表 24-1、表 24-2 相比較。

2. 相角滯後振盪器之測試：

⑴　如圖 24-13 連接線路。

⑵　選擇 $R=1\,\text{K}$，$C=0.1\,\mu\text{F}$，$R_X=100\,\text{K}$。

⑶　以示波器 DC 檔觀測 V_A 之波形，若 V_A 波形有失真或不出現波形之現象時，適當地調整可變電阻 R_X，使 V_A 為一不失真之正弦波。

⑷　觀測正弦波之峯值電壓及頻率，並與理論上之振盪頻率相比較，記錄其結果於

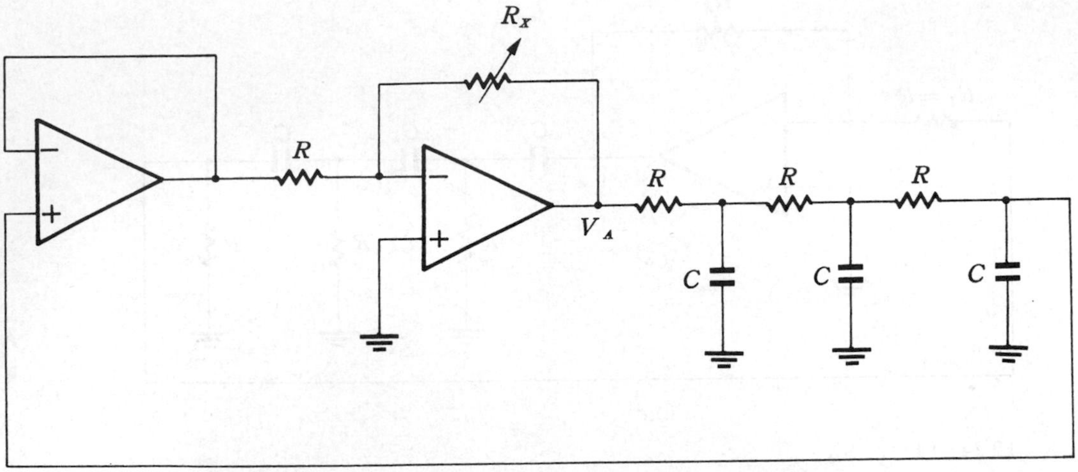

圖 24-13

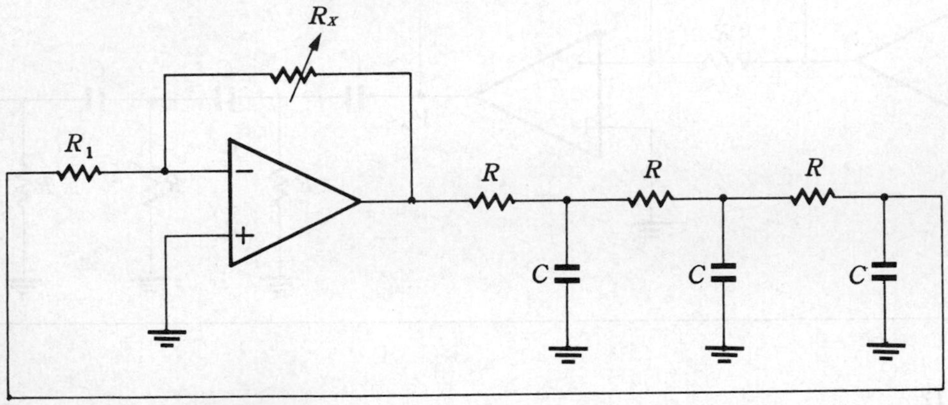

圖 24-14

表24-4中。

(5) 以三用表測試 R_X 電阻，並記錄於表24-4中。

(6) 改變 R、C 及 R_X 之零件值如表 24-4 所示，重覆(3)～(5)之步驟，並記錄其結果於表 24-4中。

(7) 如圖 24-14連接線路。

(8) 重覆(2)～(6)之步驟，並記錄其結果於表24-5中，並與表24-4相比較。

四、實驗結果：

表 24-1

數據			
R	1 K	1 K	5 K
C	0.1 μF	0.01 μF	0.01 μF
R_x	100 K	100 K	500 K
輸出峯值電壓			
測試頻率			
理論頻率			
R_x 值			

表 24-2

數據			
R	1 K	1 K	5 K
C	0.1 μF	0.01 μF	0.01 μF
R_x	100 K	100 K	100 K
輸出峯值電壓			
測試頻率			
理論頻率			
R_x 值			

表 24-3

數據			
R	1 K	1 K	5 K
C	0.1 μF	0.01 μF	0.01 μF
R_x	100 K	100 K	500 K
輸出峯值電壓			
測試頻率			
理論頻率			
R_x 值			

表 24-4

數據			
R	1 K	1 K	5 K
C	0.1 K	0.01 K	0.01 K
R_x	100 K	100 K	500 K
輸出峯值電壓			
測試頻率			
理論頻率			
R_x 值			

表 24-5

數據 \ R / C / R_x	$1K(R_1=1K)$	$1K(R_1=5K)$	$5K(R_1=5K)$
C	0.1 μF	0.1 μF	0.01 μF
R_x	100 K	500 K	500 K
輸出峯值電壓			
測試頻率			
理論頻率			
R_x 值			

五、問題討論

(1) 相移網路振盪電路中零件值的改變是否會影響放大電路之增益？

(2) 分析四節 RC 相移網路振盪器之振盪頻率及電壓增益。

(3) 圖 24-14 之電路，R_1 電阻應如何安排，其振盪頻率才會近似於圖24-13 之電路？

25

柯畢滋振盪器

一、實驗目的

(1) 瞭解高頻振盪電路的基本原理。

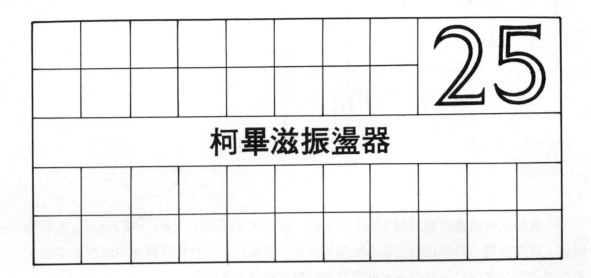

(2) 探討 L C 諧振電路在高頻振盪電路中之應用。

(3) 探討柯畢滋振盪電路在電路上之應用。

二、實驗原理

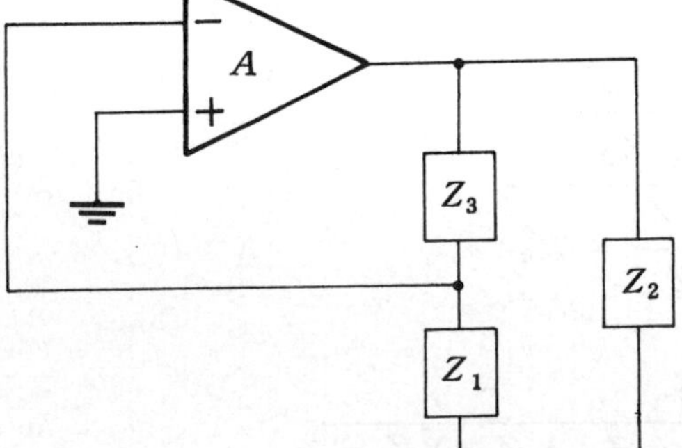

圖 25-1

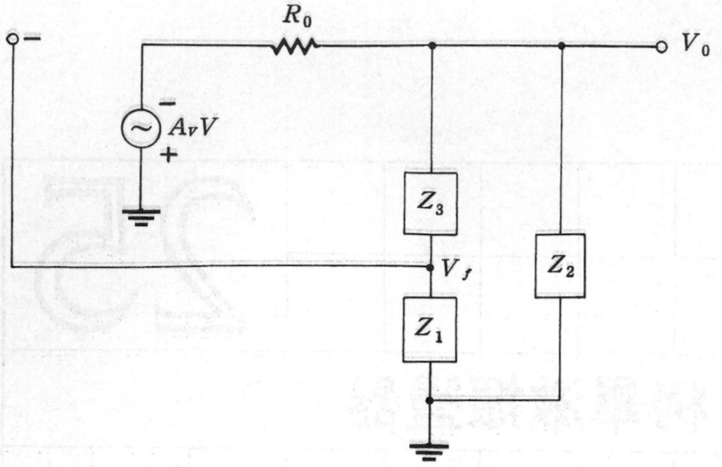

圖 25-2

一般的高頻振盪器屬於圖25-1所示的一般型式，在圖中，Z_1 、Z_2 、Z_3 爲任意阻抗，放大器爲一具有極高的輸入阻抗，經判斷發覺此種回授爲電壓串聯回授的型態，可以圖 25-2之等效電路表示。此電路無回授之增益可表示爲

$$A=-A_V \frac{Z_L}{Z_L+R_0} \qquad Z_L=(Z_1+Z_3)/\!/Z_2$$

而回授因數β爲

$$\beta=-\frac{V_f}{V_0}=-\frac{Z_1}{Z_1+Z_3}$$

故迴路增益$-A\beta$爲

$$-A\beta=-A_V\frac{-Z_L}{Z_L+R_0}\cdot\frac{-Z_1}{Z_1+Z_3}$$

$$=\frac{-A_V Z_1}{Z_1+Z_3}\cdot\frac{\dfrac{(Z_1+Z_3)Z_2}{Z_1+Z_3+Z_2}}{\dfrac{(Z_1+Z_3)Z_2}{Z_1+Z_2+Z_3}+R_0}$$

$$=\frac{-A_V Z_1 Z_2}{R_0(Z_1+Z_2+Z_3)+(Z_1+Z_3)Z_2} \qquad (1)$$

如果阻抗是純電抗(電感性或電容性)，則$Z_1=jX_1$，$Z_2=jX_2$，$Z_3=jX_3$。

對電感器而言，$X=\omega L$，而對電容器而言，$X=-\dfrac{1}{\omega C}$，故(1)式可改寫成

$$-A\beta=\frac{+A_V X_1 X_2}{jR_0(X_1+X_2+X_3)-(X_1+X_3)X_2} \tag{2}$$

電路欲產生振盪，則迴路增益之相位移為零，故(2)式之虛數部份為零，亦即

$$X_1+X_2+X_3=0 \tag{3}$$

$$-A\beta=\frac{A_V X_1 X_2}{-(X_1+X_3)X_2}=-\frac{A_V X_1}{X_1+X_3} \tag{4}$$

根據(3)式，我們可以知道電路產生諧振時之振盪頻率，且將(3)式代入(4)式，可得

$$-A\beta=\frac{-A_V X_1}{X_1+X_3}=-\frac{A_V X_1}{-X_2}=\frac{A_V X_1}{X_2} \tag{5}$$

由於$-A\beta$必須為正，且大小至少為1，根據(5)式，X_1與X_2必須有相同之符號（A_V為正），即同時為電感性或電容性。從(3)式可知，若X_1與X_2為電感性，則X_3必為電容性，反之亦然。

若X_1和X_2是電容器而X_3是電感器，則此種電路稱之為柯畢滋（colpitts）振盪器。如果X_1和X_2是電感器而X_3是電容器，則稱之為哈特萊（hartley）振盪器。

根據(5)式知，迴路增益之大小至少為1，亦即

$$\frac{A_V X_1}{X_2}\geq 1$$

$$\therefore \quad A_V\geq\frac{X_1}{X_2} \tag{6}$$

由(6)式可以瞭解，欲使電路產生振盪，放大器之增益至少為$\dfrac{X_2}{X_1}$。一般在設計時，均選擇放大器之增益略大於$\dfrac{X_2}{X_1}$，以抵消電路上之電壓損失，期能產生振盪波形。

圖25-3為運算放大器組成之基本柯畢滋振盪電路，R_1電阻必須選擇大些，以避免對回授訊號造成負荷效應。同時，由於振盪頻率較高，而OP Amp之電壓轉動率較小（μA741為0.5V／μs），因此欲得到不失真之正弦波，其輸出振幅將很小。圖25-4為另一種振盪電路，A_1為阻抗轉換器，提供高輸入阻抗，以避免負荷效應。圖

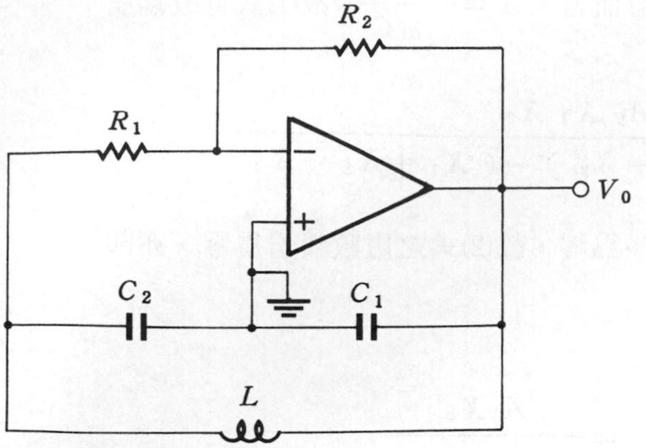

圖 25-3

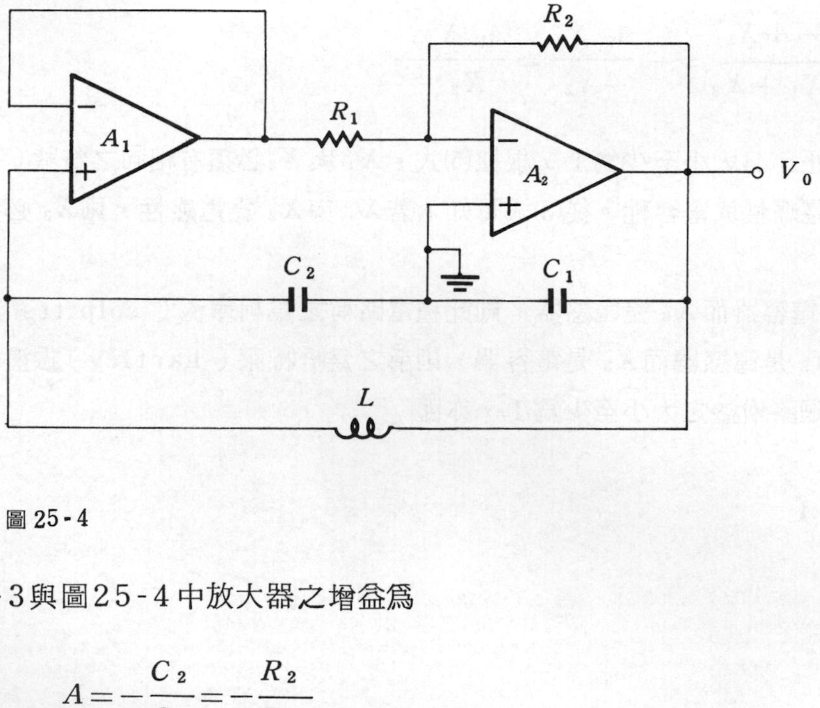

圖 25-4

25-3與圖25-4中放大器之增益爲

$$A=-\frac{C_2}{C_1}=-\frac{R_2}{R_1}$$

三、實驗步驟

(1) 如圖 25-5 連接線路。

(2) 選擇$C=0.01\ \mu F$，$C_2=0.1\ \mu F$，R_X爲250 K之可變電阻，$L=0.1mH$。

(3) 以示波器DC檔觀測V_A及V_0之波形，若V_0波形有失眞或不出現波形之現象時，適當地調整可變電阻R_X，使V_0爲一不失眞之正弦波。

(4) 觀測正弦波之峯值電壓及頻率，並與理論上之振盪頻率相比較，記錄其結果於表

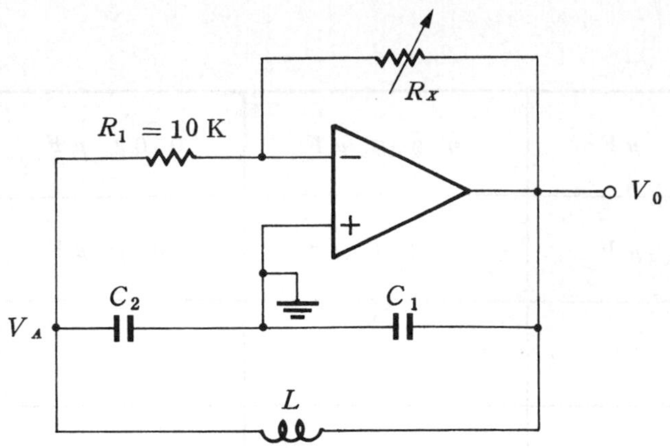

圖 25-5

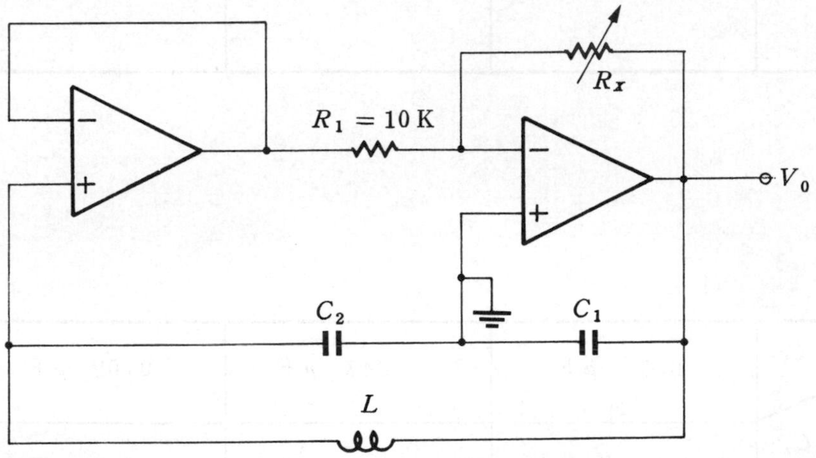

圖 25-6

25-1中。

(5) 以三用表測試 R_X 電阻，並記錄於表 25-1 中。

(6) 改變 C_1 及 C_2 電容值如表 25-1 所示，重覆(3)～(5)之步驟，並記錄其結果於表 25-1中。

(7) 如圖 25-6 連接綫路。

(8) 重覆(2)～(6)之步驟，並記錄其結果於表25-2中，並與表 25-1相比較。

四、實驗結果

表 25-1

數據			
C_1	0.01 μF	0.047 μF	0.02 μF
C_2	0.1 μF	0.1 μF	0.1 μF
輸出峯值電壓			
測試頻率			
理論頻率			
R_x 值			

表 25-2

數據			
C_1	0.01 μF	0.047 μF	0.02 μF
C_2	0.1 μF	0.1 μF	0.1 μF
輸出峯值電壓			
測試頻率			
理論頻率			
R_x 值			

五、問題討論

(1)　柯畢滋振盪器中，決定放大電路之增益的零件有那些？

(2)　柯畢滋振盪器之振盪電路元件能否以電阻替代？何故？

(3)　利用OP　Amp 所作成的高頻振盪電路，其有何限制？

附錄　本書實習所用的材料清單

第一章
0.5k × 1
1k × 1
10k × 1
20k × 1
OP Amp × 1
第二章
0.5k × 1
1k × 3
2k × 1
5k × 1
10k × 1
100k × 1
1M × 1
OP Amp × 1
第三章
10 Ω × 1
50 Ω × 1
100 Ω × 2
500 Ω × 1
1k × 2
5k × 1
10k × 1
20k × 1
100k × 1
500k × 1
1M × 2
VR10k × 1
VR100K × 1
μA741 × 1
μA747 × 1
LM741 × 1
CA3140 × 1
CA3130 × 1
μA709 × 1
第四章
100 Ω × 1
1k × 1
5k × 1
10k × 3
100k × 2
500k × 1
1M × 1
VR10k × 1
VR100K × 1
LM741 × 1
第五章
1k × 2
5k × 2
10k × 4
20k × 2
50k × 1
100k × 3
VR100k × 2
第六章
1k × 3
2k × 1
5k × 3
10k × 5
20k × 1
50k × 2
100k × 5
第七章
1k × 1
10k × 1
100k × 1
1M × 1
第八章
1k × 1
10k × 1
100k × 1
1M × 1
0.001 μF × 1
0.01 μF × 1
0.1 μF × 1
1 μF × 1
100 μF × 1
第九章
1k × 1
10k × 1
0.001 μF × 1
0.01 μF × 1
0.1 μF × 1
第十章
1k × 1
2k × 1
5k × 2
10k × 1
第十一章
100 × 1
1k × 1
9k × 1
10k × 2
50k × 1
100k × 2
第十二章

1k × 2
2k × 2
3.3k × 1
5k × 2
10k × 2
15k × 1
20k × 2
50k × 1
100k × 1
二極體 × 4
Zener 3V × 1

第十三章

1k × 3
5k × 1
10k × 2
Zener 3V × 1
Zener 9V × 1

第十四章

1k × 4
10k × 4
20k × 2
30k × 1
40k × 1
50k × 2
60k × 1
70k × 1
80k × 1
90k × 1
100k × 1
VR100k × 1
二極體 × 4

第十五章

1k × 3
10k × 2
100k × 2
Zener 3V × 1

第十六章

1k × 1
2k × 1
5k × 1
10k × 2
0.01 μ F × 1

第十七章

1k × 1
5k × 1
10k × 2
0.1 μ F × 1
0.01 μ F × 1
0.001 μ F × 1

第十八章

1k × 2
100k × 1
0.001 μ F × 1
0.01 μ F × 1

第十九章

1k × 2
9k × 1
0.01 μ F × 1
0.1 μ F × 2

第二十章

0.5k × 1
1k × 2
5k × 1
10k × 2
0.1 μ F × 1
二極體 × 4
Zener 6V × 2

第二十一章

1k × 2
10k × 1
0.001 μ F × 1
0.01 μ F × 1
0.1 μ F × 2
PUT × 1

第二十二章

1k × 1
10k × 1
VR100k × 1
0.01 μ F × 1
0.1 μ F × 1

第二十三章

1k × 1
10k × 2
VR100k × 2
0.1 μ F × 1
0.01 μ F × 1
0.001 μ F × 1

第二十四章

1k × 3
5k × 4
10k × 3
100k × 1
VR100k × 1
0.01 μ F × 3
0.1 μ F × 3

第二十五章

10k × 1
0.047 μ F × 1
0.01 μ F × 1
0.02 μ F × 1
0.1 μ F × 1
VR250k × 1
電感 0.1mH × 1

國家圖書館出版品預行編目資料

大專電子實習. 三, 線性積體電路實習 / 許榮睦編
著.-- 三版.-- 臺北縣土城市：全華圖書,
2008.06
面 ； 公分
ISBN 978-957-21-6524-9(平裝)
1.CST: 積體電路 2.CST: 實驗
448.62034 97009478

大專電子實習(三)－線性積體電路實習

作者 / 許榮睦
發行人 / 陳本源
執行編輯 / 張曉紜
出版者 / 全華圖書股份有限公司
郵政帳號 / 0100836-1 號
印刷者 / 宏懋打字印刷股份有限公司
圖書編號 / 0038702
三版七刷 / 2022 年 05 月
定價 / 新台幣 320 元
ISBN / 978-957-21-6524-9 (平裝)
全華圖書 / www.chwa.com.tw
全華網路書店 Open Tech / www.opentech.com.tw
若您對書籍內容、排版印刷有任何問題，歡迎來信指導 book@chwa.com.tw

臺北總公司(北區營業處)
地址：23671 新北市土城區忠義路 21 號
電話：(02) 2262-5666
傳真：(02) 6637-3695、6637-3696

南區營業處
地址：80769 高雄市三民區應安街 12 號
電話：(07) 381-1377
傳真：(07) 862-5562

中區營業處
地址：40256 臺中市南區樹義一巷 26 號
電話：(04) 2261-8485
傳真：(04) 3600-9806(高中職)
(04) 3601-8600(大專)

廣　告　回　信
板橋郵局登記證
板橋廣字第540號

行銷企劃部　收

23671 新北市土城區忠義路21號
全華圖書股份有限公司

（請由此線剪下）

讀者回函卡

掃 QRcode 線上填寫 ▶▶▶

姓名：____________ 生日：西元______年______月______日 性別：□男 □女

電話：（ ）____________ 手機：____________

e-mail：（必填）____________

註：數字零，請用 Φ 表示，數字 1 與英文 L 請另註明並書寫端正，謝謝。

通訊處：□□□□□____________

學歷：□高中・職 □專科 □大學 □碩士 □博士

職業：□工程師 □教師 □學生 □軍・公 □其他

學校／公司：____________ 科系／部門：____________

・需求書類：

□ A. 電子 □ B. 電機 □ C. 資訊 □ D. 機械 □ E. 汽車 □ F. 工管 □ G. 土木 □ H. 化工 □ I. 設計

□ J. 商管 □ K. 日文 □ L. 美容 □ M. 休閒 □ N. 餐飲 □ O. 其他

・本次購買圖書為：____________ 書號：____________

・您對本書的評價：

封面設計：□非常滿意 □滿意 □尚可 □需改善，請說明____________

內容表達：□非常滿意 □滿意 □尚可 □需改善，請說明____________

版面編排：□非常滿意 □滿意 □尚可 □需改善，請說明____________

印刷品質：□非常滿意 □滿意 □尚可 □需改善，請說明____________

書籍定價：□非常滿意 □滿意 □尚可 □需改善，請說明____________

整體評價：請說明____________

・您在何處購買本書？

□書局 □網路書店 □書展 □團購 □其他____________

・您購買本書的原因？（可複選）

□個人需要 □公司採購 □親友推薦 □老師指定用書 □其他____________

・您希望全華以何種方式提供出版訊息及特惠活動？

□電子報 □DM □廣告（媒體名稱____________）

・您是否上過全華網路書店？（www.opentech.com.tw）

□是 □否 您的建議____________

・您希望全華出版哪方面書籍？____________

・您希望全華加強哪些服務？____________

感謝您提供寶貴意見，全華將秉持服務的熱忱，出版更多好書，以饗讀者。

填寫日期： / /

2020.09 修訂

親愛的讀者：

感謝您對全華圖書的支持與愛護，雖然我們很慎重的處理每一本書，但恐仍有疏漏之處，若您發現本書有任何錯誤，請填寫於勘誤表內寄回，我們將於再版時修正，您的批評與指教是我們進步的原動力，謝謝！

全華圖書 敬上

勘誤表

書號		書名		作者	
頁數	行數	錯誤或不當之詞句		建議修改之詞句	

我有話要說：（其它之批評與建議，如封面、編排、內容、印刷品質等・・・）